建筑施工
生产安全事故应急管理指南

——依据《生产安全事故应急条例》（国务院令第708号）编写

郭中华　尤　完　编著

U0333498

中国建筑工业出版社

图书在版编目（CIP）数据

建筑施工生产安全事故应急管理指南：依据《生产安全事故应急条例》（国务院令第708号）编写/郭中华，尤完编著. —北京：中国建筑工业出版社，2019.8
　ISBN 978-7-112-23979-5

　Ⅰ.①建…　Ⅱ.①郭…②尤…　Ⅲ.①建筑工程-安全事故-应急对策-中国-指南　Ⅳ.①TU714-62

　中国版本图书馆 CIP 数据核字(2019)第 144261 号

本书依据《生产安全事故应急条例》（国务院令第708号）编写，内容共10章，分别是：生产安全事故应急条例解读，生产安全事故应急管理概论，建筑施工生产安全事故应急管理体系，建筑施工生产安全事故应急资源保障系统，建筑施工生产安全隐患识别与排查机制，建筑施工生产安全事故应急预案与演练，建筑施工生产安全事故应急培训，建筑施工生产安全事故应急处置，建筑施工生产安全事故后恢复工作，建筑施工生产安全应急预案与事故案例分析，附录中提供了与生产安全事故应急处理相关的各类法规和条例，以供参考。

本书可供从事建筑施工生产安全的施工及管理人员参考使用。

责任编辑：万　李　张　磊
责任设计：李志立
责任校对：芦欣甜

建筑施工生产安全事故应急管理指南
——依据《生产安全事故应急条例》（国务院令第708号）编写
郭中华　尤　完　编著

*

中国建筑工业出版社出版、发行（北京海淀三里河路9号）
各地新华书店、建筑书店经销
北京科地亚盟排版公司制版
北京建筑工业印刷厂印刷

*

开本：787×1092毫米　1/16　印张：14　字数：348千字
2019年11月第一版　2019年11月第一次印刷
定价：**58.00**元
ISBN 978-7-112-23979-5
（34281）

前　言

　　党的十八大以来，以习近平总书记为核心的党中央对安全生产工作高度重视，将应急能力纳入国家治理体系和治理能力现代化建设的重要内容。为了提高生产安全事故应急工作的科学化、规范化和法治化水平，2019年2月17日，国务院颁布《生产安全事故应急条例》，对生产安全事故应急管理的工作体制、应急准备、应急救援、法律责任等作出了明确规定。该《条例》的实施，必将在防范事故风范、减少事故伤亡、提高应急救援能力等方面发挥积极作用，为人民群众生命财产安全构筑坚实的法制保障。

　　为了推动建设工程领域宣传、贯彻和实施《生产安全事故应急条例》，《建筑施工生产安全事故应急管理指南》的编写思路是结合建筑行业和施工企业的具体特点，依据《生产安全事故应急条例》的精神，以房屋建筑工程、市政设施工程为研究对象，从解读生产安全事故应急管理的基本要求和基础理论出发，构建建筑施工生产安全应急管理体系和应急资源保障系统，从施工生产安全隐患排查机制与方法、施工生产安全应急预案与演练、施工生产安全事故应急培训、施工生产安全事故应急处置和事故后恢复等方面对建筑施工生产安全事故应急管理展开详细阐述，并选择建筑施工行业生产安全应急预案和典型生产安全事故案例进行解析。本书编写的基本目标是要进一步普及施工生产安全事故应急知识、掌握应急准备和应急救援措施，提高施工生产安全事故处置能力，为建筑施工企业开展生产安全应急管理提供操作指导。

　　本书编写得到中国应急管理学会、中国建筑业协会、中国建筑业协会工程项目管理委员会、中国建筑股份有限公司、中国中铁股份有限公司、北京城建集团、中国科学院大学、北京建筑大学、北京交通大学、北方工业大学、山东科技大学等单位专家学者的大力支持，同时参考和引用了国内同行研究专家的观点和见解，在此一并表示衷心感谢！

　　由于我们水平所限，难免存在疏漏和不当之处，恳请读者提出宝贵意见，以便于修正。

目 录

第一章　生产安全事故应急条例解读

应急管理是人类在生存和发展的漫长岁月中形成的自觉意识，有备无患、居安思危则是应急管理的传统文化底蕴的反映。在市场经济条件下，从事生产经营活动的市场主体在生产经营活动中往往都是以营利为目的，如果不注重安全生产，一旦发生事故或处置不当，不但给他人的生命财产造成伤害，市场主体自身也会遭受重大损失。安全生产是经济社会发展的重要基础和保障，目前，我国经济正在迈向中国特色社会主义新时代，建筑业转型升级正在走向新阶段。强化安全生产意识、建立安全生产责任体系、加强安全生产基础能力建设，保护劳动者的安全与健康，既是政府义不容辞的责任，也是促进经济持续健康和高质量发展的重要举措。党的十八大以来，以习近平总书记为核心的党中央对安全生产工作高度重视，将其纳入"四个全面"战略布局统筹推进，将应急能力纳入国家治理体系和治理能力现代化建设的重要内容。党的十九大之后，我国生产安全事故应急管理进入一个全新的发展时代。

第一节　我国应急管理制度的发展历程

2003年抗击"非典"之后，我国开始探索建立应急管理制度，提出了"一案三制"的应急管理体系建设的总体思路。"一案"是指制订修订应急预案；"三制"是指建立健全应急的体制、机制和法制。应急预案是应急管理的重要基础，是中国应急管理体系建设的首要任务。应急管理体制是指国家建立统一领导、综合协调、分类管理、分级负责、属地管理为主的应急管理体制。应急管理机制是指突发事件全过程中各种制度化、程序化的应急管理方法与措施。应急管理法制是指在深入总结群众实践经验的基础上，制订各级各类应急预案，形成应急管理体制机制，并且最终上升为一系列的法律、法规和规章，使突发事件应对工作基本上做到有章可循、有法可依。在应急管理工作中，应急管理预案是应急管理工作展开的前提；应急管理体制是应急管理工作展开的基础；应急管理机制是应急管理工作展开的关键；应急管理法制是应急管理工作展开的保障。

2008年，汶川地震的抗震救灾过程暴露出我国在应急管理能力建设方面存在的不足。为了更好地提高国家应急管理能力和水平，提高防灾减灾救灾能力，确保人民群众生命财产安全和社会稳定，同时也为防范化解重特大安全风险，健全公共安全体系，整合优化应急力量和资源，推动形成统一指挥、专常兼备、反应灵敏、上下联动、平战结合的中国特色应急管理体制，2018年3月，中国共产党第十九届中央委员会第三次全体会议通过了《深化党和国家机构改革方案》，将国家安全生产监督管理总局的职责，国务院办公厅的应急管理职责，公安部的消防管理职责，民政部的救灾职责，国土资源部的地质灾害防治、水利部的水旱灾害防治、农业部的草原防火、国家林业局的森林防火相关职责，中国地震局的震灾应急救援职责以及国家防汛抗旱总指挥部、国家减灾委员会、国务院抗震救灾指挥部、国家森林防火指挥部的职责整合，组建应急管理部，作为国务院组成部门。中国地震局、国家煤矿安全监察局由应急管理部管理。不再保留国家安全生产监督管理总局。

应急管理部成立之后，高度重视应急管理法律体系建设。坚持立法先行，发挥立法的引领、推动作用。针对我国在生产安全事故应急实践中，依然存在应急救援预案实效性不强、应急救援队伍能力不足、应急资源储备不充分、事故现场救援机制不够完善、救援程序不够明确、救援指挥不够科学等现象，为了加强事故应急救援的科学化、规范化，2018年12月5日国务院第33次常务会议通过《生产安全事故应急条例》，并从2019年4月1日起施行。

第二节　生产安全事故应急条例的内容要点

《生产安全事故应急条例》以《安全生产法》和《突发事件应对法》为依据，结合应急管理实践而制定。该条例分5章、35条，分别是总则、应急准备、应急救援、法律责任和附则。

第一部分是总则。总则中指出，该条例是安全生产领域的配套法规，制定的目的是规范生产安全事故应急工作，保障人民群众生命和财产安全。该条例对《安全生产法》《突发事件应对法》的有关内容进行了细化，增强了操作性。在加强生产安全事故应急工作中，具有重要的基础性、规范性作用。同时，进一步细化了国务院、省、市、县、乡，以及生产经营单位在事故应急工作中的职责和管理体制，明确了县级以上人民政府统一领导、行业监管部门分工负责、综合监管部门指导协调的应急工作体制。

第二部分是应急准备。应急准备主要是在风险辨识和评价的基础上，针对性地开展应急救援预案的制定和演练。指出政府部门相关部门和生产经营单位（建筑施工企业）均应该制定应急救援预案，及时办理应急救援预案备案并对外发布。并且强调应急救援预案的动态管理，要及时根据实际情况对应急救援预案进行修订。该部分还对应急演练的频率进行了详细规定，指出建筑施工企业应当至少每半年组织1次生产安全事故应急救援预案演练。

此外，还对应急救援队伍的建设模式、方式和要求进行了详细规范。强调"在重点行业、领域单独建立或者依托有条件的生产经营单位、社会组织共同建立应急救援队伍"，把各类应急力量的活力激发出来，特别是社会组织参与到应急救援工作中来。应急救援队伍应加强培训制度的建立，对应急救援队伍和企业的员工均进行培训，使其需要具备必要的专业知识和技能，确保在事故救援过程中能够发挥应有的作用。

应急值班值守制度也是该条例的重要内容。是应急准备的重要内容，严格值班备勤制度，要求规模较大、危险性较高的易燃易爆物品、危险化学品等危险物品的生产、经营、储存、运输单位24小时应急值班。

第三部分是应急救援，主要规范现场应急救援工作。该条例详细规定了生产经营单位和有关地方人民政府及其相关部门在生产安全事故发生后应该采取的应急救援措施。创新了事故现场指挥部和总指挥制度，条例规定，发生生产安全事故后，有关人民政府认为有必要的，可以设立由本级人民政府及其有关部门负责人、应急救援专家、应急救援队伍负责人、事故发生单位负责人等人员组成的应急救援现场指挥部，并指定现场指挥部总指挥，现场指挥部实行总指挥负责制。并且规定，在应急救援过程中生产安全事故发生地人民政府应当为应急救援人员提供必需的后勤保障，并组织通信、交通运输、医疗卫生、气象、水文、地质、电力、供水等单位协助应急救援。

第四部分是对法律责任的界定，主要是针对一些违反本条例的行为进行处罚，包括：未制定生产安全事故应急救援预案、未定期组织应急救援预案演练、未对从业人员进行应急教育和培训，生产经营单位的主要负责人在本单位发生生产安全事故时不立即组织抢救等行为。处罚的依据是《安全生产法》和《突发事件应对法》。此外，未将生产安全事故应急救援预案报送备案、未建立应急值班制度或者配备应急值班人员的，由县级以上人民政府负有安全生产监督管理职责的部门责令限期改正；逾期未改正的，处 3 万元以上 5 万元以下的罚款，对直接负责的主管人员和其他直接责任人员处 1 万元以上 2 万元以下的罚款。

第五部分是附则，一方面对适用范围进行了说明，指出储存、使用易燃易爆物品、危险化学品等危险物品的科研机构、学校、医院等单位的安全事故应急工作，参照本条例有关规定执行。另一方面指出该条例自 2019 年 4 月 1 日起施行。

第二章　生产安全事故应急管理概论

第一节　突发事件及相关概念

一、突发事件的含义和特征

（一）突发事件的定义

"突发事件"是中国语境下的一个名词。"突发"是定语，意为突然发生，且发展的速度很快，出乎意料。"事件"是宾语，指比较重大、对一定的人群会产生一定影响的事情。"突发事件"最初多出现在新闻界，研究一些事件突然发生后新闻工作者如何快速、准确地对这些事件进行报道，后来频繁地出现在政府工作文件中，直到二十世纪初才开始有社会学学者对"突发事件"进行定义。但是研究者们研究的侧重点不同，对突发事件的概念并没有一个统一的定义。

2007年第十届全国人民代表大会常务委员会第二十九次会议通过了《中华人民共和国突发事件应对法》，从2007年11月1日起开始施行。该法律首次对"突发事件"进行了权威定义，该法律第三条规定突发事件是指"突然发生，造成或者可能造成严重社会危害，需要采取应急处置措施予以应对的自然灾害、事故灾难、公共安全事件和社会安全事件。"

（二）突发事件的特征

从上述对"突发事件"的定义中可以发现，突发事件具有以下特征：

1. 突发性

突发事件发生的地点和时间是带有一定偶然性的随机现象。突然爆发是突发事件的基本要素，它可能会有某些征兆，但爆发点，似乎无规律可循。突发事件的发生状况，如发生的具体时间、实际规模、具体形态和影响深度，是难以完全预测的。突发事件发生后，人们一时难以把握事物的发展方向，对其性质也一时难以做出客观的判断。突发事件是风险缓慢积累能量后形成的巨大张力，突破临界点后必然是要爆发的，只是在哪一点上爆发具有不确定性。突发性表现的是一种不确定性和超常规性，超出了人的控制与社会程序化管理的幅度与范围。突发事件的应急管理十分强调预防为主。

2. 瞬时性

突发事件从发展速度来说，进程极快，从预兆、萌芽、发生、发展、高潮，到最后结束，周期非常短暂，有时就是以迅雷不及掩耳之势的速度爆发的，而且事件的蔓延速度快，令人难以预料。突发事件在时间上的瞬间性增加了人们控制与处理突发事件的难度。

3. 不确定性

突发事件具有不确定性，这种不确定性包括：事件的发生不确定、事件发生的时间不确定、事件发生的状况不确定、事件的后果及其严重程度不确定。在一定的外界条件下，突发事件可能会进一步恶化，发展成为局部地区甚至全社会的危机事件。在现代社会中，通信手段的发达使突发事件的信息传递十分迅速，易形成社会恐慌。当突发事件因处理不当而导致失去控制，朝着无序的方向发展时，危机便会形成并开始扩大化。在这种情况下，突发事件就等同于危机。突发事件常常暴露了社会管理体制的薄弱环节和管理者管理能力的局限性。如果某些突发事件处理得及时、得当，就有可能把它们消灭在初级阶段，从而就不会演变为危机。

4. 危害性

一般来说突发事件是一种具有负面性质的事件。突然降临的事件对主体来说可能有多种的后果，有的具有积极意义，有的可能是中性的后果，而有的则带来严重后果，具有破坏性、灾难性后果的突然事件，就是我们现在讨论的突发事件。突发事件的扩散非常快，容易引起连锁反应，使事件本身不断扩大。宏观上给社会，中观上给社区、组织，微观上给家庭、个人带来一定程度的损失，这种损失包括物质层面的人力、物力、财力甚至生命的损失，精神层面会给社会秩序与人们心理造成伤害。

（三）突发事件的相关概念

在理解"突发事件"时，有些人通常会将"突发事件"同"风险""紧急事件""危机""灾难"等概念相混淆。这几个概念之间是不同的。

1. 风险（Risk）

风险是指产生损失的可能性和后果的严重程度。风险事件强调一种潜在的威胁，一种正处于发展阶段将来有可能产生危害的事件，是一种可能的灾难。比如，高空作业人员坠落的风险。风险是客观存在的，是无法消除的，但是可以通过建立有效的预警机制降低风险事件发生的可能性或者减少损失的严重程度。突发事件和风险事件都具有不确定性，但风险更加强调的是未来的时间中，危险发生的可能性。而突发事件强调的是当前已经发生了的危险事件。

2. 紧急事件（Emergency）

美国学者林德尔编写的应急管理概论中指出紧急事件有两种含义，一种是用来描述导致少数人员伤亡和有限财产损失的小事件，常见的有车祸、民房火灾等，通常受事件影响的人员较少。另一种是指迫在眉睫的事件，比如，十分钟后某地区将发生地震，人们的响应时间有限，要求人们必须采取迅速、有效的行动。两种含义是不同的，前一种事件已经发生，影响较小；后一种事件未发生，但是影响可能较大。突发事件强调事件发生在时间上的突然性，紧急事件强调的是主体应对事件的反应时间上的紧迫性。突发事件和紧急事件是被包含的关系，突发事件属于紧急事件，但是紧急事件并非等于突发事件。

3. 危机（Crisis）

在很多学者对突发事件的定义中都将危机等同于突发事件。危机是当人们面对重要生活目标的阻碍时产生的一种状态。这里的阻碍，是指在一定时间内，使用常规的解决方法不能解决的问题。严重程度高于一般突发事件，往往是极端或特别重大的突发事件，并且是针对特定主体而言的，而突发事件并没有特指某一个主体。

4. 灾害（Disaster）

灾害主要是指给社会带来难以承受的重大损失的大事件，灾害会造成巨大的伤亡、大量财产损失或严重的环境破坏（如空难、海难事故等）。导致灾害发生的力量来自于自然界或人为的事故，其发生是不可预测与不可抗拒的。灾害更多的是强调事件具有的悲惨性的后果，并没有强调时间上的紧迫性。突发事件强调时间的紧迫性，同时强调发生原因与类型的多样性，除了发生在人们的生产、生活之中，还涉及政治、经济、文化、军事、外交等领域，发生的领域更加宽广。

二、突发事件的分类和分级

1. 突发事件的分类

不同类型的突发事件，其危害情形和对社会造成的危害也不同，政府和社会采取的应对措施也不尽相同。我国应急管理实行"统一领导，综合协调，分类管理，分级负责，属地管理为主"原则，分类管理是其中一项重要内容，也是对政府及其各有关部门履行职责、行使职权的重要依据。所以，对突发事件进行分类是国家应急管理体制的基础。根据突发公共事件的发生过程、性质和机理，中国将突发公共事件主要分为自然灾害、事故灾难、公共卫生事件和社会安全事件四大类（表2-1）。

我国突发公共事件主要类型　　　　　　　　　　　　　　　　　　表 2-1

类型	范围
自然灾害	主要包括水旱灾害，气象灾害，地震灾害，地质灾害，海洋灾害，生物灾害和森林草原火灾等
事故灾难	主要包括工矿商贸等企业的各类安全事故，交通运输事故，公共设施和设备事故，环境污染和生态破坏事件等
公共卫生事件	主要包括传染病疫情，群体性不明原因疾病，食品安全和职业危害，动物疫情，以及其他严重影响公众健康和生命安全的事件
社会安全事件	主要包括恐怖袭击事件，经济安全事件和涉外突发事件等

注：资料来自 2006 年 1 月 8 日发布实施的《国家突发公共事件总体应急预案》。

2. 突发事件的分级

按照其社会危害程度、影响范围、性质、可控性、行业特点等因素，将自然灾害、事故灾难、公共卫生事件分为特别重大、重大、较大和一般四级。我国现行有关法律、行政法规和规范性文件，对于突发事件的分级并不完全统一，绝大多数现行法律法规和规范性文件将突发事件分为四级，部分现行法律法规和规范性文件将突发公共事件分为二级或三级或五级。各类突发事件的分级情况如下：

1）自然灾害指给人类生存带来危害或损害人类生活环境的自然现象。在我国各类自然灾害都有其分类标准，并规定自然灾害的预警颜色。

根据突发事件可能造成的危害程度、紧急程度和发展趋势，将可以预警的自然灾害、事故灾难和公共卫生事件的预警级别也划分为四个等级，并以此用不同颜色标明（表2-2）。

中国突发事件四级预警

表2-2

突发事件等级	威胁程度	预警颜色
Ⅰ级（特别重大）	Ⅰ级（特别严重）	红
Ⅱ级（重大）	Ⅱ级（严重）	橙
Ⅲ级（较大）	Ⅲ级（较重）	黄
Ⅳ级（一般）	Ⅳ级（一般）	蓝

注：资料来自2007年11月1日正式颁布实施的《中华人民共和国突发事件应对法》。

2）事故灾难指在人们生产、生活过程中发生的，直接由人的生产、生活活动引发的，违反人们意志的、迫使活动暂时或永久停止，并且造成大量的人员伤亡、经济损失或环境污染的意外事件。

其中安全生产事故灾难级别按照事故已造成的经济损失和人员伤亡情况分为四级。

（1）一般（Ⅳ）级：造成10人以下重伤（中毒）或3人以下死亡（含失踪）；100万以上1000万元以下直接经济损失的事故。

（2）较大（Ⅲ）级：造成10人以上50人以下重伤（中毒）或3人以上、10人以下死亡（含失踪）；直接经济损失1000万元以上5000万元以下。

（3）重大（Ⅱ）级：造成50人以上100人以下重伤（中毒）或10人以上、30人以下死亡（含失踪）；直接经济损失5000万元以上1亿元以下。

（4）特别重大（Ⅰ）级：造成100人以上重伤（中毒）或30人以上死亡；直接经济损失1亿元以上。

3）公共卫生事件是指突然发生，造成或者可能造成社会公众健康严重损害的重大传染病疫情、群体性不明原因疾病、重大食物和职业中毒以及其他严重影响公众健康的事件。主要包括传染病疫情，食品安全，职业危害，动物疫情等。

根据突发公共卫生事件性质、危害程度、涉及范围，突发公共卫生事件划分为特别重大（Ⅰ级）、重大（Ⅱ级）、较大（Ⅲ级）和一般（Ⅳ级）四级，见表2-3。

突发公共卫生事件分级标准

表2-3

级别	事件
特别重大突发公共卫生事件（Ⅰ级）	肺鼠疫、肺炭疽在大、中城市发生并有扩散趋势，或肺鼠疫、肺炭疽疫情波及2个以上的省份，并有进一步扩散趋势
	发生传染性非典型肺炎、人感染高致病性禽流感病例，并有扩散趋势
	涉及多个省份的群体性不明原因疾病，并有扩散趋势
	发生新传染病或我国尚未发现的传染病发生或传入，并有扩散趋势，或发现我国已消灭的传染病重新流行
	发生烈性病菌株、毒株、致病因子等丢失事件
	周边以及与我国通航的国家和地区发生特大传染病疫情，并出现输入性病例，严重危及我国公共卫生安全的事件
	国务院卫生行政部门认定的其他特别重大突发公共卫生事件

续表

级别	事件
重大突发公共卫生事件（Ⅱ级）	在一个县（市）行政区域内，一个平均潜伏期内（6天）发生5例以上肺鼠疫、肺炭疽病例，或者相关联的疫情波及2个以上的县（市）
	发生传染性非典型肺炎、人感染高致病性禽流感疑似病例
	腺鼠疫发生流行，在一个市（地）行政区域内，一个平均潜伏期内多点连续发病20例以上，或流行范围波及2个以上市（地）
	霍乱在一个市（地）行政区域内流行，1周内发病30例以上，或波及2个以上市（地），有扩散趋势
	乙类、丙类传染病波及2个以上县（市），1周内发病水平超过前5年同期平均发病水平2倍以上
	我国尚未发现的传染病发生或传入，尚未造成扩散
	发生群体性不明原因疾病，扩散到县（市）以外的地区
	发生重大医源性感染事件
	预防接种或群体性预防性服药出现人员死亡
	一次食物中毒人数超过100人并出现死亡病例，或出现10例以上死亡病例
	一次发生急性职业中毒50人以上，或死亡5人以上
	境内外隐匿运输、邮寄烈性生物病原体、生物毒素造成我境内人员感染或死亡的
	省级以上人民政府卫生行政部门认定的其他重大突发公共卫生事件
较大突发公共卫生事件（Ⅲ级）	发生肺鼠疫、肺炭疽病例，一个平均潜伏期内病例数未超过5例，流行范围在一个县（市）行政区域以内
	腺鼠疫发生流行，在一个县（市）行政区域内，一个平均潜伏期内连续发病10例以上，或波及2个以上县（市）
	霍乱在一个县（市）行政区域内发生，1周内发病10～29例或波及2个以上县（市），或市（地）级以上城市的市区首次发生
	一周内在一个县（市）行政区域内，乙、丙类传染病发病水平超过前5年同期平均发病水平1倍以上
	在一个县（市）行政区域内发现群体性不明原因疾病
	一次食物中毒人数超过100人，或出现死亡病例
	预防接种或群体性预防性服药出现群体心因性反应或不良反应
	一次发生急性职业中毒10～49人，或死亡4人以下
	市（地）级以上人民政府卫生行政部门认定的其他较大突发公共卫生事件
一般突发公共卫生事件（Ⅳ级）	腺鼠疫在一个县（市）行政区域内发生，一个平均潜伏期内病例数未超过10例
	霍乱在一个县（市）行政区域内发生，1周内发病9例以下
	一次食物中毒人数30～99人，未出现死亡病例
	一次发生急性职业中毒9人以下，未出现死亡病例
	县级以上人民政府卫生行政部门认定的其他一般突发公共卫生事件

4）社会安全事件。主要包括恐怖袭击事件，经济安全事件，涉外突发事件和群体性事件。

突发公共事件按其性质、可控性、严重程度和影响范围等因素，一般分为四级：一般、较大、重大、特别重大。对应的，应急响应级别分为四个级别：Ⅳ级、Ⅲ级、Ⅱ级、Ⅰ级。

（1）特别重大事件

参与人数3000人以上，冲击、围攻县级以上党政军机关和要害部门；或打、砸、抢、烧乡镇级以上党政军机关的事件；阻断铁路干线、国道、省道、高速公路和重要交通枢纽、城市交通8小时以上，或阻挠、妨碍国家重点建设工程施工、造成24小时以上停工；或阻挠、妨碍省重点建设工程施工、造成72小时以上停工的事件；或造成10人以上死亡或30人以上受伤；或高校内人群聚集失控，并未经批准走出校门进行大规模游行、集会、绝食、静坐、请愿等，引发跨地区连锁反应，严重影响社会稳定的事件；或参与人数500人以上，或造成重大人员伤亡的群体性械斗、冲突事件。

（2）重大群体性事件

参与人数在1000人以上，3000人以下，影响较大的非法集会、游行示威、上访请愿、聚众闹事、罢工（市、课）等，或人数不多但涉及面广和有可能进京的非法集会和集体上访事件；或阻断铁路干线、国道、省道、高速公路和重要交通枢纽、城市交通4小时以上的事件；或造成3人以上10人以下死亡；或10人以上30人以下受伤的群体性事件；或高校校园网上出现大范围串联、煽动和蛊惑信息，造成校内人群聚集规模迅速扩大并出现多校串联聚集趋势，学校正常教学秩序受到严重影响甚至瘫痪，或因高校统一招生试题泄密引发的群体性事件；或参与人数100人以上1000人以下，或造成较大人员伤亡的群体性械斗、冲突事件；或涉及境内外宗教组织背景的大型非法宗教活动，或因民族宗教问题引发的严重影响民族团结的群体性事件；或因土地、矿产、水资源、森林、水域、海域等权属争议和环境污染、生态破坏引发，造成严重后果的群体性事件；或已出现跨省区市或跨行业影响社会稳定的连锁反应，或造成了较严重的危害和损失，事态仍可能进一步扩大和升级的事件。

（3）较大群体性事件

参与人数在100人以上、1000人以下，影响社会稳定的事件；或在重要场所、重点地区聚集人数在10人以上，100人以下，参与人员有明显过激行为的事件；或已引发跨地区、跨行业影响社会稳定的连锁反应的事件；或造成人员伤亡，死亡人数3人以下、受伤人数在10人以下的群体性事件。

（4）一般群体性事件

未达到较大群体性事件级别的为一般群体性事件。

第二节　应急管理的内涵及特征

一、应急管理的内涵

联合国国际减灾战略在《术语：灾害风险消减的基本词汇》（UN/ISDR，March 31，

2004）中，对应急管理的内涵做出定义：应急管理是组织与管理应对紧急事务的资源与责任，特别是准备、响应与恢复。它包括各种科学的计划、组织与安排，其目的是将政府、志愿者与各种私人机构的工作以综合协调的方式整合起来，满足各种各样的紧急需求，包括预防、响应和恢复，将潜在的或者已发生的突发事件带来的损失降到最低。

"应急管理"这一术语最早由核电行业引入我国。1989 年 5 月 27 日，《人民日报》发表了《我国核安全进入法制化轨道——已发布 6 个核安全法规 24 个安全导则》，提到"核事故应急管理"。2003 年"非典"事件，暴露出我国传统应急管理体系分散化、被动化的短板和不足，我国开始建立以"一案三制"为核心的应急管理体系，应急管理开始列入学术研究范围之内。2018 年 3 月，国务院组建应急管理部，同年 10 月，武警消防部队退出现役，组建综合性消防救援队伍。我国的应急管理正朝着专业化、专门化的方向发展。

从应急管理的主体上看，应急管理是政府的基本职责，是公共服务的组成部分。在中国，应急管理强调"政府主导，社会参与"，因此，应急管理的主体除了政府，还包括军队、非政府组织、企业和个人。

从应急管理的客体上看，应急管理强调对突发事件的综合管理。按照《中华人民共和国突发事件应对法》第二条规定，应急管理的客体包括自然灾害、事故灾难、公共卫生事件和社会安全事件。

应急管理也是对突发事件全过程的管理。应急管理包括突发事件的预防与应急准备、监测和预警、应急处置与救援、灾后恢复与重建四个过程。应急管理工作贯穿于突发事件始终，并充分体现"以防为主、防抗救相结合"的应急管理理念。

二、应急管理相关概念

在理解应急管理概念的时候需要正确区分风险管理、危机管理和应急救援。应急管理过程涉及风险管理、危机管理和应急救援。风险管理处于应急管理的前端，是对突发事件的监测和预警，应急救援处于应急管理的后端，是对突发事件发生后的应急处置。

1. 应急救援

应急救援（Emergency Rescue）是应急管理的中心工作，是针对突发的、有破坏性的紧急事件采取的一系列预防、预备、响应和恢复的活动与计划，其目的是为了防止和控制事态扩大，挽救人民生命安全和财产损失，应急救援应当遵循以下原则：

（1）以人为本，生命第一

把保障生命安全和身体健康、最大限度地预防和减少安全生产事故造成的人员伤亡作为首要任务。充分发挥人的主观能动性，充分发挥专业救援力量骨干作用和社会救援机构的基础作用。

（2）统一领导，分级负责

在应急救援小组统一领导和组织协调下，各部门按照各自职责和权限，负责突发事故的应急管理和应急处理工作。

（3）依靠科学，依法规范

充分发挥专家作用，实行科学决策，采用先进的救援装备和技术，增强应急救援能力。依照规范制定预案，依照程序实施预案，确保应急预案科学、可行。

（4）预防为主，平战结合

贯彻落实"安全第一，预防为主，综合治理"的安全方针，坚持事故应急与预防工作相结合。做好预防、预测、预警和预报工作，做好常态的风险评估、物资装备、队伍建设、完善装备、预案演练等工作。

2. 危机管理

在管理实践中，"危机"（crisis）与"突发事件"的概念常被混用，但使用"危机"界定的事件，其严重程度高于一般的突发事件，且是针对特定主体而言，突发事件则没有特定的主体。危机具有高度的不确定性，从而导致危机管理通常是非程序化决策问题。

"古巴导弹危机"使世人第一次意识到了美苏两大国之间有发生"核对抗"的危险，而这种"核对抗"又是有史以来第一次使整个人类社会直接受到威胁。在此背景之下，危机管理理论应运而生。当美国学者 20 世纪 60 年代初提出该理论后，随即受到美国外交和决策当局的高度重视。目前，危机管理理论的研究出现了两个倾向：一是国际关系和军事冲突，但重点放在解决地区性冲突问题上；另一个是针对自然灾害所造成的危机及其对策方面。

从任务目的来看，危机管理与应急管理都是要最大限度地降低社会和环境的损失；从研究范围来看，应急管理比危机管理范围更广，"危机"一词本身蕴含着事态可能失控的意境，危机管理的任务是尽可能控制事态，或将已失控的事态重新控制住，尽量减少损失。应急管理则是一个全过程的概念，在突发事件发生之前，就要做好应急准备。在突发事件发生后，要进行控制，避免突发事件进入危机状态。在危机已形成后，继续采取措施，避免形成现实灾难。

3. 风险管理

"风险"（Risk）最初出现在保险业，指"损失的可能性"。进入政策领域后，风险的内涵变得更加丰富。国际风险分析协会将"风险"定义为"对人类生命、健康、财产或者环境安全产生的不利后果的可能"。联合国相关报告中，将"风险"定义为"由自然或者人为因素相互作用而导致的有害后果的可能性或预期损失"。因此，风险是一种可能性，风险管理则是对这种可能性进行管控，避免其变为现实突发事件和危机。

风险管理讲求防患于未然，将管理重点放在风险源上，对其进行评估和分析，应用相应手段减少、降低、消灭致灾的可能性和概率，从根本层面上防止突发事件及其损失的产生。应急管理则是一种全过程管理。不仅要预防，还要对已发生的紧急事件做好应对处理工作。

三、应急管理的特征

1. 政府主导性

从我国《突发事件应对法》的规定来看，政府主导性体现在两个方面：第一，政府主导性是由法律规定的。县级人民政府对本行政区域内突发事件的应对工作负责，涉及两个以上行政区域的，由有关行政区域共同的上一级人民政府负责，或者由各有关行政区域的上一级人民政府共同负责，很显然，这从法律上明确界定了政府的主导性责任；第二，政府主导性是由政府应急管理的行政职能决定的。在现行的行政体制下，政府可以动员和调配行政资源和社会资源开展应急管理。

2. 社会义务性

《突发事件应对法》第十一条规定，公民、法人和其他组织有义务参与突发事件应对工作。从法律上规定了应急管理的全社会义务。应急管理的社会义务性特征，也是中华民族传统美德"一方有难、八方支援"的体现。

3. 行政强制性

根据《突发事件应对法》、《生产安全事故应急条件》、《生产安全事故应急预案管理办法》等法律、行政法规、部门规章的规定，政府应急管理的行政行为具有较大的强制性。应急管理活动也受到法律、法规的约束。

4. 目标多样性

我国相关法律法规明确提出，应急管理的出发点和落脚点是保护人民群众生命和财产安全，维护国家安全、公共安全、环境安全和社会秩序。

第三节　建筑施工生产安全事故应急管理概述

一、建筑施工中常见的安全生产事故

目前，我国建筑施工现场中的突发事件主要是建筑施工生产安全事故。根据《企业职工伤亡事故分类》（GB 6441—1986）⊖以及对近 10 年住房城乡建设部发布的房屋市政工程生产安全事故通报的分析，并结合建筑工程生产安全事故现场情况，总结出 11 类建筑施工现场发生的生产安全事故类型，见表 2-4。

建筑施工现场生产安全事故类型

表 2-4

序号	类别	注释
1	高处坠落	指人站立工作面失去平衡，在重力作用下坠落（坠落高度超过 2m）造成的伤害事故。适用于脚手架、平台、陡壁施工等高于地面的坠落，也适用于由地面踏空失足坠入洞、坑、沟、升降口、漏斗等情况。但排除以其他类别为诱发条件的坠落，如高处作业时，因触电失足坠落应定为触电事故，不能按高处坠落划分
2	物体打击	指失控物体的重力或惯性力造成的人身伤害事故。如落物、滚石、锤击、碎裂、崩块、砸伤等造成的伤害，不包括爆炸而引起的物体打击
3	坍塌	指建（构）筑物、道路桥梁、隧道堆置物等的倒塌以及土石塌方引起的事故。适用于因设计或施工不合理而造成的倒塌，以及土方、岩石发生的塌陷事故。如建筑物倒塌，脚手架倒塌，挖掘沟、坑洞时土石的塌方等情况。不适用于矿山冒顶片帮事故，或因爆炸引起的坍塌事故

⊖ 引自《企业职工伤亡事故分类》（GB 6441—1986），该标准于 1986 年 5 月 31 日发布。

续表

序号	类别	注释
4	起重伤害	指从事起重作业时引起的机械伤害事故。包括各种起重作业引起的机械伤害，但不包括触电、检修时制动失灵引起的伤害，上下驾驶室时引起的坠落式跌倒
5	机械伤害	指机械设备与工具引起的绞、辗、碰、割、戳、切等伤害。如工件或刀具飞出伤人，切屑伤人，手或身体被卷入，手或其他部位被刀具碰伤，被转动的机构缠压住等，但属于车辆起重设备的情况除外
6	车辆伤害	指运动中的机动车辆和运输、斜井提升机械引起的伤害事故。如机动车辆在行驶中的挤、压、相撞或倾覆等事故，搭乘矿车所引起的事故，以及车辆运输挂钩事故
7	触电	指电流流经人体，造成生理伤害的事故。适用于触电、雷击伤害。如人体接触带电的设备金属外壳或裸露的临时线，漏电的手持电动工具；起重设备误触高压线或感应带电；雷击伤害；触电坠落等事故
8	火灾	指造成人身伤亡的施工项目火灾事故。不适用于非施工项目原因造成的火灾。比如，居民火灾蔓延到施工项目中，此类事故属于消防部门统计的事故
9	中毒和窒息	指人接触有毒物质，如呼吸有毒气体引起的人体急性中毒事故，或因为缺氧（包括落水事故导致的溺水缺氧）造成的事故，统称为中毒和窒息事故。不适用于病理变化导致的中毒和窒息事故，也不适用于慢性中毒的职业病导致的死亡
10	爆炸	指火药、雷管、鞭炮、发令纸、可燃性气体和粉尘与空气混合形成了达到燃烧极限的混合物等在接触火源时引起的违反人们意愿的爆炸事故和伤害。适用于空气不流通，粉尘积聚的场合。也适用于各种爆破作业场合，如拆除建筑物等工程进行的放炮作业操作失误引起的伤亡事故
11	其他伤害	凡不属于上述伤害的事故均称为其他伤害，如扭伤、跌伤、冻伤、钉子扎伤等

不同的事故，发生的频率和造成的影响严重程度不同。有的事故频繁发生，如高处坠落事故。有的事故发生频率不高，但一旦发生会造成严重的社会影响和经济损失，如大型火灾事故。根据对近5年住房城乡建设部发布的房屋市政工程生产安全事故通报的分析，2014～2018年房屋市政工程各类型安全生产事故发生数量及其占各年度事故总数的百分比见表2-5。

2014～2018年房屋市政工程各类型安全生产事故发生数量及其百分比　　　表2-5

年份	生产安全事故类型 ［起数/（百分比）］											
	高处坠落		物体打击		坍塌		起重伤害		机械伤害		触电、车辆伤害、火灾及其他		合计
2014年	276	53.28%	63	12.16%	71	13.71%	50	9.65%	18	3.47%	40	7.72%	518
2015年	235	53.17%	66	14.93%	59	13.35%	32	7.24%	23	5.20%	27	6.43%	442
2016年	333	52.52%	97	15.30%	67	10.57%	56	8.83%	31	4.90%	50	7.89%	634
2017年	331	47.83%	82	11.85%	81	11.71%	72	10.40%	33	4.77%	93	13.44%	692
2018年	383	52.20%	112	15.20%	54	7.30%	55	7.50%	43	5.90%	87	11.90%	734
合计	1558	51.59%	420	13.91%	332	10.99%	265	8.77%	148	4.90%	297	9.83%	3020

根据上表数据，2014～2018年全国房屋市政工程共发生事故数量3020起，其中高处坠落事故1558起，物体打击事故420起，坍塌事故332起，起重伤害事故265起，机械伤害事故148起，触电、车辆伤害、火灾及其他事故297起。各类型安全生产事故占事故总数的百分比如图2-1所示。

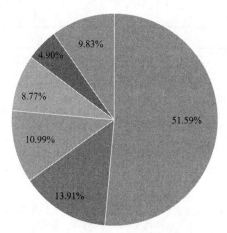

图 2-1　2014～2018 年全国房屋市政工程生产安全各类事故比例

由此可见，高处坠落是建筑施工过程中发生最频繁的事故，占到事故总数的 50％以上，其次为物体打击；坍塌事故和起重伤害事故的发生数量也较多，机械伤害事故的发生频率相对较低一些。这些容易发生、影响严重的事故是重点防范的对象。

二、建筑施工生产安全事故应急管理的主要内容

建筑施工企业的生产安全事故应急管理工作主要包括：

（一）组建专门的应急救援队伍

根据《生产安全事故应急条例》的规定，建筑施工单位等人员密集场所经营单位，应当建立应急救援队伍。应急救援队伍的应急救援人员应当具备必要的专业知识、技能、身体素质和心理素质。应急救援队伍建立单位或者兼职应急救援人员所在单位应当按照国家有关规定对应急救援人员进行培训；应急救援人员经培训合格后，方可参加应急救援工作。应急救援队伍应当配备必要的应急救援装备和物资，并定期组织训练。在应急救援队伍组建完毕后，建筑施工单位应当及时将本单位应急救援队伍建立情况按照国家有关规定报送县级以上人民政府负有安全生产监督管理职责的部门，并依法向社会公布。

（二）制定应急管理责任制度

对于建筑施工生产安全事故应急管理工作，应该形成专门制度，以规范的制度来保证应急救援工作的顺利展开。除了一般生产经营单位需要制定的岗位责任制度、应急预案制度、安全隐患排查制度、资金管理制度、监督制度、上报制度等应急管理制度之外，建筑施工单位还应建立应急值班制度，根据建筑工程的规模配备一定数量的应急值班人员，随时做好应对安全事故的准备工作。

（三）应急教育培训

建筑施工企业应该对施工现场的全体人员进行应急培训，保证从业人员具备必要的应

急知识，掌握风险防范技能和生产安全事故应急措施，并通过考核。人员的教育培训是提高全员应急意识和应急能力的基础性工作，是应急管理的重要环节。

（四）安全隐患管理

安全隐患管理包括安全隐患的辨识与分析、安全隐患的风险评估、安全隐患的监控预警、安全隐患的控制实施以及安全隐患的信息管理和档案管理等。安全隐患管理是应急管理的重要内容之一。安全隐患管理是对建筑施工现场所涉及各类安全隐患的识别及处理的具体规定。以制度的形式对建筑施工安全隐患进行风险管控，可以保证该项工作的规范化和科学化。

（五）应急预案管理

应急预案管理包括应急预案的编制要求、编制程序、编制内容、预案启动情形、预案的改进等内容。建筑施工企业应根据本企业和工程项目的实际情况编制应急预案并形成体系。建筑施工企业应按照规定的要求编制应急预案，保证预案的形式和内容标准化、规范化。

（六）应急救援

应急救援管理包括救援的形式、工作程序、工作内容、人员的职责权限，以及救援过程中的决策指挥权、不同主体间的协调、救援的优先级等内容。应急救援是应急管理中最重要的管理内容之一。建筑施工企业加强应急救援管理，指导应急救援行动的有效实施，提高企业应急管理的效率。

（七）善后处置

善后处置包括对生产安全事故造成的财产损失和人员伤亡进行登记、报告、调查、处理和统计分析工作，总结和吸取生产安全事故应对的经验教训。同时还应该调查清楚事故原因，追究相关人的责任。善后处置是应急管理的内容之一，是尽快清理事故现场恢复正常的工程建设秩序的保障。

三、建筑施工生产安全事故应急管理的特点

（一）过程的系统性

建筑产品的生产过程涉及众多的利益相关方，应急管理体制也与相关的政府管理机构和社会组织相关联。因而，生产安全事故应急管理应当遵循预防为主、预防与应急相结合的原则，按照统一领导、综合协调、分级负责的要求进行统筹安排和实施。

（二）时效的紧迫性

建筑施工过程中，一旦发生生产安全事故，必须在有限的时间内抢救伤员、搜救幸存受灾人员，同时要控制事故影响范围的扩大和次生灾害的产生。这就要求应急管理人员在最短的时间内做出正确的处置决策。建筑施工生产安全事故应急管理人员应具备足够的专

业知识，在事故发生的第一时间启动应急预案，落实救援所需资源，开展救援。如果责任主体在事故发生第一时间不愿担负主要救援任务，则会贻误时机，降低时效性，造成无法挽回生命和经济财产损失。

（三）预防的全程性

虽然建筑施工生产安全事故应急管理主要针对的是建筑施工中已发生的生产安全事故，但应急管理的全过程涉及识别安全隐患、排除安全隐患，检测预警，在事故处理结束后及时总结上报，建立应急管理知识库，也是应急管理的内容，而这恰恰是建筑施工单位应急管理者容易忽视的部分。应急管理不能只注重事后处理，而忽视事前预防。

第三章　建筑施工生产安全事故应急管理体系

第一节　建筑施工生产安全事故应急管理体制

一、应急管理机构设置

对建筑施工企业来说，合理的机构设置和责任划分是建筑施工安全生产的前提。从层次上来看，建筑施工企业首先要建立企业级的应急管理组织机构；针对每个项目，还要建立项目级的应急管理组织机构。从组织形式上来看，在平时和战时的组织形式有所不同。应急管理工作分为事前（预防与应急准备）、事发（监测与预警）、事中（应急处置与救援）和事后（恢复与重建）四个阶段。其中，事前可视为平时状态，此时主要由单位和项目设立应急办公室，由应急管理专员进行突发事件的日常防范和准备工作，其工作受到高层决策者或项目经理的检查和其他相关部门和人员的监督。高层决策者和项目经理负责组织应急预案和制度的制定、组织应急演练、协调和检查等工作，其他部门进行安全生产工作，这是平时的应急管理组织机构；事发、事中和事后可视为战时状态，此时根据突发事件的危害程度大小等因素，需要项目部全体成员甚至公司全体成员参与应急处理，形成战时的应急管理组织机构。战时的企业级和项目级应急管理组织机构如图 3-1 和图 3-2 所示。

二、应急管理职责划分

（一）公司高层管理者

建筑施工单位高层管理者是应急管理的总指挥和副总指挥。在日常工作中，其应急管理职责主要包括检查和监督各应急组织的工作、单位应急物资的储备以及应急准备是否到位；组织单位和单位负责项目的安全隐患排查和危险源辨识；牵头单位各部门带头人编制公司级各类突发事件应急预案，审核各项目部递交的应急预案；组织单位应急演练；与周边其他企业达成安全生产方面的战略合作。在突发事件发生后，高层管理者的主要职责是调集各方力量，确定事故警报级别，调集应急救援所需的物资和设备，对应急过程中的重大事项做出决策，与其他利益相关方进行沟通，并将突发事件上报给政府有关部门。

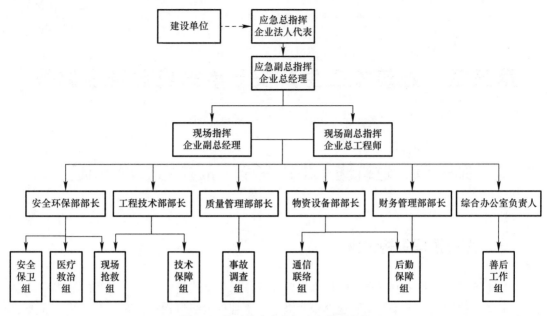

图 3-1　战时状态企业级应急管理机构

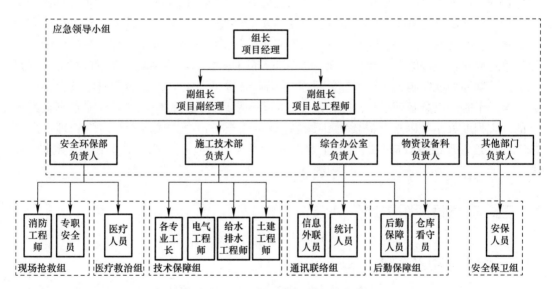

图 3-2　战时状态项目级应急管理机构

（二）项目经理

项目经理作为整个项目的把控者，是对项目了解最全面的人。在日常工作中，其应急管理职能主要包括：指派项目应急管理专员；督促应急管理培训和值班制度的施行；审查项目应急物资的采买和配置；统筹项目施工过程中的安全隐患排查带领项目各部门负责人编制项目级安全生产事故应急管理预案并呈交给单位相关部门审核。在突发事件发生后，项目经理的首要任务是与工程部、技术部、质量安全部、物资部负责人组成应急领导小组，项目经理担当组长，协调各方力量找出事故原因，评估事故性质和影响范围并启动与之相匹配的应急预案，对应急救援中的具体事务进行决策，与后勤保障人员、仓库人员沟通落实救援物资的配备情况，协助配合消防、医疗、抢险小组的工作等。

(三) 各应急小组的职责

在日常工作中，一般由单位和项目部的应急管理小组和应急管理专员进行应急值班、安全隐患排查、危险源监测、应急预案制订和培训演练等工作。在安全生产事故发生后，单位其他部门，项目部其他科室也要投入应急救援中，以自身专业技能来协助完成事故处理，根据事故类型的不同，在小组和人员配置上会有所差异，常见的应急管理小组职责分配见表3-1。

各应急小组的应急管理职责　　　　　　　　　　　　　　　表 3-1

小组	对应部门	成员	应急管理职责
应急领导小组	安全环保部、材料设备部、施工技术部、综合办公室	项目经理、项目总工程师、各科室负责人	负责指挥工地抢救工作，评估事故的规模和发展态势，建立应急步骤，确保员工安全和减少设施和财产损失； 指导设施的部分停工，指挥现场人员撤离，并确保任何伤害者都能得到足够的重视；向各抢救小组下达抢救指令任务，决定是否存在或可能存在重大紧急事故，第一时间向110、119、120、企业救援指挥部、当地政府安监部门、公安部门求援或报告灾情；在场（设施）内实行交通管制，协助场外应急机构开展服务工作； 在紧急状态结束后，指挥受影响地点的恢复，并组织人员参加事故的分析和处理。平时应急领导小组成员轮流值班，值班者必须住在工地现场，手机24小时开通，发生紧急事故时，在项目部应急组长抵达工地前，值班者为临时救援组长
现场抢救组	安全环保部	消防工程师、专职安全员	查找事故起源，实施抢险抢修的应急方案和措施，并不断加以改进； 寻找受害者并转移至安全地带； 在事故有可能扩大进行抢险抢修或救援时，高度注意避免意外伤害； 抢险抢修或救援结束后，直接报告最高管理者并对结果进行复查和评估
技术保障组	工程管理部	各类工程师	提出抢险抢修及避免事故扩大的临时应急方案和措施； 指导抢险抢修组实施应急方案和措施； 修补实施中的应急方案和措施存在的缺陷； 绘制事故现场平面图，标明重点部位，向外部救援机构提供准确的抢险救援信息资料
医疗救治组	安全环保部或外部医疗机构	医疗人员	在外部救援机构未到达前，对受害者进行必要的抢救（如人工呼吸、包扎止血、防止受伤部位受污染等）； 记录伤员伤情； 使重度受害者优先得到外部救援机构的救护； 协助外部救援机构转送受害者至医疗机构，并指定人员护理受害者

续表

小组	对应部门	成员	应急管理职责
后勤保障组	材料设备部、综合办公室、财务部	后勤保障人员、财务人员	保障系统内各组人员必需的防护、救护用品及生活物质的供给； 提供合格的抢险抢修或救援的物质及设备； 负责交通车辆的调配
安全保卫组	其他	安保人员	负责工地的安全保卫，支援其他抢救组的工作，保护现场； 设置事故现场警戒线、岗，维持工地内抢险救护的正常运作； 保持抢险救援通道的通畅，引导抢险救援人员及车辆的进入； 抢救救援结束后，封闭事故现场直至收到明确解除指令
通信联络组	综合办公室	信息外联人员、统计人员	负责统计收集事故信息，为决策者决策提供依据，确保与最高管理者和外部联系畅通、内外信息反馈迅速； 保持通信设施和设备处于良好状态； 负责应急过程的记录与整理； 上报企业和政府相关部门事态发展和事故处理情况，以及对公众发布事件相关信息
事故调查组	安全环保部	消防工程师、专职安全员	保护事故现场； 对现场的有关实物资料进行取样封存； 调查了解事故发生的主要原因及相关人员的责任； 按"四不放过"原则对相关人员进行处罚、教育、总结
善后工作组	人力资源部	人力资源专员	对事故受灾人员和伤亡人员及其家属进行赔偿（包括保险理赔事宜）和安抚工作

三、应急管理制度制定

制度一般是指要求大家共同遵守的办事规程或行动准则。由于应急工作涉及单位的财产安全和人员的生命财产安全，在应急管理制度制定完毕后，必须落实到位，由全体员工和项目施工人员严格遵守。制定应急管理制度要从建筑施工单位和项目的实际出发，遵循和依据相关法律法规的要求，内容必须合法、实用。

（一）应急管理制度制定遵循的原则

1. 符合相关法律法规

制定建筑施工安全生产的应急管理制度首先应符合国家颁布的应急管理相关法律法规的规定，以这些法律法规为指南，主要包括：《中华人民共和国突发事件应对法》《中华人民共和国安全生产法》《中华人民共和国建筑法》《生产安全事故应急条例》《建设工程安全生产管理条例》《生产安全事故报告和调查处理条例》《关于全面加强应急管理工作意见》《生产安全事故应急预案管理办法》《工伤保险条例》等。

2. 从实际出发，切实可行

建筑施工单位制定应急管理制度时在遵循相关法律法规的基础上，可适当借鉴国外、国内其他单位、本单位其他项目的成功案例，吸取其中进步且具有普适性的内容。而由企业和项目结构、建筑施工环境等因素导致的特殊性则要求这类问题的制度规定要从本单位和项目的实际出发。比如单位承接项目种类繁多，涉及地域广泛，环境条件多变，那么单位总体的应急管理制度应该侧重于通用性，针对每个项目，制定更加具体、有针对性的应急管理制度；如果单位承接项目比较单一，地域差异和环境影响不大，人员结构相对固定，那么单位总体的应急管理制度就应该更细致具体。此外，由于建筑施工工作人员尤其是一线施工人员的教育水平参差不齐，制定的制度在语言上应尽可能简单易懂，增强应急管理制度的实用性。

3. 内容全面

从应急管理阶段来说，制定的应急管理制度要涵盖应急管理工作的预防与应急准备、监测与预警、应急处置与救援、应急恢复四个阶段，与四个阶段中的每种应急管理机制相匹配。从应急管理的对象来说，制定应急管理制度时要认真考虑和总结单位建筑施工中的各种危险源和可能发生的各种突发事件类型，避免将某种或者某几种突发事件的应急管理遗漏在制度之外而被人员忽视，埋下生产安全事故隐患。

（二）应急管理制度的内容

根据工程应急管理工作的事前（预防与应急准备）、事发（监测与预警）、事中（应急处置与救援）和事后（恢复与重建）四个阶段来制定应急管理制度。

1. 预防与应急准备制度

预防与应急准备阶段的主要任务是查找并控制可能形成生产安全事故的隐患、应急管理工作的规划和布局等。其中涉及的制度包括风险防范与安全隐患排查制度、应急管理日常值班制度、应急预案制定与管理制度、应急教育与培训制度、应急演练制度、应急物资管理制度等。

2. 监测与预警制度

监测与预警阶段是在发现极有可能形成生产安全事故的危险源或已发生的生产安全事故的基础上，向单位及项目组相关人员发布预警信息，其中涉及的制度包括危险源监控制度、预警发布与调整制度、信息报告制度等。

3. 应急处置与救援制度

应急处置与救援阶段是对已发生的生产安全事故进行处理应对，控制事态扩大和事故影响的蔓延。其中涉及的制度包括应急响应分级与启动制度、事故现场先期处置制度、应急救援指挥制度、应急救援联动协作制度、扩大应急制度等。

4. 应急恢复制度

应急恢复阶段是对生产安全事故造成的后果和影响的补救、恢复和总结，对受灾和伤亡人员及其家属的安抚补偿。其中涉及的制度包括信息公开制度、事故责任制度、事故赔偿与保险理赔制度、污染物处理及生态环境恢复制度、事故调查及应急处置评估制度等。

除了以上制度外，还包括贯穿应急管理工作全过程的应急资金管理制度、应急工作监督制度，以及建筑施工单位根据自身情况专门制定的制度。

第二节 建筑施工生产安全事故应急管理机制

建筑施工生产安全事故应急管理机制建设框架囊括了应急管理的事前、事发、事中、事后四个过程。各阶段涉及的机制如图 3-3 所示。

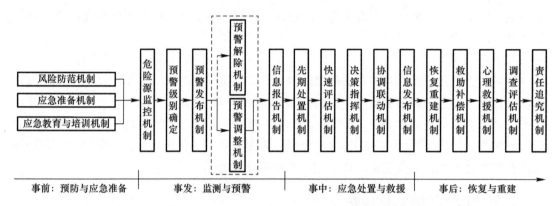

图 3-3 建筑施工生产安全事故应急管理机制框架图

注：1. 该图改编自闪淳昌，周玲，钟开斌《对我国应急管理机制建设的总体思考》一文中的"应急管理机制建设总体框架图"。

2. 虚线框内的预警解除、预警调整机制需要根据实际情况进行选择，预警解除或调整的条件见本节"监测与预警"部分内容。

一、预防与应急准备

(一) 风险防范机制

风险防范的目的是为了提高对建筑施工中突发事件风险的预见能力和突发事件发生后的救治能力，将突发事件应对的关口前移。风险防范应当系统、综合地考虑建筑施工的各个流程、各个环节、各种风险类型、各种风险的组合（某些风险因素可能以叠加、蔓延、转化、衍生、耦合等形式出现），不能只重视某一方面。此外，风险防范要充分发挥专家的作用，运用现代的科技与方法，提升风险防范的科学性和有效性，同时要基于实用、简单易行的原则。风险防范还要结合生产施工的实际情况和主要目标，根据风险的等级、发生概率、防范难易程度有针对性地开展工作。

风险防范也就是风险管理的过程。风险管理是人们对各种风险的认识、控制和处理的主动行为，它是通过识别风险来源、分析风险发生的可能性和后果的严重程度，并决定如何处置风险的全过程。建筑施工项目风险管理大致包括：收集与项目风险有关的信息、确定风险因素、编制风险评估报告、风险处置四个程序。

1. 收集与项目风险有关的信息

收集与施工项目有关的信息首先要了解单位、项目本身及建筑施工环境等方面的信息。单位和项目本身风险信息包括单位以前承接的项目发现了哪些风险和安全隐患、发生过哪些突发事件，这些突发事件最终如何处理解决；建筑施工环境方面的风险信息包括自然环境如建筑施工所在地域常见的恶劣天气、地质灾害等情况，以及人文环境，如周围居民对建筑施工项目的态度，邻避设施的建造应当更加注意这一点。[⊖]

2. 确定风险因素

在了解了这些风险有关信息后，应当建立风险评估标准，包括操作性的、技术性的、经济性的、法律性的以及社会性的各种标准。在确定了风险评估标准后，将之前搜集到的风险和事故安全隐患相关信息一一进行筛选判断，确定建筑施工过程中可能发生的风险因素。

3. 编制风险评估报告

在确定了风险因素后，就要根据各种风险发生的概率和损失量，确定各种风险的风险量和风险等级，编制风险评估报告。报告内容包括对项目的总体介绍、项目施工区域周边环境情况、工程地质情况、施工区域气象和水文情况、风险划分依据和类别、风险辨识结果等。

4. 风险处置

风险处置主要有四种方式：风险保留、风险规避、风险减缓和风险转移。风险保留是经过慎重考虑后决定自己承担风险，一般针对相对较小的风险；风险规避是人们通过避免卷入某种风险状况或撤离某种风险状况的行动，如在考察中发现施工建设计划地址地基有重大安全隐患，向建设单位（业主）反映，考虑避开安全隐患范围等；风险减缓是通过对风险的分析，采取预防措施，以防止损失的发生，如事故安全隐患的筛查和补救应对；风险转移是指通过法律、协议、保险或其他途径向他人转移责任或损失的负担。风险转移是一种与他人共同分担特定风险的方法，比较常见的方法是保险转移。

（二）应急准备机制

应急准备是为了有效应对突发事件而事先准备的各类保障性资源，包括应急预案、应急人力、应急资金、应急物资、应急设备设施和应急沟通网络等方面的储备。应急准备的目标是防患于未然，避免突发事件发生后出现应急能力供应不足的状况。应急准备的主要事项包括编制应急预案、调集专职应急管理人员和组建应急救援队伍、落实应急管理资金和物资以及建立健全应急设施和应急通信网络等。应急准备的流程如下：

1. 应急资源的辨识和归类

首先，建筑施工项目的调查统计人员要对项目拥有的以及项目周边地区的各类资源进行全面的调查统计；再由应急管理专员（或委托的咨询单位）进行筛选，敲定其中可以作为应急资源的资源，针对这些资源列出一份应急资源清单，将每种资源的特征（如形态特征：固体/液体/气体）、数量、功能、使用范围和使用条件清晰地列举出来。

2. 应急资源需求统计

根据所编制的风险评估报告和应急资源清单，对所拥有应急资源进行分类分级，并建

⊖　邻避设施是能使大多数人获益，但对邻近居民的生活环境与生命财产以及资产价值带来负面影响的"危险设施"，如垃圾场、变电站、殡仪馆等。

立相应的分类分级目录，统计出现有的应对各类风险的应急资源数量、质量和能够使用的地点。再根据应急管理专员的调查评估，确定除现有的应急资源外还需要的应急资源的需求量，通过购买或者谈判合作等方式对欠缺的应急资源进行补充，最后将所有应急资源整合起来。

3. 应急资源的规划与分配

根据施工项目中潜在危险源的分布情况以及每个危险源的风险大小，对应急资源进行规划和分配，按照规划在每个选定地点配备与该地点周边安全风险大小相匹配的应急资源，保证在突发事件爆发后各类应急物资能够及时足量地送达指定地点。在进行应急资源的布局时既要考虑资源本身的特性，例如资源类型、载体等；又要考虑与选定点相关的因素，比如选定地点的设施、空间大小等。同时，还应考虑突发事件的连锁反应，统筹配置。最后，应编制应急物资配置表，详细记录各选定点应急物资和装备的类型、数量、性能、存放位置、管理责任人及其联系方式。

（三）应急教育与培训机制

应急教育与培训要求建筑施工单位对本单位员工、建筑项目的参与人员进行安全和应急管理方面的培训，提高相关人员在日常工作和建筑施工过程中的安全意识，并保证在突发事件发生时，每个相关人员都具备基本的自救、互救和应急处理能力，熟悉应急处置流程，减少危险因素。应急教育与培训主要包括以下内容：

1. 编制应急培训手册

基于风险评估报告、应急物资配置表、各种应急预案和既往项目中的突发事件案例及急救资料，编制应急培训手册，分发给相关人员。

2. 应急管理知识培训

根据建筑施工项目的大小和实际需要，定期或不定期地聘请应急管理专家或单位内应急管理专员进行授课，培训内容包括应急管理专业基础理论、实操层面专业技能、自救与互救技能，形式包括讲座、案例分析、情景模拟、预案演练等。在培训结束后还要进行培训效果评估，一方面是检验每位相关人员的应急能力是否达到实操标准，另一方面是针对培训中存在的漏洞进行改进。

本书第七章"建筑施工生产安全事故应急培训"将会对应急教育与培训的内容做进一步论述。

二、监测与预警

各部门要针对各种可能发生的突发事故，完善预测预警机制，建立预测预警系统，开展危险源辨识、环境因素识别和风险评价工作，做到及时发现、及时报告、妥善处置。每个应急人员必须在岗位能熟练使用两个以上预警电话或其他报警方式。

（一）危险源监控机制

针对可能诱发重大突发事件的危险源，应当由项目经理牵头，对各类风险进行识别分析，对辨识出的危险源、危险区域，制定分级管控措施。按职责分工，明确监控责任人，对重大危险源、重大危险区域或不可接受风险实施日常监控，确定是否处于可控状态；对应急设备设施实施日常例行检查，确定是否能正常使用。同时，对国家规定的重大危险源由项目安全环保部门向公司安全环保部门和地方行政主管部门备案，建立联动机制。

重大危险源的监控应采取一定的监测手段，确定定性、定量监控指标、监测周期、监测责任人，并及时将监测数据及分析结果报告项目安全环保部门。

（二）预警级别确定机制

根据危险源辨识、风险因素识别和风险分析结果，对可能发生和可以预警的潜在突发事故进行预警。预警级别依据突发事故可能造成的危害程度、紧急程度和发展态势，根据《突发事件应对法》："可以预警的自然灾害、事故灾难和公共卫生事件的预警级别，按照突发事件发生的紧急程度、发展态势和可能造成的危害程度，分为一级、二级、三级和四级，分别用红色、橙色、黄色和蓝色标示，一级为最高级别。"施工单位对突发事件的预警可依据此方法，具体见表3-2。

建筑施工生产安全事故预警级别 表 3-2

预警级别	预警颜色	适用情形
Ⅳ一般	蓝色	有关部门发布大风、大雪、大雨、高温等恶劣天气蓝色预警时； 特殊季节：夏季高温、雨季、汛期、冬季严寒； 施工高峰期之前； 日常安全隐患排查治理过程中发现典型或带有普遍性的安全生产问题后； 上级主管部门下发蓝色预警后
Ⅲ较重	黄色	有关部门发布大风、大雪、大雨、高温等恶劣天气黄色预警时； 发生一起较大建设工程施工突发事故时； 上级主管部门下发黄色预警后
Ⅱ严重	橙色	有关部门发布大风、大雪、大雨、高温等恶劣天气橙色预警时； 发生一起重大建设工程施工突发事故时； 上级主管部门下发橙色预警后
Ⅰ特别严重	红色	有关部门发布大风、大雪、大雨、高温等恶劣天气红色预警时； 发生一起特别重大建设工程施工突发事故时； 上级主管部门下发红色预警后

（三）预警发布机制

预警信息的发布、调整和解除经有关领导批准可通过有线广播、有线电视、信息网络、警报器。特殊情况下目击者可大声呼叫、敲击能发出较强声音的器物或打电话的方式进行预警信息发布。预警信息内容包括突发事故的类别、地点、起始时间、可能影响范围、预警级别、警示事项、应采取的措施和发布级别预警信息的来源等。

预警期间，根据实际情况，由现场负责人组织撤离危险区域作业人员。但在遇到险情或事故征兆时，现场带班人、班组长、调度员应组织现场作业人员在第一时间撤离危险区域。

预警期间，项目部应急领导小组办公室实施24小时值班，负责信息的收集和上报，做好与地方政府、建设方以及公司的沟通联络。此外，项目部应急领导小组还应组织对项目所涉危险源进行动态评估，根据评估判断突发事件发生的可能性以及严重程度，通知各应急救援工作组进入应急抢险待命状态。

（四）信息报告机制

1. 信息接收与通报

（1）信息接收

应急办公室设24小时应急值班电话（至少两个联系方式），应急办公室主任是信息接收的负责人，负责接收项目内部上报或者外部发布的信息。

（2）信息通报

应急办公室接到事故报告或事故后续信息，经应急领导小组同意后，通过电话、短信、网络等及时向项目各救援机构、部门、工区通报。

（3）信息报告

事故发生后，现场相关人员要及时向现场负责人报告，现场负责人及时向项目经理和应急办公室报告，应简明扼要地说清事故情况。

2. 信息上报和传递

《生产安全事故报告和调查处理条例》第二章第9条规定：事故发生后，事故现场有关人员应当立即向本单位负责人报告；单位负责人接到报告后，应当1小时内向事故发生地县级以上人民政府应急管理部门和负有安全生产监督管理职责的有关部门报告。

情况紧急时，事故现场有关人员可以直接向事故发生地县级以上人民政府应急管理部门和负有安全生产监督管理职责的有关部门报告。

对于建筑施工部门而言，除了上报政府应急管理部门和负有安全生产监督管理职责的有关部门外，还要及时上报建设方。对于有人员死亡的生产安全事故还应向事发地国家相关单位派出机构报告。报告由单位负责人或发生事故项目的经理或委托应急办公室执行。

事故的上报分为初报、续报和处理结果报告三类。

初报可用电话等方式直接报告，主要内容包括：事故发生单位概况，事故发生的时间、地点以及事故现场情况，事故的简要经过，事故已经造成或者可能造成的伤亡人数（包括下落不明的人数）和初步估计的直接经济损失，已经采取的措施，现场或指挥队员向社会救援力量的报告，其他应当报告的情况。信息报送同时，立即启动相应级别应急预案，全力实施应急救援。不能迟报、谎报、瞒报和漏报事故或灾害信息。

续报可用书面报告或其他形式，在初报的基础上报告有关确切数据，事件发生的原因、过程、进展情况及采取的应急措施等基本情况。续报由应急办公室经应急领导小组组长同意后上报。

处理结果报告采用书面报告，处理结果报告在初报和续报的基础上，报告处理事件的措施、过程和结果，事件潜在或间接的危害、社会影响、处理后的遗留问题，参加处理工作的有关职能管理部门和工作内容，出具有关危害与损失的证明文件等详细情况。处理报告由应急办公室经应急领导小组组长同意后上报。

单位各部门和项目部上报的信息，必须做到数据源唯一、准确、及时。

（五）预警调整与解除机制

遇到下述情况，项目应急办公室应调整解除预警信息：

（1）根据地方政府、新闻媒体、公司对预警信息的调整和解除，项目应急办公室也随之调整和解除预警信息。

（2）根据现场对危险源的控制，通过数据监测以及其他情况证明危险源已经处于可控状态，项目应急办公室按规定报请上级单位应急办公室解除预警。

（3）根据对现场危险源的综合判断，预警信息与现场实际不符合，项目应急办公室按规定报请上级单位应急办公室调整预警级别。

三、应急处置与救援

应急处置与救援首先是在启动应急响应的基础上进行的。

（一）应急响应分级及启动条件

按照突发事件性质、严重程度、可控性和影响范围等因素，项目应急响应一般可分为三级：Ⅰ、Ⅱ、Ⅲ级响应：

1. Ⅰ级响应

事故后果超出项目部处置能力，需要建筑施工单位、外部力量介入采取应急响应行动方可处置，启动的企业级的综合或专项应急预案。

2. Ⅱ级响应

事故后果超出施工区（厂队）处置能力，需项目部采取应急响应行动方可处置，启动的是项目级的专项应急预案。

3. Ⅲ级响应

事故后果仅限于项目部局部作业区域，施工区（厂队）采取应急响应行动即可处置，启动的是项目级的现场处置方案（表3-3）。

应急响应级别　　　　　　　　　　　　　　　　　　　　　　　表3-3

响应等级	施工队	项目部	全单位	政府、社会
Ⅰ级	√	√	√	√
Ⅱ级	√	√		
Ⅲ级	√			

（二）响应程序

突发事件发生后，项目应急领导小组应按照应急响应分级标准要求立即做出判断，按规定上报突发事件。同时，按照突发事件分级标准和响应分级条件，按图3-4中的流程开展应急处置与救援工作。

1. Ⅰ级

应急办公室立即请求应急领导小组启动单位综合或专项应急预案，成立现场指挥部，通知各应急救援工作组到位，由现场总指挥按照现场方案组织开展救援抢险。同时，按事件大小报请上级单位或社会救援力量支援救援。

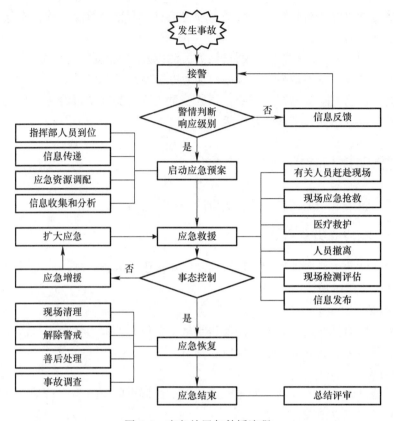

图 3-4 应急处置与救援流程

2. Ⅱ级

突发事件发生后，项目部根据事件大小按照现场处置方案进行处置或报请应急领导小组启动项目专项预案开展响应工作。

3. Ⅲ级

突发事件发生后，施工区（厂队）根据事件大小按照现场处置方案进行处置或报请应急领导小组启动项目专项预案开展响应工作。

（三）先期处置机制

突发事故发生后，事发源的现场人员与增援的应急人员在报告突发事故信息的同时，要根据职责和规定的权限启动相关应急预案，及时、有效地进行先期处置，控制事态的蔓延、扩大和升级。

事故现场的先期处置应做到：

（1）现场具有唯一的最高指挥员，由他统一指挥，下设副指挥，再往下是各小组领导人，分级负责。

（2）根据事态性质决定处置方式。

（3）事故处置与事故上报安监部门同时进行。

先期处置的流程为：

（1）通过现场直接观察、访问等方法，核实和搜集情报信息并随时报告。

（2）对事件的详细地址、规模大小、起因、类型、特点和发展趋势做出初步判断。

（3）已到达现场的人员与还未到达现场的人员取得联系，互通情报。

（4）实地勘察现场环境，对后续应急人员和车辆物资进入的路线和控制范围做出初步规划。

（5）尽可能地抢占有利空间，为应急救援指挥部的建立和后续应急救援工作的展开创造条件。

对于先期处置未能有效控制事态的重大突发事故，要及时启动相关预案，由相关应急指挥机构或工作组统一指挥或指导有关部门开展应急处置工作。

（四）指挥决策机制

应急处置与救援中的指挥决策由突发事件应急救援中的指挥人员承担，包括应急决策和应急指挥两个部分。一般来说，指挥决策分为战略、战役和战术三个层面。战略层面的指挥决策由公司级的应急总指挥（单位高层领导）承担，战役和战术层面的指挥决策由施工项目的事故现场指挥（项目经理）承担。按照"统一指挥、专业处置"的要求，启动应急响应，成立现场指挥部，确定联系人和通信方式，调集应急资源，指挥协调各联动部门、应急工作组和应急队伍先期开展救援行动，尽最大努力救援受伤人员，有效处置和控制事态扩大或升级。同时，按规定向各方上报突发事件。

管理层进行指挥决策应做到：

（1）单位高层决策者担任应急总指挥，负责应急处置中各种决策的把控和各方应急救援力量的统筹协调；项目经理担任现场指挥，现场由他统一指挥，下设副指挥（根据应急响应级别不同，由企业总工程师或项目总工程师担任），再往下是各小组领导人，分级负责。

（2）坚持以人为本。在指挥救援的过程中，要把受事故影响的人员安全置于其他物质财产安全之前，同时还要注重考虑救援人员的安全。

（3）依靠科学技术和先进设备、应急救援专家的力量。

（4）在现场指挥人员未赶到之前，由发现事故的人员中最熟悉应急管理工作的人员代行指挥权，尽快展开对事故的控制。

（五）联动协作机制

现场应急指挥部负责指挥紧急事态的控制，包括维护事发现场治安秩序，做好交通保障、人员疏散及安置，根据需要协调、调集应急救援物资等事项的统筹安排。同时要及时掌握事件进展情况，随时向各方报告动态信息。参与突发事件处置的各相关工作组、部门应立即调动有关人员和处置队伍赶赴现场，在现场指挥部的统一指挥下，按照现场既定预案分工和事件处置规程要求，相互配合、密切协作，共同开展应急处置和救援工作。现场应急救援队伍（主要包括特种设备应急救援队、机械伤害应急救援队、消防队等）应携带相应的专业防护装备，采取安全防护措施，严格执行应急救援人员进入和离开事故现场的相关规定。需要多个相关部门共同参与处置的突发事故，由该类突发事故的业务主管部门牵头统一指挥，其他部门予以协助。必要的情况下，还应联系单位外部救援力量，共同参与救援，尽全力防止紧急事态的进一步扩大。

（六）扩大应急机制

当突发事件难以有效控制或发生特殊灾害事故，尤其是出现干扰地方治安环境或发生特殊灾害态势时，立即转入扩大应急状态。如果突发事件的事态进一步扩大，预计凭本项目现有应急资源和人力难以实施有效处置，应以项目应急管理领导小组的名义，请求公司、建设单位、社会专业救援队伍，地方人民政府协同相关单位、部门或集团公司参与处置工作。

四、应急恢复

突发事件处理已基本完成，次生、衍生及相关的危险因素消除后，应急处置工作即告结束，经相应级别的应急领导小组批准，现场应急指挥机构撤销，终止应急状态，转入应急恢复阶段。

（一）信息公开机制

对外信息发布形式主要包括接受媒体采访、向媒体提供新闻稿件等。对外信息发布由项目经理或指定应急办公室担任。在信息发布过程中，应遵守国家的法律法规，做到实事求是、客观公正、内容详实、及时准确。

对内信息发布由项目应急办公室负责，经应急领导小组组长同意后，以文件、通报、网络等形式发布，也应当向员工发布简要信息和应对防范措施等。

（二）善后处置机制

项目善后处理组要深入细致地做好各项善后处置工作。主要包括对受伤人员、受害人员以及家属的心理疏导、医疗救治、安置、经费补偿等工作。项目部应及时统计设备设施损失和人员伤亡情况，由财务部门牵头组织相关部门核实、汇总受损情况，按保险公司有关条款，做好保险理赔工作。对突发事故中紧急调集的有关单位及个人的物资，要按照规定给予补偿和归还，有关部门还要做好疫病防治和环境污染消除工作。

（三）恢复重建机制

事故救援结束，事故现场调查取证结束后，征得事故调查组组长同意，由技术组编写恢复施工技术方案，落实安全措施，经项目或上级单位应急领导小组验收后，根据恢复方案，组织实施恢复重建工程。

（四）污染物处理及生态环境恢复机制

突发事件应急救援结束后，对有污染环境的有害物质及时处理，项目安全环保部门牵头负责，对于项目不能处理的污染物联系专业处理机构，按照要求对污染物进行处理。对因突发事件导致的环境破坏，由项目部技术部门编写方案，并由生产部门组织实施。

（五）事故调查及应急处置评估机制

按照事故级别大小，项目部成立调查组或者配合外部事故调查组，完成对事故的调查评估工作，从中吸取事故教训，完善项目安全管理制度、措施等。项目负责调查的事故，应编写调查报告，在规定事件内向上级各方上报。

应急处置与救援工作结束后，项目应急办公室还应及时组织开展事故应急处置与救援工作评估，主要对信息上报、应急指挥、应急响应、应急处置、恢复生产、扩大应急等环节进行评估，并形成评估报告，对发现的问题及时整改。

评估应当遵循以下原则：

1. 独立性原则

调查评估不应受到来自决策层、利益相关方、社会公众和媒体的压力，可以适当引入第三方评估或由政府部门来评估。

2. 客观性原则

调查评估应当尽量采用科学先进的工具和方法进行调查评估，在客观事实、论据和结论之间要有符合逻辑的论证，尽量避免掺杂主观判断。

3. 建设性原则

评估的最终目的是发现事故中的规律，避免同类事件的发生或者下次再发生同类事故时减轻事故带来的损失和伤害，因此调查评估要注意找出事故中的关键因素和应急处置的薄弱环节，并提出改进建议。

（六）事故追责机制

事故追责就是要找出突发事件发生原因中以及突发事件应急处置中人员疏忽、工作失误或错误、未履行或未正确履行职责的部分并进行责任追究，以提高相关人员的责任意识、风险防范意识和应急管理能力，降低下次再出现纰漏的可能性。事故追责工作需要确定责任内容、责任主体、范围和对象，追责结果要令人信服，主要遵循的原则包括：

1. 实事求是原则

事故追责要根据实际情况，实事求是，避免主观判断，上级"甩锅"下级等情况。

2. 公开透明原则

事故追责的过程及结果都应该公开透明，在事故相关方全员监督下进行。

3. 规范性原则

事故追责应当依据一定的标准和制度，合法、合理、合据，讲求规范性。

4. 权责一致，惩教结合原则

事故追责的目的不仅仅是惩罚，更应该注重相关责任主体的事前教育，令其吸取事故教训，重视建筑施工安全生产的各环节，避免再出纰漏，并允许追责对象提出申诉和复查。

第三节　建筑施工生产安全事故应急管理相关法律

一、应急管理相关法律

建筑施工生产安全事故应急管理法律由全国人民代表大会制定和发布，规定、条例等主要由国务院、应急管理部和住房城乡建设部制定和发布，地方各级政府部门也会发布适用于当地的政策性文件。建筑施工单位可根据实际施工生产实践中得到的经验向人大代表和有关部门进言献策。目前，与建筑施工生产安全事故应急管理相关的法律法规如下。

（一）中华人民共和国突发事件应对法

《中华人民共和国突发事件应对法》是为了预防和减少突发事件的发生，控制、减轻和消除突发事件引起的严重社会危害，规范突发事件应对活动，保护人民生命财产安全，维护国家安全、公共安全、环境安全和社会秩序而制定，是我国目前突发事件应急应对的最高级别法律依据。该法由中华人民共和国第十届全国人民代表大会常务委员会第二十九次会议于 2007 年 8 月 30 日通过，自 2007 年 11 月 1 日起施行，全文分为"总则"、"预防与应急准备""监测与预警""应急处置与救援""事后恢复与重建""法律责任"和"附则"七章，共七十条。第一章"总则"给出了突发事件的界定，明确了法律制定的目的和适用对象、体制、机制、责任主体等内容。其中，第二条明确了该法的适用对象为："突发事件的预防与应急准备、监测与预警、应急处置与救援、事后恢复与重建等应对活动"，通过对适用对象的说明，也将应急管理工作划分为四个阶段。第四条明确了我国应急管理的体制为："统一领导、综合协调、分类管理、分级负责、属地管理为主。"第五条明确了我国应急管理的原则为："预防为主、预防与应急相结合原则"。第二章"预防与应急准备"、第三章"监测与预警"、第四章"应急处置与救援"和第五章"事后恢复与重建"，明确了应急管理各阶段的任务，以及各责任主体的配合要求等。第六章"法律责任"明确了违反本法律应当承受的责任和惩罚。第七章"附则"指出进入紧急状态的条件，以及该法律的生效时间（2007 年 11 月 1 日）。

（二）中华人民共和国安全生产法

《中华人民共和国安全生产法》是为了加强安全生产工作，防止和减少生产安全事故，保障人民群众生命和财产安全，促进经济社会持续健康发展而制定。该法由中华人民共和国第九届全国人民代表大会常务委员会第二十八次会议于 2002 年 6 月 29 日首次通过发布，2002 年 11 月 1 日实施。经 2009 年和 2014 年两次修正，现行版本分为"总则"、"生产经营单位的安全生产保障""从业人员的安全生产权利义务""安全生产的监督管理""生产安全事故的应急救援与调查处理""法律责任"和"附则"共七章一百一十四条。其中，与生产安全事故应急管理有关的主要条款有：

1. 第三条

安全生产工作应当以人为本，坚持安全发展，坚持安全第一、预防为主、综合治理的方针，强化和落实生产经营单位的主体责任，建立生产经营单位负责、职工参与、政府监管、行业自律和社会监督的机制。

2. 第三十七条

生产经营单位对重大危险源应当登记建档，进行定期检测、评估、监控，并制定应急预案，告知从业人员和相关人员在紧急情况下应当采取的应急措施。生产经营单位应当按照国家有关规定将本单位重大危险源及有关安全措施、应急措施报有关地方人民政府安全生产监督管理部门和有关部门备案。

3. 第三十八条

生产经营单位应当建立健全生产安全事故安全隐患排查治理制度，采取技术、管理措施，及时发现并消除事故安全隐患。事故安全隐患排查治理情况应当如实记录，并向从业人员通报。

4. 第四十一条

生产经营单位应当教育和督促从业人员严格执行本单位的安全生产规章制度和安全操作规程；并向从业人员如实告知作业场所和工作岗位存在的危险因素、防范措施以及事故应急措施。

5. 第四十七条

生产经营单位发生生产安全事故时，单位的主要负责人应当立即组织抢救，并不得在事故调查处理期间擅离职守。

6. 第五十二条

从业人员发现直接危及人身安全的紧急情况时，有权停止作业或者在采取可能的应急措施后撤离作业场所。

7. 第七十六至八十六条

在第五章"生产安全事故的应急救援与调查处理"（即第七十六至八十六条）中，对于生产安全事故应急管理集中做了详细的规定。

对建筑施工单位而言，《中华人民共和国安全生产法》第二十一条中要求建筑施工单位设置安全生产管理机构或者配备专职安全生产管理人员；第二十四条中要求建筑施工单位的主要负责人和安全生产管理人员，应当由主管的负有安全生产监督管理职责的部门对其安全生产知识和管理能力考核合格；第七十九条中要求建筑施工单位应当建立应急救援组织，生产经营规模较小的，可以不建立应急救援组织，但应当指定兼职的应急救援人员。

（三）中华人民共和国建筑法

《中华人民共和国建筑法》是为了加强对建筑活动的监督管理，维护建筑市场秩序，保证建筑工程的质量和安全，促进建筑业健康发展而制定。该法由 1997 年 11 月 1 日第八届全国人大常委会第 28 次会议通过，自 1998 年 3 月 1 日起施行。经 2011 年和 2019 年两次修正，现行版本正文分"总则""建筑许可""建筑工程发包与承包""建筑工程监理""建筑安全生产管理""建筑工程质量管理""法律责任""附则"八章，共八十五条。

第五章"建筑安全生产管理"对建筑施工过程中的各项安全要求做出了规定。其中，第三十六条明确了我国建筑工程安全生产管理必须坚持"安全第一、预防为主"的方针，建立健全安全生产的责任制度和群防群治制度。第三十九条要求施工企业应在施工现场采取安全防范措施或者对施工现场进行封闭管理，此外还规定：现场对毗邻的建筑物、构筑物和特殊作业环境可能造成损害的，建筑施工企业应当采取安全防护措施。第四十四条要求建筑施工企业必须执行安全生产责任制度，由企业法人对本企业的安全生产负责。第四十五条规定了施工现场安全的责任归属：建筑施工企业。第四十六条强调建筑施工企业应当建立健全劳动安全生产教育培训制度，加强对职工的安全生产培训，并规定：对于未经安全生产教育培训的人员，不得上岗作业。第四十七条规定：建筑施工企业和作业人员在施工过程中，应当遵守有关安全生产的法律、法规和建筑行业安全规章、规程，不得违章指挥或者违章作业。第四十八条规定：建筑施工企业依法为职工参加工伤保险缴纳工伤保险费。鼓励企业为从事危险作业的职工办理意外伤害保险，支付保险费。第五十一条规定了生产安全事故的上报要求。

二、应急管理相关法规

（一）建设工程安全生产管理条例

《建设工程安全生产管理条例》是根据《中华人民共和国建筑法》、《中华人民共和国安全生产法》制定的国家法规，目的是加强建设工程安全生产监督管理，保障人民群众生命和财产安全。由国务院于 2003 年 11 月 24 日发布，自 2004 年 2 月 1 日起施行。全文分为"总则""建设单位的安全责任""勘察、设计、施工单位的安全责任""施工单位的安全责任""监督管理"、"生产安全事故的应急救援和调查处理"、"法律责任"和"附则"八章，共七十一条。

其中，第六章"生产安全事故的应急救援和调查处理"第四十八条规定：施工单位应当制定本单位生产安全事故应急救援预案，建立应急救援组织或者配备应急救援人员，配备必要的应急救援器材、设备，并定期组织演练。第四十九条规定：施工单位应当根据建设工程施工的特点、范围，对施工现场易发生重大事故的部位、环节进行监控，制定施工现场生产安全事故应急救援预案。实行施工总承包的，由总承包单位统一组织编制建设工程生产安全事故应急救援预案，工程总承包单位和分包单位按照应急救援预案，各自建立应急救援组织或者配备应急救援人员，配备救援器材、设备，并定期组织演练。

（二）生产安全事故应急条例

《生产安全事故应急条例》是根据《中华人民共和国安全生产法》和《中华人民共和国突发事件应对法》而制定的法规。其目的是规范生产安全事故应急工作，保障人民群众生命和财产安全。该条例于 2019 年 2 月 17 日由国务院总理李克强签署通过，2019 年 3 月 1 日公布，自 2019 年 4 月 1 日起施行。全文分为"总则""事故报告""事故调查""事故处理"和"法律责任"五章，共三十五条，重点关注生产安全事故的应急体制、应急准备、现场应急救援及相应法律责任等内容。《生产安全事故应急案例》中明确了我国县级以上人民政府统一领导、行业监管部门分工负责、综合监管部门指导协调的应急工作体制，还强化了应急准备工作，细化了应急救援预案的制定和演练要求，明确了应急救援队伍建设和保障，以及建立应急救援装备和物资储备、应急值班值守制度等要求。

（三）生产安全事故报告和调查处理条例

《生产安全事故报告和调查处理条例》是根据《中华人民共和国安全生产法》和有关法律制定的国家法规，其目的是规范生产安全事故的报告和调查处理，落实生产安全事故责任追究制度，防止和减少生产安全事故。该条例于 2007 年 3 月 28 日由国务院第 172 次常务会议通过，自 2007 年 6 月 1 日起施行，条例分为"总则""事故报告""事故调查""事故处理""法律责任"和"附则"六章，共四十六条。明确了生产安全事故的分级标准、事故调查事故报告及补报的原则和要求、事故调查和事故处理的内容以及法律责任。其中，第三条规定了我国生产安全事故等级的划分：根据生产安全事故造成的人员伤亡或者直接经济损失划分为特别重大事故、重大事故、较大事故和一般事故。第四条规定：事故调查处理应当坚持"科学严谨、依法依规、实事求是、注重实效"的原则。

（四）突发公共卫生事件应急条例

《突发公共卫生事件应急条例》是国务院依照《中华人民共和国传染病防治法》和其他有关法律的相关规定，在总结"非典"事件实践经验的基础上而制定的国家法规，其制定目的是我国建立起"信息畅通、反应快捷、指挥有力、责任明确"的处理突发公共卫生事件的应急法规体系，有效预防、及时控制和消除突发公共卫生事件的危害，保障公众身体健康与生命安全，维护正常的社会秩序。该条例经 2003 年 5 月 7 日国务院第 7 次常务会议通过，由国务院于 2003 年 5 月 9 日发布并实施。该条例的公布施行，标志着我国突发公共卫生事件应急处理工作纳入法制化轨道，突发公共卫生事件应急处理机制进一步完善。2011 年，根据《国务院关于废止和修改部分行政法规的决定》（中华人民共和国国务院令第 588 号）修正的版本颁布并实施。现行版本全文分为"总则""预防与应急准备""报告与信息发布""应急处理""法律责任"和"附则"六章，共五十条。该条例明确规定了处理突发公共卫生事件的组织领导、遵循原则和各项制度、措施，明确了各级政府及有关部门、社会有关组织和公民在应对突发公共卫生事件工作中承担的责任和义务，还明确了违反该条例行为的法律责任。其中，第二条对突发公共卫生事件做了界定："是指突然发生的，造成或者可能造成严重损害社会公众健康的重大传染病疫情、群体性不明原因疾病、重大食物和职业中毒以及其他严重影响公众健康的事件。"第三、第四条规定："突发公共卫生事件发生后，国务院设立全国突发公共卫生事件应急处理指挥部，由国务院有关部门和军队有关部门组成，国务院主管领导人担任总指挥，负责对全国突发公共卫生事件应急处理的统一领导、统一指挥。"第五条明确了突发事件应急工作应当遵循"预防为主、常备不懈"的方针，贯彻"统一领导、分级负责、反应及时、措施果断、依靠科学、加强合作"的原则。

（五）安全生产许可证条例

《安全生产许可证条例》是根据《中华人民共和国安全生产法》的有关规定制定的条例，其目的是严格规范安全生产条件，进一步加强安全生产监督管理，防止和减少生产安全事故。该条例由中华人民共和国国务院于 2004 年 1 月 7 日首次发布，自 2004 年 1 月 13 日起正式施行。根据 2014 年 7 月 29 日《国务院关于修改部分行政法规的决定》进行修订，全文共计 24 条。其中第二条明确规定：国家实行安全许可证制度的行业，包括了建筑施工企业，企业未取得安全生产许可证的，不得从事生产活动。第四条规定：省、自治区、直辖市人民政府建设主管部门负责建筑施工企业安全生产许可证的颁发和管理，并接受国务院建设主管部门的指导和监督。第六条规定了企业取得安全生产许可证的安全生产条件，包括：

（1）建立、健全安全生产责任制，制定完备的安全生产规章制度和操作规程；

（2）安全投入符合安全生产要求；

（3）设置安全生产管理机构，配备专职安全生产管理人员；

（4）主要负责人和安全生产管理人员经考核合格；

（5）特种作业人员经有关业务主管部门考核合格，取得特种作业操作资格证书；

（6）从业人员经安全生产教育和培训合格；

（7）依法参加工伤保险，为从业人员缴纳保险费；

（8）厂房、作业场所和安全设施、设备、工艺符合有关安全生产法律、法规、标准和规程的要求；

（9）有职业危害防治措施，并为从业人员配备符合国家标准或者行业标准的劳动防护用品；

（10）依法进行安全评价；

（11）有重大危险源检测、评估、监控措施和应急预案；

（12）有生产安全事故应急救援预案、应急救援组织或者应急救援人员，配备必要的应急救援器材、设备；

（13）法律、法规规定的其他条件。

此外，应急管理法规性文件还包括应急管理相关的各种指导意见、办法，如国务院发布的《关于全面加强应急管理工作意见》、国家安全生产监督管理总局发布的《生产安全事故应急预案管理办法》等。

第四章　建筑施工生产安全事故应急资源保障系统

第一节　建筑施工生产安全事故应急资金保障

一、应急资金的来源

2018 年 03 月 27 日交通运输部发布的《公路水运工程生产安全事故应急预案》中规定："项目建设、施工单位应建立应急资金保障制度，制订年度应急保障计划，设立应急管理台账，按照国家有关规定设立、提取和使用安全生产专项费用，按要求配备必要的应急救援器材、设备。监理单位应加强对施工单位应急资金使用台账的审核。"

一般情况下公司级事故、事故应急救援行动和应急救援物资的保障资金，由公司通过自有资金渠道解决；日常运作保障资金，应急技术支持和演习等工作的资金，按规定程序列入部门预算。而项目的应急资金从项目安全生产费用中提取，纳入年度财务预决算。目前我国对应急资金的提取标准和使用并没有具体的规定，仅仅是对安全生产费用的提取和使用进行了详细的规范。

《安全生产法》第二十条规定："有关生产经营单位应当按照规定提取和使用安全生产费用，专门用于改善安全生产条件。安全生产费用在成本中据实列支。安全生产费用提取、使用和监督管理的具体办法由国务院财政部门会同国务院安全生产监督管理部门征求国务院有关部门意见后制定。"此外，《建设工程安全生产管理条例》也规定："建设单位在编制工程概算时，应当确定建设工程安全作业环境及安全施工措施所需费用。"

2012 年 2 月 24 日财政部和国家安全生产监督管理总局联合发布的《企业安全生产费用提取和使用管理办法》（财企〔2012〕16 号）对安全生产费用的提取和使用进行了更加详细的规定。该规定对建筑施工企业安全生产费用的提取标准和使用规定如下：

（一）安全生产费用的提取标准

建设工程施工企业的安全生产费用以建筑安装工程造价为计提依据。各建设工程类别安全费用提取标准如下：

（1）矿山工程为 2.5%；

（2）房屋建筑工程、水利水电工程、电力工程、铁路工程、城市轨道交通工程为 2.0%；

（3）市政公用工程、冶炼工程、机电安装工程、化工石油工程、港口与航道工程、公路工程、通信工程为 1.5%。

建设工程施工企业提取的安全生产费用列入工程造价，在竞标时，不得删减，列入标外管理。国家对基本建设投资概算另有规定的，从其规定。

总包单位应当将安全生产费用按比例直接支付分包单位并监督使用，分包单位不再重复提取。

企业在上述标准的基础上，根据安全生产实际需要，可适当提高安全生产费用提取标准。

（二）安全生产费用的使用

施工企业对列入建设工程概算的安全作业环境及安全施工措施所需费用，应当用于施工安全防护用具及设施的采购和更新、安全施工措施的落实、安全生产条件的改善，不得挪作他用。

建设工程施工企业安全生产费用应当按照以下范围使用：

（1）完善、改造和维护安全防护设施设备支出（不含"三同时"要求初期投入的安全设施），包括施工现场临时用电系统、洞口、临边、机械设备、高处作业防护、交叉作业防护、防火、防爆、防尘、防毒、防雷、防台风、防地质灾害、地下工程有害气体监测、通风、临时安全防护等设施设备支出；

（2）配备、维护、保养应急救援器材、设备支出和应急演练支出；

（3）开展重大危险源和事故安全隐患评估、监控和整改支出；

（4）安全生产检查、评价（不包括新建、改建、扩建项目安全评价）、咨询和标准化建设支出；

（5）配备和更新现场作业人员安全防护用品支出；

（6）安全生产宣传、教育、培训支出；

（7）安全生产适用的新技术、新标准、新工艺、新装备的推广应用支出；

（8）安全设施及特种设备检测检验支出；

（9）其他与安全生产直接相关的支出。

企业提取的安全生产费用应当专户核算，按规定范围安排使用，不得挤占、挪用。年度结余资金结转下年度使用，当年计提安全生产费用不足的，超出部分按正常成本费用渠道列支。

二、应急资金的使用

应急资金的使用主要包括日常应急管理支出和安全生产事故应急响应支出。

（一）日常应急准备开支

从上述关于安全生产费用的使用中可以发现，配备、维护、保养应急救援器材、设备支出和应急演练支出等应急管理费用是从安全生产费用中提取的，因此应急资金的日常应急准备开支主要包括以下几个方面：

1. 配备应急物资

建筑施工企业的应急物资包括：防护用品，如防毒面具、手套、面具、安全帽、安全鞋等。应急救援器材，如灭火器、消防桶等；应急救援设备，如挖掘机、发电机、对讲机等；以及医疗救护用品：如消毒用品、急救物品（绷带、无菌敷料）及各种常用小夹板、担架、止血袋、氧气袋等。这些应急物资的购买都可以从安全生产费用中提取。

2. 应急基础设施的维护和完善

建筑施工企业应确定专人负责对本公司现有的装备进行日常管理和维护保养，及时更新、补充，使之经常处于良好状态。要不断提高动态监控的能力，保证在发生生产、作业、火灾、公司内交通事故时能够有效防范事故的危害和化学物质的扩散。

3. 应急演练

建筑施工企业要定期组织企业级和项目级的应急预案演练，应急预案演练的组织和实施过程中可能会需要设置一些假定的场景，购买一些必要的物品。

4. 应急知识和技能的宣传和培训

企业需要定期开展针对性的面向企业所有员工和管理人员的应急知识和技能的宣传培训，包括紧急报警、逃生和应急抢险技能。在宣传培训过程中需要制作一些应急标识、横幅、公示牌等，培训也需要安排培训场地，购买或制作培训教材，聘请培训教师等都需要必要的经费支持。

5. 应急管理和救援技术的研发

鼓励建筑施工企业提取一部分资金用于应急管理和救援技术的研发中，比如搭建企业应急管理平台，运用信息技术手段实现应急救援的可视化、智能化等。提高企业的应急管理水平，提高应急救援的效率，降低安全生产事故的损失。

（二）安全生产事故应急响应支出

当建筑施工企业发生安全生产事故，单位负责人接到事故报告后，应当迅速启动应急响应资金，采取有效措施，组织抢救，防止事故扩大，减少人员伤亡和财产损失。在该过程中，单位负责人需要根据事故报告的内容，及时对事故进行研判，分析是否有必要启动或者扩充应急资金，拟定应急资金需求计划，之后有计划地使用应急资金。

当发生严重的安全事故时，应急救援的主体除了建筑施工企业自身之外，还会有外部救援力量加入，如消防救援队和社会救援力量等，此时安全生产事故应急响应的支出除了来自于企业自身外，还会来自于政府的财政资金、社会募集资金等。

三、应急资金的监管

应急资金的有效运用，有赖于完善的资金流监管体制。应急资金的各项预算、开支情况，需要尽可能地实现透明化，规范化。建筑施工企业应急资金的监管应该做到：

（1）建立健全应急资金监管制度。完善的法规制度是实施资金保障监管工作的根本依据。建筑施工企业应建立完善的应急资金管理规章和管理办法，使资金使用和监管工作做到有法可依、有章可循。

（2）建立全过程应急资金监控机制。对应急资金实行事前、事中、事后全程的监督，覆盖资金提取、预算编制、申请划拨、采购支付各环节，使资金保障监管工作真正做到严密有效，把所有安全生产事故资金保障活动全部纳入政府监督检查的视野。

《建设工程安全生产管理条例》中规定，施工企业的决策机构、主要负责人或者个人经营的投资人应当对由于安全生产所必需的资金投入不足导致的后果承担责任。因安全生产所必需的资金投入不足导致生产安全事故发生，造成人员伤亡和财产损失的，施工企业的决策机构、主要负责人或者个人经营的投资人应当对后果负责，即承担相应的法律责任，包括民事赔偿责任、行政责任以及刑事责任。还规定施工单位挪用列入建设工程概算的安全生产作业环境及安全施工措施所需费用的，责令限期改正，处挪用费用 20％以上 50％以下的罚款；造成损失的，依法承担赔偿责任。

第二节　建筑施工生产安全事故应急物资和设备保障

《生产安全事故应急条例》的第十三条规定，建筑施工单位应当根据本单位可能发生的生产安全事故的特点和危害，配备必要的灭火、排水、通风以及危险物品稀释、掩埋、收集等应急救援器材、设备和物资，并进行经常性维护、保养，保证正常运转。该条例的第三十一条还规定，建筑施工单位未对应急救援器材、设备和物资进行经常性维护、保养，导致发生严重生产安全事故或者生产安全事故危害扩大，或者在本单位发生生产安全事故后未立即采取相应的应急救援措施，造成严重后果的，由县级以上人民政府负有安全生产监督管理职责的部门依照《中华人民共和国突发事件应对法》有关规定追究法律责任。因此配备必要的应急物资和设备，为应急救援提供保障是建筑施工单位应急管理中的必要组成部分。

一、应急物资和设备组成

应急计划确立后，根据项目经理部施工场区所在位置的具体条件以及周边应急可用资源情况，按半小时自救的应急能力，配置合理的应急行动物资资源和人力资源，报公司总部备案。一般现场应配备的应急物资和设备主要有：

（一）医疗器材：担架、氧气袋、塑料袋、小药箱；

（二）抢救工具：一般工地常备工具即基本满足使用；

（三）照明器材：手电筒、应急灯 36V 以下安全线路、灯具；

（四）通信器材：电话、手机、对讲机、报警器；

（五）交通工具：工地常备一辆值班面包车，该车轮值班时不应跑长途；

（六）灭火器材：灭火器日常按要求就位，紧急情况下集中使用。

详细的应急物资和设备见表 4-1。

应急物资和设备表

表 4-1

名称	类型
医疗箱	常备急救器材
担架	常备急救器材
止血袋	常备急救器材
氧气袋	常备急救器材
铁锹	抢险工具
撬棍	抢险工具

续表

名称	类型
气割工具	抢险工具
小型砂轮机	抢险工具
灭火器	消防器材
消防桶	消防器材
担架	应急器材
安全帽	应急器材
安全带	应急器材
雨鞋	应急器材
沙袋	应急物资
防毒面具	应急器材
应急灯	应急器材
对讲机	应急器材
电焊机	应急器材
水泵	应急器材
普通轿车	应急设备
挖掘机	应急设备
装载机	应急设备
发电机	应急设备

二、应急物资和设备调配

（一）成立抢险物资设备供应组

建筑施工企业发生安全生产事故后，应该成立抢险物资供应组负责应急物资的调配，抢险物资供应组的职能和职责有：

1）迅速调配抢险物资器材至事故发生点；

2）提供和检查抢险人员的装备和安全配备；

3）及时提供后续的抢险物资；

4）后勤供给组的职能和职责：

（1）迅速组织后勤必须供给的物品；

（2）及时输送后勤供给物品到抢险人员手中；

5）现场临时医疗组的职能和职责：

（1）对受伤人员作简易的抢救和包扎工作；

（2）及时转移重伤人员到医疗机构就医。

（二）应急物资和设备调配的原则

应急物资和设备的调配应该遵循以下三个原则：

1. 快速原则

在安全生产事故应急资源调配中，更强调时间的重要性，如何最快地将救援资源运送到受灾点是资源调配的首要原则。在突发事件发生后，首先调用事故发生地附近的应急物资，尽快地将应急资源调配到应急地点，尤其是涉及生命安全的紧急情况。

2. 经济性原则

应运用运筹学、系统学方法，一方面要考虑到资源运输到突发事件发生地的时间，将应急资源配置在影响辐射范围最大的位置；另一方面要考虑应急资源的利用效率，以最少的资源实现应急效果的最大化。

3. 区域协作原则

在突发事件发展过程中，有时不可避免地出现应急资源不足的情况，此时要以就近的方式抽调附近的应急资源，这就需要决策者能在短时间内了解应急资源的分布及数量情况。因此，在配置应急资源时，应当列出应急资源配置表，记录各选定点应急物资和装备的类型、数量、性能、存放位置、管理责任人及其联系方式，方便决策者确定需要抽调的应急资源数量和联系责任人。

第三节　建筑施工生产安全事故应急人力资源保障

人力资源是建筑施工安全应急资源中的决定性力量。国家鼓励和支持生产经营单位和其他社会力量建立提供社会化应急救援服务的应急救援队伍。《生产安全事故应急条例》规定，建筑施工单位应当建立应急救援队伍，小型企业或者微型企业等规模较小的建筑施工企业，可以不建立应急救援队伍，但应当指定兼职的应急救援人员，并且可以与邻近的应急救援队伍签订应急救援协议。生产经营单位应当及时将本单位应急救援队伍建立情况按照国家有关规定报送县级以上人民政府负有安全生产监督管理职责的部门，并依法向社会公布。因此，有能力的建筑施工企业要加强应急队伍的建设，提高其应对安全生产事故的素质和能力。

一、应急队伍的组成

安全生产事故应急队伍主要包括来自政府的应急力量和来自建筑施工单位本身的应急力量。

1. 来自政府的应急人力

根据住房和城乡建设部《建设工程重大质量安全事故应急预案》的规定，各省、自治区、直辖市建设行政主管部门要组织好三支建设工程重大质量安全事故应急工作力量：

（1）工程设施抢险力量

主要由施工、检修、物业等人员组成。担负事发现场的工程设施抢险和安全保障工作。

（2）专家咨询力量

主要由从事科研、勘察、设计、施工、质检、安监等工作的技术专家组成，担负事发现场的工程设施安全性鉴定、研究处置和应急方案、提出相应对策和意见的任务。

（3）应急管理力量

主要由建设行政主管部门的各级管理干部组成，担负接收同级人民政府和上级建设行政主管部门应急命令、指示，组织各有关单位对建设工程重大质量安全事故进行应急处置，并与有关单位进行协调及信息交换的任务。

2. 来自建筑施工单位的应急人力

建筑施工单位的应急力量的组成包括机关有关部门负责人、项目部成员、顾问专家组、业主、监理等。建筑施工单位生产部、储运部、采购部、质检部、人力资源部、财务部及各施工队应急队伍是应急救援的专（兼）职队伍和骨干力量。人力资源部是应急救援队伍保障的牵头部门，根据项目实际规模、复杂程度等情况，组建人数与之匹配的应急救援队伍。定期进行安全生产、交通疏导、防洪抢险、灭火等应急救援训练和技能培训，建立联动协调机制，提高装备水平动员全员有组织的参与应急救援工作。

二、应急队伍的协作机制

合理的组织协调机制将直接影响应急活动的效率。建筑施工企业应遵循关键区域重点防范、重大事故快速反应、统一指挥、分组负责的原则，建立企业自救、互救与社会救援相结合的区域联防机制。

建筑施工生产安全事故应急管理工作涉及多个不同职责的系统，需要统一领导，分工协作。发生事故或险情后，企业要立即启动相关应急预案做好先期处置，明确并落实生产现场有关人员的直接处置权和指挥权，并及时、如实向当地安全生产监管部门报告事故情况。有关地方人民政府及其部门接到生产安全事故报告后，应当按照国家有关规定上报事故情况，启动相应的生产安全事故应急救援预案，并按照应急救援预案的规定采取应急救援措施，组织抢救遇险人员，救治受伤人员。有关地方人民政府不能有效控制生产安全事故的，应当及时向上级人民政府报告。上级人民政府应当及时采取措施，统一指挥应急救援。

发生生产安全事故后，有关人民政府认为有必要的，可以设立由本级人民政府及其有关部门负责人、应急救援专家、应急救援队伍负责人、事故发生单位负责人等人员组成的应急救援现场指挥部，并指定现场指挥部总指挥。现场指挥部实行总指挥负责制，按照本级人民政府的授权组织制订并实施生产安全事故现场应急救援方案，协调、指挥有关单位和个人参加现场应急救援。参加生产安全事故现场应急救援的单位和个人应当服从现场指挥部的统一指挥。

救援工作是一项涉及各部门协同作业的系统工程，对于参与其中的应急领导小组、地区应急队伍、企业应急队伍以及地区外部救援队伍，人员疏散与救护物资财产的抢险与转运以及事故现场的控制，很多时候是同时展开的，要做到救援工作有条不紊地展开，就需要在所有应急人员之间建立起有效的沟通协调机制。

应急处置过程中要充分发挥专家组、企业现场管理人员和专业技术人员以及救援队伍指挥员的作用，科学决策，确保安全施救。实行领导负责制，统一指挥，分级负责，合理利用应急管理资源，避免因多级指挥产生决策数据统计混乱、实施指令重复、实施指令交叉等现象，确保应急救援正常进行。

第四节　建筑施工生产安全事故应急通信保障

一、应急通信保障部门的职责划分

在应急管理机构中，应当设立负责通信及信息保障的责任部门，其工作职责是编写和更新项目部应急领导小组、应急工作组以及各部门的联系方式，收集监理、建设方、地方政府应急机构以及专业救援机构、公司等内外部应急办公室、应急值班电话。

此外，建筑施工企业应该建立应急救援通信联络组，其职责是：

（一）确保与最高管理者和外部联系畅通、内外信息反馈迅速；

（二）保持通信设施和设备处于良好状态；

（三）负责应急过程的记录与整理及对外联络。

二、应急信息传递

应急救援信息的搜集、分析和管理过程是应急救援过程的重要组成部分。实现信息的有效共享是应急管理的重要内容。应急救援过程中可能涉及不同的参与主体，各参与主体之间的信息共享是提高应急救援效率的保障，企业应该建立应急信息通信网络。

应急信息网络是应急通信保障系统的基础，是对物资、资金及人力进行调配的依据，覆盖应急管理全过程的始终，包括事故前的风险沟通、事故中的通信指挥、事故后的结果通报等。针对建筑施工企业的信息共享问题，需要从公司层面建立健全应急信息共享机制，畅通信息传输和发布的高效通道，保证应急信息在企业与企业间、企业与项目部的共享流通。

（一）风险信息发布

建筑施工企业需要建立自己的安全生产信息收集和发布机制，安全检查过程中检查到的风险需要及时在企业内部进行共享，从而快速地采取应对措施。风险信息的有效沟通对有效的预防各类事故的发生起到非常重要的作用。将安全隐患排查治理、重大危险源监控、风险分析结合起来，在企业内部进行统一组织部署，定期分析形势，及时交流情况，把施工过程中的风险信息传达到每个利益相关者。

（二）应急通信指挥

应急通信是有效开展应急响应的基本保证，其保障功能主要包括：指挥现场应急组织的应急响应行动，及时地把现场的应急状况向外部通报，接受外部的应急指示以及向外部应急组织求援等。对于建筑施工企业，建立一个单独的、只存储某个项目的应急管理系统或网络是远远不够的，关键是建立一个分布式的网络数据库，进而在企业或地区层面形成一个相互嵌入式的综合信息平台。

（三）联合信息发布

应急管理部成立之后，应急信息的管理应强调信息的统一发布和共享。国务院应急管理部门建立了生产安全事故应急救援信息系统，实现数据互联互通、信息共享。政府部、加强灾害性天气、地质灾害等预测预报，进一步健全信息共享协调联动机制，及时发布预警信息、事故灾害信息与应急处置进度，消除不必要的舆论恐慌。联合信息发布应遵循的主要原则，包括信息发布时效性、信息内容的针对性、与舆情监测的互动性等。随着新媒体的不断发展，公众获取信息的渠道不断变化，要想保障突发事件信息发布的效果就要在原先信息发布方式的基础上加以创新。

三、应急信息化平台建设

目前很多建筑施工企业都建立了公司内部的安全管理平台，对安全管理工作进行统一管理，使安全隐患排查，安全风险分析和评价，以及安全培训等信息实现了信息化发布和处理。部分企业也会在安全管理平台中设置应急管理信息系统，对应急管理相关信息进行统一处理。信息化平台是以计算机网络系统为基础，以有线和无线通信系统为纽带，以接处警系统为核心，集成地理信息系统、移动目标定位监控系统、计算机辅助指挥 CAD、图像监控系统和综合信息管理系统等为"一体化"系统。能及时、准确地收集、处理和存储实时突发事件信息及其他相关信息，以多媒体（文字、声光影像等）方式显示各类信息，通过各种基础数据有机集成，能够更加快捷、灵敏、科学、高效的实现信息上传、采集、录入、管理、分析、决策指挥和应急处置，是提高应急管理工作效率的重要技术手段。

目前，建立应急信息系统采用的技术主要包括：

（一）数据库技术

建立包括建筑施工企业内部的应急处置管理数据库，重大危险源事故应急处理数据库应急救援设施和物质的信息库、各类专家的信息库相关的事故案例和经验库、各类危险化学品和物资的辅助知识数据库等，为应急救援提供信息支持。

（二）地理信息系统技术

在各类应急数据库、信息库的基础上利用地理信息系统的空间分析技术，来协助应急救援指挥，确定应急救援路线，撤离和疏散路线，事故发生周边环境情况，周边的人员分布、交通状况等。

（三）事故模拟分析技术

应用大数据分析技术和人工智能技术实现安全生产事故的模拟，进而为事故预警和事故处理提供可靠信息。

第五章 建筑施工生产安全隐患识别与排查机制

第一节 建筑施工生产安全隐患识别

一、建筑行业的特点

建筑业是一个技术复杂，安全隐患众多，事故多发的行业，建筑产品施工生产的特点是：

（1）产品（建筑物、构筑物）形式多样，很难实现标准化。结构、外形多变，施工方法必将随之改变。

（2）产品位置固定，生产活动都是围绕着建筑物、构筑物来进行的，这就形成了在有限的场地上集中了大量的工人、建筑材料、设备和施工机具进行作业，而且各种机械设备、施工人员都要随着施工工序的进展而不停的变化，作业条件随之变换，不安全因素随时可能出现。

（3）产品点多、面广，施工流动性大，这给施工管理增加了困难。

（4）产品高、大、深，露天高空作业多，立体交叉作业多，施工周期长；施工人员在室外露天作业，工作条件差危险因素多。

（5）建筑结构复杂，工艺变化大，规则性差。每栋建筑物从基础、主体到装修，每道工序不同，不安全因素也不同，即使同一道工序由于工艺和施工方法不同，生产过程也不同。而随着工程进度的发展，施工现场的状况和不安全因素也随着变化。

（6）手工操作为主，机械化程度低。

可见，建筑施工是一个特殊的、复杂的生产过程，是一个各种因素多变的生产过程，存在的危险因素甚多，因此，建筑业是一个事故多发的行业。据全国生产安全事故统计，近几年，建筑业房屋市政工程生产安全事故发生的起数和死亡人数已经超过了煤炭行业。

二、安全隐患的存在是建筑业事故多发的根源

安全隐患是导致事故的潜在因素。"安全隐患"的英文是"hazard"，ISO 45001：2016中将其定义为"那些可能对人的身体造成伤害的根源、事物的状态或人的行为，或它们的组合。"有些专家将安全隐患看作是导致伤害或死亡等计划外的安全事故的某个事件（或某种状态）的特性。安全隐患与风险是两个不同的概念。风险的主要特征是不确定性，是对一项活动导致事故或损失的概率、严重程度和暴露程度的估计。风险往往与某一事件的负面结果有关，尽管有时会对项目产生正面影响。风险包括两方面特征：损失和不确定

性。风险的存在具有客观性且无法消除，但是安全隐患却可以完全消除。随着安全隐患的消除风险也会降低。

安全隐患是导致建筑业事故多发的根源，建设工程中存在大量的安全隐患，事故数量相比安全隐患数量就像是冰山一角，有大量的安全隐患尚未被识别。安全隐患是导致安全事故的基础，当这些安全隐患的严重程度达到一定水平后就会导致安全事故。因此，准确地识别安全隐患并对安全隐患进行整改可以减少安全生产事故的发生。

国家行政主管部门也意识到了安全隐患管理的重要性，我国的安全生产法律法规都对安全隐患管理进行了规定。《生产安全事故应急条例》规定：生产经营单位应当针对本单位可能发生的生产安全事故的特点和危害，进行风险辨识和评估，制定相应的生产安全事故应急救援预案，并向本单位从业人员公布。《安全生产法》第三十八条规定"生产经营单位应当建立健全生产安全事故安全隐患排查治理制度，采取技术、管理措施，及时发现并消除事故安全隐患。事故安全隐患排查治理情况应当如实记录，并向从业人员通报。"《安全生产许可条例》第六条也规定："企业有重大危险源检测、评估、监控措施和应急预案才能取得安全生产许可证。"

三、安全隐患的分类

安全隐患通常可以分为：一般安全隐患和重大安全隐患。

一般安全隐患是指危害和整改难度较小，发现后能够立即整改排除的安全隐患。

重大安全隐患，是指危害和整改难度较大，应当全部或者局部停产停业，并经过一定时间整改治理方能排除的安全隐患，或者因外部因素影响致使施工企业自身难以排除的安全隐患。重大安全隐患又分为重大事故安全隐患和特别重大事故安全隐患。重大事故安全隐患，是指有可能造成 10 人以上 30 人以下死亡，或者 50 人以上 100 人以下重伤，或者5000 万元以上 1 亿元以下直接经济损失的事故的安全隐患。特别重大事故安全隐患，是指有可能造成 30 人以上死亡，或者 100 人以上重伤（包括急性工业中毒），或者 1 亿元以上直接经济损失的事故的安全隐患。

根据建筑工程施工生产安全隐患管理的实践，结合 2017 年《湖南省建筑施工重大事故隐患判定标准（试行）》和 2018 年《北京市房屋建筑和市政基础设施工程重大生产安全事故隐患判定导则》等行业和地方相关文件规定，我们把建筑施工生产安全隐患划分为以下 9 类情形。

（一）土方开挖与基坑工程

（1）自然放坡的坡率、基坑支护结构不符合专项施工方案和设计要求。

（2）深基坑未进行第三方监测。基坑变形观测未按专项方案实施，支护结构位移达到或超过设计预警值未采取有效安全控制措施。

（3）基坑开挖深度范围内未采取有效的降排水措施。

（4）基坑边堆载过大，基坑边堆置土、料具等荷载超过设计限值。基坑边沿与周围建筑物、施工机械设备等的安全距离不符合设计要求。

（5）基坑土方超挖且支护不及时。基坑开挖过程中支护结构未达到设计强度提前开挖下层土方；未按设计和施工方案的要求分层、分段开挖或开挖不均衡。

（6）对可能造成损害的毗邻建筑物、构筑物和地下管线等，未采取专项防护措施。

（7）不具备设计文件规定条件擅自提前拆除基坑内支撑。

（二）模板工程及支撑体系

（1）类工具式模板工程（包括大模板、滑模、爬模、飞模等）不按专项施工方案组织施工的。

（2）模板支撑工程基础不坚实、平整，承载力不符合专项施工方案要求；支架设在楼面结构上时，未对楼面结构的承载力进行验算或楼面结构下方未采取加固措施的。

（3）模板支架高宽比超过规范要求时未采取加固措施。

（4）钢筋等材料集中堆放或混凝土浇筑顺序未按方案规定进行，造成局部荷载大于设计值。

（5）模板支架拆除时，混凝土强度未达到设计、规范要求，或未按顺序拆除。

（6）高大或特殊防护架和高大模板支撑体系未经验收合格投入使用的。

（三）脚手架工程

（1）落地式脚手架立杆基础不平、不实，悬挑式型钢截面形式、高度、锚固长度及措施、斜拉钢丝绳的设置等影响造成架体基础承载力不符合设计和规范要求。

（2）悬挑式脚手架悬挑梁搁置在悬挑构件上且未经设计单位验算通过；采用钢管做悬挑件。

（3）脚手架未按通过审批的专项施工方案设置连墙件、立杆、扫地杆、纵横向水平杆、剪刀撑或横向斜撑等，造成架体失稳。

（4）附着式升降脚手架安全装置不齐全或失效；架体构造、附着支座以及架体安装不符合规范要求；脚手架上搭设物料平台或利用架体进行模板支撑。

（5）卸料平台组装不符合设计和规范要求；严重超载；支撑在脚手架上；搭设后未经验收合格投入使用。

（6）脚手架工程、高处作业吊篮等设施未经验收合格投入使用。

（7）脚手架拆除作业前未对扣件连接、连墙件、支撑体系安全性能进行检查，未按专项施工方案和规范要求由上而下逐层拆除，提前拆除连墙件造成架体失稳，整层或数层同时拆除连墙件。

（8）高处作业吊篮安全装置不齐全或失效；悬挂机构、配重设置不符合规范要求；安全绳未独立设置或有效绑扎；吊篮内作业人员数量超过2人，未正确佩戴专用安全绳。

（四）起重吊装及安装拆卸工程

（1）使用超过规定使用年限或未经过专业资质机构评估合格的建筑施工起重机械设备。

（2）未按要求办理建筑起重机械备案、安装拆卸告知和使用登记等手续；塔式起重机、施工升降机、物料提升机、电葫芦等起重机械设备未经验收合格投入使用。

（3）起重机械安装、拆卸人员及司机、指挥未持证上岗。

（4）起重机械未安装相应的安全装置、限位装置和保护装置等投入使用。

（5）起重机械安拆、顶升加节以及附着前，未对结构件、顶升机构和附着装置以及高强度螺栓、销轴、定位板等连接件安全性能进行检查；安拆和顶升加节时未按规范及说明书要求作业；安拆和顶升加节时环境因素不符合规范要求。

（6）起重机械基础或作业处地面承载力不符合设计和规范要求，或未采取有效加固措施；机械与架空线路安全距离不符合规范要求。

（7）起重机械应设置附墙措施而未设置，或设置不符合规范要求。

（8）起重吊装钢丝绳磨损、断丝、变形、锈蚀达到报废标准，规格不符合起重机产品说明书或连接不符合规范要求的。

（9）起重吊装的吊钩、卷筒、滑轮磨损达到报废标准，未安装钢丝绳防脱装置；起重拔杆的缆风绳、地锚设置不符合规范要求的。

起重机械安全保护装置缺失或失效。起重机械主要受力构件或结构件开焊、开裂、锈蚀、塑性变形。

（10）塔式起重机、施工升降机垂直度偏差大于规范要求；塔式起重机之间安全距离不符合规范要求。

（11）门式起重机轨道或基础梁不均匀沉降。门式起重机停用时，未使用夹轨器夹紧，无锚定装置或其他防风防滑装置。

（12）大件起重吊装、多台起重设备联合作业或吊运异形结构无吊装方案。

（13）大风、大雨、大雪、大雾等恶劣天气进行起重机械安拆或吊装作业。

（五）高处作业

（1）高处临边作业，临空一侧未设置防护设施且作业人员未正确配带安全带。

（2）洞口短边边长大于或等于 500mm 时，未采取有效防护措施。

（3）电梯井道内未按照规范要求设置安全平网，施工层上部未设置隔离防护设施。

（4）水平防护时，使用密目式安全立网代替平网。

（5）落地式操作平台未与建筑物进行刚性连接或未设防倾覆措施。

（6）悬挑式操作平台的搁置点、拉结点、支撑点未设置在稳定的主体结构上，且未做可靠连接。

（7）移动式操作平台行走轮和导向轮无制动器和刹车轮等制动措施或在非移动情况下未保持制动状态。

（8）卸料平台荷载超载、物料码放超高；悬挑式卸料平台钢梁、钢丝绳未与主体结构形成可靠连接。

（9）钢结构安装过程中，当利用钢梁作为水平通道时，未设置安全绳等防护设施。

（10）钢结构、网架安装用支撑平台基础承载力不满足设计要求；钢结构、网架安装支撑平台未搭设同步防风、防倾覆措施。

（六）施工机具

（1）桩机作业时，现场场地平整度、基础承载力和垂直度不满足说明书要求。

（2）使用混凝土输送泵车时，场地平整度、基础承载力和支腿伸出长度不满足说明书的要求。

（3）使用混凝土输送泵车布料杆起吊和拖拉物件，接长布料杆配管超出说明书规定的范围。

（4）混凝土布料机机体中心位置与施工作业面临边距离小于机体结构总高度的 1.5 倍，且没有防倾覆措施。

（七）临时用电

（1）外电线路与在建工程及脚手架、机械设备、场内机动车道之间的安全距离不符合规范要求且未采取防护措施。

（2）配电系统未采用三级配电逐级漏电保护系统，未采用 TN-S 接零保护系统，配电箱与开关箱漏电保护器参数不匹配。

（3）配电系统或电气设备调试、试运行时，未按操作规程和程序进行，未统一指挥、专人监护。

（4）特殊场所（隧道、人防工程、高温、有导电灰尘、比较潮湿等）照明未按规定使用安全电压。

（八）消防

（1）施工现场内未按规定设置临时消防车道、疏散通道、安全出口或以上设施被堵塞、占用。

（2）主要临时用房、临时设施的防火间距小于规定值。

（3）在施工程内设置员工宿舍。

（4）施工现场未按规定设置临时消防给水系统或消防给水系统不能正常使用。

（5）消火栓泵未采用专用消防配电线路，或电源未引自施工现场总配电箱的总断路器上端。

（6）施工现场使用的保温材料燃烧性能等级不符合规范或设计要求。

（7）室内使用油漆及有机溶剂等易挥发产生易燃气体作业时，未保持通风。

（8）施工现场未建立实施动火审批制度或现场动火部位未设置动火监护人、未清理动火作业现场可燃物、未配备消防器材。

（9）在具有火灾、爆炸危险的场所使用明火；冬季施工时使用明火进行升温保温；在宿舍内使用明火取暖、做饭。

（10）施工区及室内违规存放电动自行车或违规充电。

（11）采用不符合消防规定的供配电线缆，或在可燃材料、可燃构件上直接敷设电气线路、安装电气设备。

（九）其他

（1）宿舍、办公室等临时设施选址在河道、泄洪道、山体滑坡等危险区域或使用中存在主体承重结构损坏、超荷载等现象。

（2）建筑物、构筑物拆除工程未按规范要求设置安全防护措施；不按专项拆除方案进行拆除的。

（3）大量物料倚靠围墙、围挡、房屋墙体一侧堆放；在高度超过 1.5m 的砖胎模强度未达到要求时回填或未分层回填。

（4）人工挖孔桩工程不按施工工艺随挖随支护；下井作业前不进行通风排气。

（5）幕墙安装工程未按规范要求设置安全防护措施；不按专项施工方案进行吊运、安装。

（6）未按规范要求设置危险品库房等施工作业区域安全防护措施。

（7）《危险性较大的分部分项工程安全管理办法》（建质〔2009〕87 号）中涉及的其他符合重大事故隐患的事项。

（8）严重违反建筑施工安全生产法律法规、部门规章及技术标准规范。

四、建筑施工现场常见的安全隐患及其分析

安全隐患分析见表 5-1。

安全隐患分析表　　　　　　　　　　　　　　表 5-1

作业活动	隐患具体描述	可导致事故	隐患类别
办公区/驻地	电线、插头漏电	触电	一般隐患
办公区/驻地	漏电保护失灵	触电	一般隐患
办公区/驻地	线路超负荷	火灾	一般隐患
办公区/驻地	司机疲劳驾驶	车辆伤害	一般隐患
办公区/驻地	食堂明火	火灾	一般隐患
办公区/驻地	热水器	烫伤	一般隐患
浴室	用电沐浴设备漏电	触电	一般隐患
食堂	厨师工作时注意力不集中	其他	一般隐患
起重作业	起重设备刹车失灵	起重伤害	重大隐患
起重作业	起重机司机酒后作业	起重伤害	一般隐患
起重作业	吊装作业违章操作、指挥	起重伤害	一般隐患
起重作业	吊装设备限位失灵	起重伤害	一般隐患
起重作业	双机配合作业动作不协调	倾覆	重大隐患
钢筋加工	钢筋加工机操作失误	机械伤害	一般隐患
钢筋加工	钢筋加工机操作失误	机械伤害	一般隐患
钢筋加工	焊接电弧光辐射	辐射、灼伤	一般隐患
钢筋加工	钢筋机械接地缺失	触电	重大隐患
钢筋加工	电焊机二次保护器失灵	触电	一般隐患
木工加工	木工机械操作失误	机械伤害	一般隐患
木工加工	木工圆锯防护缺失	物体打击	一般隐患
气焊加工	氧气、乙炔瓶使用安全距离不足	火灾、爆炸	重大隐患
气焊加工	氧气、乙炔库房安全距离不足	火灾、爆炸	一般隐患
气焊加工	动火前未对施焊物现场清理	火灾	一般隐患
气焊加工	回火装置、仪表、橡皮管/圈失灵老化	火灾、中毒	一般隐患

续表

作业活动	隐患具体描述	可导致事故	隐患类别
轨道车运输	运输物品超限	车辆伤害	一般隐患
轨道车运输	轨道车司机违章操作	车辆伤害	一般隐患
轨道车运输	领车员使用的警示物缺失或不规范操作	车辆伤害	一般隐患
轨道车运输	无行车施工作业令违规行车	机械伤害	重大隐患
轨道车运输	轨道车刹车、灯光、汽笛故障	车辆伤害	一般隐患
轨道车运输	司机疲劳驾驶	机械伤害	一般隐患
铺轨机作业	铺轨机走行轨支撑不稳	倾覆	一般隐患
铺轨机作业	吊装物品上、下有人员未撤离警戒区	起重伤害	重大隐患
铺轨机作业	铺轨机吊装违章指挥、操作	机械伤害	一般隐患
施工用电	乱拉、乱接电线	触电	一般隐患
施工用电	保险丝不符合要求	触电	一般隐患
施工用电	漏电开关失灵	触电	一般隐患
施工用电	机具设备接地或接零缺失	触电	重大隐患
施工用电	电线直接插在插座取电	触电	重大隐患
施工用电	电线绝缘损坏、老化	触电	一般隐患
施工用电	带电拖拉电器设备	触电	重大隐患
施工用电	电线缠绕在钢管、钢筋上	触电	一般隐患
综合部分	违章动火	火灾	重大隐患
综合部分	高温下作业	中暑	一般隐患
综合部分	施工人员不戴安全帽进现场	其他	一般隐患
综合部分	机具传动部位防护缺失	其他	一般隐患
综合部分	违章操作、指挥	其他	重大隐患
综合部分	施工人员酒后进入施工现场	其他	一般隐患
综合部分	特种作业人员未经培训持证上岗	其他	一般隐患
混凝土工程	混凝土料斗打开不协调	物体打击	一般隐患
混凝土工程	混凝土料管爆管	物体打击	一般隐患
混凝土工程	带电拖拉电箱或振捣器	触电	一般隐患
混凝土工程	作业时未穿绝缘靴、戴绝缘手套	触电	一般隐患
钢轨焊接	焊轨区有易燃物	火灾	一般隐患
钢轨焊接	锯轨钢轨打磨时砂轮片破损	物体打击	一般隐患
焊轨作业	CO_2/SO_2 及烟尘	中毒	一般隐患
焊轨作业	正火使用的氧气、乙炔违规存放	火灾、爆炸	一般隐患
焊轨作业	正火结束正火接头未覆盖	烫伤	一般隐患
焊轨作业	安全防护用品佩戴缺失不规范	中毒	一般隐患

五、建筑施工现场的危险化学品清单

化学危险品清单见表 5-2。

化学危险品清单

表 5-2

序号	化学危险品	用途
1	液化气	生活使用
2	氧气	工程使用
3	乙炔	工程使用
4	油漆	工程使用
5	天那水	工程使用
6	乙醇	工程使用
7	油漆	工程使用
8	硫酸	工程使用
9	汽油	工程使用
10	柴油	工程使用
11	盐酸	工程使用
12	润滑油	工程使用

第二节　建筑施工生产安全隐患排查

一、安全隐患排查的重要性

Heinrich 在研究中指出，在事故发生之前，不安全的行为或因素已经多次出现，当这些因素在事故发生前就被消除，可以一定程度上抑制事故发生。就建设工程的安全目标而言，严密的安全隐患控制是最核心但也是最困难的任务之一。隐患排查是安全生产监督管理的一项重要工作内容，主要为了提前发现安全隐患，在安全隐患造成安全事故之前便对其进行控制，从而减少损失和人员死伤。对建设工程项目进行安全隐患排查是为了及时发现安全问题，采取积极有效的治理措施，防止安全隐患问题进一步发展。

2007 年，原国家安全生产监督管理总局发布的《安全生产事故隐患排查治理暂行规定》中明确了建设工程各主体在建筑业事故隐患排查中应该承担的相应责任。该规定指出，建设施工单位作为安全管理的主要执行单位，应该建立完善的安全隐患排查制度；同时，各级安全管理相关单位和人民政府应该对辖区内的安全生产实施综合监督管理。之后为了加强安全生产事故隐患的排查和监督管理力度，各级地方政府陆续颁布了相关的制度规范，例如，2016 年，甘肃省政府颁布了《甘肃省生产安全事故隐患排查治理办法》；2017 年，湖南省住房和城乡建设厅印发了《湖南省建筑施工重大事故隐患判定标准（试行)》；2018 年，北京市住房城乡建设委员会印发了《北京市房屋建筑和市政基础设施工程重大生产安全事故隐患判定导则》，2019 年，印发《北京市房屋建筑和市政基础设施工程施工安全风险分级管控和隐患排查治理暂行办法》等。

安全生产是任何建设工程项目的目标能否实现的关键，采用科学的方法进行安全隐患排查可以提高项目安全生产管理水平。

二、安全隐患排查的主体

2011 年住房和城乡建设部发布《房屋市政工程生产安全重大安全隐患排查治理挂牌督办暂行办法》。该办法指出，建筑施工企业是房屋市政工程生产安全重大安全隐患排查治理的责任主体，应当建立健全重大安全隐患排查治理工作制度，并落实到每一个工程项目，实现本质安全。企业及工程项目的主要负责人对重大安全隐患排查治理工作全面负责。

三、安全隐患排查过程

安全隐患排查的开展主要步骤为：制订排查计划、实施排查、安全隐患整改、安全隐患上报。

（一）制订排查计划

安全隐患排查工作开展之前需要与施工企业针对各项事宜做好前期沟通，明确各阶段需要完成的任务，制订一个比较详细可行的实施计划。本着有效、适用为基本定位，不停留在表面，不流于形式。

（二）安全隐患排查

施工企业应当根据本单位生产经营特点、风险分布、危害因素的种类和危害程度等情况，制订检查工作计划，明确检查对象、任务和频次。安全生产管理机构以及安全生产管理人员应当有计划、有步骤地巡查、检查本单位每个作业场所、设备、设施。对于安全风险大、容易发生生产安全事故的地点，应当加大检查频次。对检查中发现的安全问题，应当立即处理。不能处理的，应当及时报告本单位有关负责人，有关负责人应当及时处理。检查及处理情况应当如实记录在案。

（三）安全隐患记录

对排查出的生产安全事故安全隐患，应当按照事故安全隐患的等级进行登记，建立事故安全隐患信息档案。

（四）安全隐患整改

对于一般事故安全隐患，由施工企业有关人员立即组织整改。对于重大事故安全隐患，由施工企业主要负责人员或者有关负责人组织制度并实施安全隐患治理方案。重大事故安全隐患的治理方案应当包括治理的目标和任务、采取的方法和措施、经费和装备物资的落实、负责整改的机构和人员、治理的时限和要求、相应的安全措施和应急预案的落实。

（五）安全隐患通报

事故安全隐患治理结束后，应当对事故安全隐患排查治理情况如实记录，并向从业人员通报。对于重大事故安全隐患，特别是本单位难以解决，需要政府或者外单位共同工作方能解决的重大事故安全隐患，施工企业也可以报告主管的负有安全生产监督管理职责的部门。

建筑施工企业应当每季、每年对本单位事故安全隐患排查治理情况进行统计分析，并分别于下一季度 15 日前和下一年 1 月 31 日前向安全监管监察部门和有关部门报送书面统计分析表。统计分析表应当由生产经营单位主要负责人签字。

对于重大事故安全隐患，生产经营单位除依照前款规定报送外，应当及时向安全监管监察部门和有关部门报告。重大事故安全隐患报告内容应当包括：

（1）安全隐患的现状及其产生原因；

（2）安全隐患的危害程度和整改难易程度分析；

（3）安全隐患的治理方案。

四、安全隐患排查方法

（一）国外的安全隐患排查方法

英国的安全事故死亡率与其他国家相比较低，英国进行生产安全管理的部门是英国健康安全委员会（HSC），该部门对建设工程安全隐患的管理实行谁造成谁负责保护的原则，认为企业是安全管理的主体，负责对施工现场进行内部排查，政府只负责监察和建议。在2007 年 HSC 又将安全管理延伸到了设计阶段，发布了建筑（设计及管理）规范（Construction（Design and Management）Regulations），该规范认为若能通过设计消除工作环境中迫使工作者产生不安全行为的因素，就可以最大限度地减少安全隐患发生的概率，进而控制事故的发生。

美国对安全的监督主要是通过实地检查来实现，美国具有一套非常严格的安全隐患排查制度。美国职业安全与健康管理局（OSHA）作为安全管理的主要部门，制定了一套较为严厉的安全隐患排查制度，在这一制度的指导下，每天有约 5000 的安全检查人员根据工地发生事故的频率和公众投诉对施工现场进行突击检查，检查时间并不提前通知施工单位。这种随机的突击检查的方式可以有效避免施工单位的临时性应付行为。并且凡是有死亡事故的都要记录在综合管理信息系统中。而企业内部的安全管理则主要采用作业安全隐患分析，即通过分解作业步骤识别安全隐患、整改安全隐患。OSHA 基于作业安全隐患分析研发了 JSABuilder 软件用于企业内部对安全隐患的界定、评价和管理。

（二）我国的安全隐患排查方法

我国安全生产检查采用内外部结合的方式，企业做好日常检查的同时，在由安全管理部门牵头、其他部门配合的情况下有关机构也会定期对项目进行随机抽查。无论是内部自查还是外部抽查应用较多的是安全检查表法（Check-lists），该方法在20世纪30年代就已被采用，是安全系统工程中比较基础、比较初步的方法，安全检查部门制定适用于特定工程的建筑业事故安全隐患排查清单（包括一般安全隐患和重大安全隐患）。根据清单进行全面的或有针对性的施工现场排查，根据现场检查结果形成安全隐患排查报告，确定安全隐患整改的范围及需要上报地方建设行政主管部门的建筑业事故重大安全隐患。安全检查表法的主要缺陷是排查工作质量依赖于检查表的完善程度和检查人员的自身素质。

我国建筑施工企业在实践中的安全隐患排查措施包括：

（1）施工班组每天上岗前检查和作业中检查，工地安全员每日每时巡回监督检查，不间断地收集动态信息。

（2）设备、安全、技术、施工、消防、卫生等各种专业人员的不定期检查，了解关键设备、重点部位、受监控的危险点（源）和安全卫生、消防设施的工作状态，从中可能掌握安全信息。其特点是专业性强，有针对性和仔细全面。这一点对企业加强对关键要害（重点）部位和过程安全监控力度，更为重要。因为关键要害（重点）部位和过程的安全状况对企业的安全生产起了至关重要的作用。可以这样说，管好了关键要害（重点）部位和过程，在某种意义上基本掌握了施工企业安全生产的大局。

（3）各种形式的安全生产大检查（例如季节性安全检查、节假日前安全检查、每月一次的公司大检查等），可以从面上得到大量安全信息（如问题、缺陷、苗子甚至直接的安全隐患）。

（4）在基础和主体结构施工中进行隐蔽工程验收，分部分项质量评定等，从中发现结构安全隐患或缺陷。

（5）通过机械设备大检修、中修或紧急停机后的抢修，获取有关机械设备的实际安全信息。

（6）通过事故分析，举一反三，吸取教训，寻找安全隐患。

（7）运用危险性预分析、安全评价、风险评估、事故树逻辑分析等各种安全科学方法，寻找潜在危险，发现事故安全隐患。

（三）新型的隐患排查方式

近年来，国外的研究者提出许多新的安全隐患排查方法，如安全隐患排查实时辅助决策系统，可以根据施工各阶段确定隐患排查重点部位。另一种应用比较多的隐患排查方法是接近报警系统，该方法主要分为两类：基于距离的接近报警系统和基于位置的接近报警系统。基于距离的接近报警系统指的是通过测量危险源和物体之间的距离来探测隐患。例如，通过工人携带的接收器来探测工人与设备接近程度，进而识别安全隐患的系统。还有一种是集成超声波和红外技术的混合传感装置，将该装置安装在危险的地方，例如，一个没有护栏的井道口，通过感知工人的接近程度，来识别隐患。基于位置的系统是指那些获取危险源和物体的位置，然后根据它们的相对位置，评估隐患。该方法需要用到各种定位技术，如GPS、UWB、RFID、CSS，以及它们的组合。这些方法的应用在很大程度上提高了隐患排查的效率，有助于提高生产场所和工程项目的安全水平。

目前，国内的很多制造业企业、建筑业企业研发了安全隐患管理系统，现场采用移动设备进行安全隐患识别并记录，形成安全隐患整改单，线上进行安全隐患的整改。将"发现安全隐患→描述安全隐患→记录安全隐患"这一过程进行标准化、规范化、信息化。同时也可以对数据库中记录的安全隐患进行统计分析，进行风险分析和预警。在此基础上，郭中华（2018）提出了基于大数据的生产安全隐患排查方式，在大量的生产安全隐患排查记录基础上，利用安全隐患之间的关联特性建立网络模型，之后进行安全隐患评价，分析安全隐患排查的最优路径。"安全隐患排查＋大数据＋信息化"的新型生产安全隐患排查方式是现代建筑施工企业应当积极采用的。

五、安全隐患排查违法责任

施工企业未建立事故安全隐患排查治理制度的，根据《安全生产法》责令限期改正，可以处 10 万元以下的罚款；逾期未改正的，责令停产停业整顿，并处 10 万元以上 20 万元以下的罚款，对其直接负责的主管人员和其他直接责任人员处 2 万元以上 5 万元以下的罚款；构成犯罪的，依照刑法有关规定追究刑事责任。建筑施工企业对建筑安全事故安全隐患不采取措施予以消除的，根据《中华人民共和国建筑法》责令改正，可以处以罚款；情节严重的，责令停业整顿，降低资质等级或者吊销资质证书；构成犯罪的，依法追究刑事责任。

第三节　建筑施工生产安全隐患整改

建筑施工单位在安全隐患排查之后，针对排查到的安全隐患应制订整改措施和方案，并督促相关部门或人员进行整改。对于一般事故安全隐患，由生产经营单位（公司、分公司、项目部等）负责人或者有关人员立即组织整改。对于重大事故安全隐患，由生产经营单位主要负责人组织制订并实施事故安全隐患治理方案。

一、重大事故安全隐患治理方案应当包括的内容

（1）治理的目标和任务；

（2）采取的方法和措施；

（3）经费和物资的落实；

（4）负责治理的机构和人员；

（5）治理的时限和要求；

（6）安全措施和应急预案。

在安全隐患排查过程中，对于无法立即整改的安全隐患会生成安全隐患整改通知单，交予负责整改的部门或人员进行整改。安全隐患整改通知单的格式见表 5-3。

安全隐患整改通知单　　　　　　　　　　　　　　　　表 5-3

工程项目安全检查安全隐患整改记录表		表格编号	
工程名称		施工单位	
施工部位		作业单位	
检查情况及存在的安全隐患：			
整改要求：			
检查人员签名		时间	年　月　日
整改负责人		时间	年　月　日
复查意见	复查人签名：　　　　　　　　　　　　　　　　　年 月 日		

二、安全隐患整改"五定"原则

（1）定整改及验收人员：由谁去整改、谁来验收。

（2）定整改及验收时间：整改多长时间，何时来验收。

（3）定责任及责任人：谁负责整改谁负责，谁验收谁负责。

（4）定整改标准：整改达到怎样的标准、要求。

（5）定整改措施：怎样来整改，经验收达不到要求对责任人（单位）怎样进行处罚。

建筑施工企业在事故安全隐患整改过程中，应当采取相应的安全防范措施，防止事故发生。事故安全隐患整改前或者整改过程中无法保证安全的，应当从危险区域内撤出作业人员，并疏散可能危及的其他人员，设置警戒标志，暂时停产停业或者停止使用；对暂时难以停产或者停止使用的相关生产储存装置、设施、设备，应当加强维护和保养，防止事故发生。

三、典型事故隐患的预防措施

通过对事故的类别、原因、发生的部位等进行的统计分析得知，物体打击、机械伤害、触电事故、坍塌事故、高处坠落等五种是建筑业最常发生的事故，占事故总数的85％以上，因此，这五种事故称为"五大伤害"。此外，中毒和火灾也是多发性事故，所以，在日常施工生产活动中要加强对以上多发性事故安全隐患的整治工作，采取有效措施，防止发生事故。

（一）物体打击事故的预防措施

（1）加强对员工的安全知识教育，提高安全意识和技能。

（2）凡现场人员必须正确佩戴符合标准要求的安全帽。

（3）经常进行安全检查，对于可能造成落物或对人员形成打击威胁的施工部位，必须由专职安全员傍站，保证其安全施工。

（4）对于吊装作业除设指挥人员外，对危险区域应增设警戒人员，以确保周围作业人员的安全。

（5）施工现场严禁抛掷任何物体（其中包括架体拆除，模板支撑拆除及垃圾废料清理）。

（6）对预制场装料斗、上料花篮的安全门经常进行检查维修，确保其灵敏可靠，防止因失灵造成被吊物坠落伤人。

（7）起重作业人员必须持证上岗，同时具备操作经验和技能，熟悉操作规程。指挥人员应严格注意被吊物的整体状态、运行区域路线及其危险性。如有可能对作业人员形成威胁，必须暂停作业。

（8）作业前项目负责人必须根据现场情况进行安全技术交底，使作业人员明确安全生产状态及要点，避免事故发生。

（9）作业前安全管理人员及操作手必须对设备进行检查和空载运行，在确定无故障情况时方能进行作业。

（二）机械伤害事故的预防措施

（1）各种机械设备进场后，必须由设备负责人会同安全员和机械操作人员共同对该机械设备进行进场验收工作，经验收发现安全防护装置不齐全或有其他故障的应退回设备部门进行维修。

（2）设备安装调试合格后，应进行检查，并按标准要求对该设备进行验收，经项目组织验收合格后方能投入使用。

（3）使用前要对设备使用人员进行安全技术交底和培训工作，使用人员必须严格执行交底内容及操作规程操作。

（4）使用中要经常对该设备进行保养检查，使用后切断电源并锁好电闸箱。

（5）各种机械设备必须专人专机，凡属特种设备，其操作人员必须持证上岗，并按规定每周对施工现场的所有机械设备进行检查，发现安全隐患及时整改闭合，确保机械设备的完好，防止机械伤害事故的发生。

（三）触电事故预防措施

（1）电气作业人员必须持证上岗，非电气专业人员严禁进行任何电气作业。

（2）建立临时用电检查制度，按临时用电管理规定对现场的各种线路和设施进行检查和不定期抽查，并将检查、抽查记录存档。

（3）检查和操作人员必须按规定穿绝缘胶鞋戴绝缘手套，必须使用电工专用绝缘工具。

（4）临时配电线路必须按规范架设，架空线必须采用绝缘导线，不得采用塑胶软线，不得成束架空敷设，不得沿地面明敷。

（5）施工现场临时用电的架设和使用必须符合《施工现场临时用电安全技术规范》（JGJ 46—2005）的规定。

（6）施工机具、车辆及人员，应与线路保持安全距离。达不到规定的最小距离时，必须采用可靠的防护措施。

（7）配电系统必须实行分级配电。现场内所有电闸箱的内部设置必须符合有关规定，箱内电器必须可靠、完好，其选型、定值要符合有关规定，开关电器应标明用途。电闸箱内电器系统需统一样式，统一配置，箱体统一刷涂橘黄色，并按规定设置围栏和防护棚，流动箱与上一级电闸箱的连接，采用外搭连接方式（所有电箱必须使用定点厂家的认定产品）。

（8）工地所有配电箱都要标明箱的名称、线路布置图、编号、用途等。

（9）应保持配电线路及配电箱和开关箱对地绝缘良好，不得有破损、硬伤、带电体裸露、电线受挤压、腐蚀、漏电等安全隐患，以防止触电事故。

（10）独立的配电系统必须采用三相五线制的接零保护系统，非独立系统可根据现场的实际情况采取相应的接零或接地保护方式。各种电气设备和电力施工机械的金属外壳、金属支架和底座必须按规定采取可靠的接零或接地保护。

（11）在采取接地和接零保护方式的同时，必须设两级漏电保护装置，实行分级保护，形成完整的保护系统。漏电保护装置的选择应符合规定。

（12）为了在发生火灾等紧急情况时能确保现场的照明不中断，配电箱内的动力开关与照明开关必须分开布置。

（13）开关箱应由分配电箱配电。不得一个开关控制两台以上的用电设备，每台设备应有单独的开关，严禁一个开关控制两台以上的用电设备（含插座）。

（14）配电箱及开关箱的周围应有两人同时工作的足够空间和通道，不能在箱旁堆放建筑材料和杂物。

（15）各种高大设施必须按规定装设避雷装置。

（16）分配电箱与开关箱的距离不得超过30m；开关箱与它所控制的电气设备相距不得超过3m。

（17）电动工具的使用应符合国家标准的有关规定。工具的电源线、插头和插座应完好，电源线不得任意接长和调换，工具的外绝缘应完好无损，维修和保管有专人负责。

（18）施工现场的照明一般采用220V电源照明，结构施工时，应在顶板施工中预埋管，临时照明和动力电源应穿管布线，必须按规定装设灯具，并在电源一侧加装漏电保护器。

（19）电焊机应单独设开关。电焊机外壳应做接零或接地保护。施工现场内使用的所有电焊机必须加装电焊机漏电保护器。接线应压接牢固，并安装可靠的防护罩。焊把线应双线到位，不得借用金属管道、金属脚手架、轨道及结构钢筋做回路地线。焊把线无破损，绝缘良好。电焊机设置点应防潮、防雨、防砸。

（四）坍塌事故的预防措施

为防止基坑、基槽、支撑模板出现坍塌事故，需要遵循以下规定：

（1）为防止坍塌事故发生，在施工前加强对员工的安全知识教育，严格按规范标准和技术交底内容施工。

（2）基础工程施工前必须进行勘察，摸清地质情况，制定有针对性的施工方案。按照土质情况设置安全边坡或者固壁支撑。

（3）对于基坑、井坑的边坡和固壁支架应随时检查，特别是在雨天和解冻时期更要加强检查。发现边坡有裂痕、疏松或支撑有折断、走动等危险征兆，应立即采取措施，消除安全隐患。

（4）遇有特殊情况，进行抢工作业时，要加强基坑等周边的警戒力量，保证安全施工。

（5）对于挖出的泥土，要按照规定及时进行运输，禁止在基坑周边堆放。

（6）施工中必须严格控制材料、模板、施工机械、机具或其他物料在脚手架和未连接的梁板上的堆放数量和重量，以避免产生过大的集中载荷，造成脚手架或梁板断裂坍塌。

（7）根据实际情况，确定桥面上因施工需要必须放置材料机具的，必须进行结构载荷验算，采取加固措施，并由上级技术负责人批准后方能放置。

（五）高处坠落事故预防措施

（1）凡在距地 2m 以上，有可能发生坠落的楼板边、阳台边、屋面边、基坑边、基槽边、电梯井口、预留洞口、通道口、基坑口等高处作业时，都必须设置有效可靠的防护设施，防止高处坠落和物体打击。

（2）施工现场使用的龙门架（井字架），必须制定安装和拆除施工方案，严格遵守安装和拆除顺序，配备齐全有效限位装置。在运行前，要对超高限位、制动装置、断绳保险等安全设施进行检查验收，经确认合格有效，方可使用。

（3）脚手架外侧边缘用密目式安全网封闭。搭设脚手架必须编制施工方案和技术措施，操作层的跳板必须满铺，并设置踢脚板和防护栏杆或安全立网。在搭设脚手架前，须向工人作较为详细的交底。

（4）模板工程的支撑系统，必须进行设计计算，并制订有针对性的施工方案和安全技术措施。

（5）起重机在使用过程中，必须具有力矩限位器和超高、变幅及行走限位装置，并灵敏可靠。起重机的吊钩要有保险装置。

（6）严禁脚手架上嬉戏、打闹、酒后上岗和从高处向下抛掷物块，以避免造成高处坠落和物体打击。

（六）中毒事故的预防措施

为了防止现场中毒事故的发生，更好地保护员工的安全与健康，需要遵循以下规定：

（1）凡从事有毒有害化学物品作业时，作业人员必须佩戴防毒面具，保证室内通风良好。

（2）宿舍内严禁存放有毒有害及化学物品。

（3）现场室内严禁使用明火照明、取暖，以防止煤气中毒事故，需要独立用煤火的屋室，其炉灶必须设在室外。

（4）食堂要有卫生许可证，炊事人员必须持有健康证和体检合格证上岗。生、熟食物必须分别加工制作存放。凡变质、糜烂的食品，严禁食用，每天要做好防蚊、蝇传染源的控制工作。

（5）食堂内严禁非炊事人员进入，炊事人员不能留长指甲，并保持个人卫生清洁，对食堂做到每日清扫。

（七）火灾事故预防措施

（1）编制施工组织设计时要根据电器设备的用电量正确选择导线截面，导线架空敷设时其安全间距必须满足规范要求。

（2）电气操作人员要认真执行规范，正确连接导线，接线柱要压牢、压实。

（3）现场使用的电动机严禁超载使用，电机周围无易燃物，发现问题及时解决，保证设备正常运转。

（4）施工现场内严禁使用电磁炉。使用碘钨灯时，灯与易燃物间距要大于 30cm，室内不准使用功率超过 60W 的灯泡。

（5）使用焊机时要执行用火证制度，并有人监护、施焊周围不能存在易燃物体，并配备防火设备。电焊机要放在通风良好的地方。

（6）施工现场的高大设备做好防雷接地工作。

（7）存放易燃气体、易燃物仓库内的照明装置一定要采用防爆型设备，导线敷设、灯具安装、导线与设备连接均应满足有关规范要求。

第六章　建筑施工生产安全事故应急预案与演练

第一节　建筑施工生产安全事故应急预案的编制

一、应急预案的分类和层次

应急预案是突发事件应对的纲领性文件。从应对的突发事件类型出发，可分为自然灾害应急预案、事故灾难应急预案、公共卫生事件应急预案和社会安全事件应急预案，往下可继续细分，直到分为各种具体事故类型的应急预案，如建筑施工项目常见的高温应急预案、火灾事故应急预案、坍塌施工应急预案等。从预案的使用范围出发，突发事件生产经营单位的应急预案分为综合应急预案、专项应急预案和现场处置方案，这也是《生产经营单位生产安全事故应急预案编制导则》（GB/T 29639—2013）中的分类标准。

（一）综合应急预案

综合应急预案是从总体上阐述事故的应急方针、政策，应急组织结构及相关应急职责，应急行动、措施和保障等基本要求和程序，是应对各类事故的综合性文件。当生产经营单位经常面临多种风险、可能发生多种事故类型时，应当组织编制本单位的综合应急预案。综合应急预案应当包括本单位的应急组织机构及其职责、预案体系、事故风险描述、预警及信息报告、应急响应、事故预防及应急保障、应急培训及预案管理与演练等主要内容。

（二）专项应急预案

专项应急预案是针对具体的事故类别、危险源和应急保障而制订的计划或方案，是综合应急预案的组成部分。对于某一种类的风险，生产经营单位应当根据存在的重大危险源和可能发生的事故类型，如坍塌事故、火灾事故、高处坠落事故、中毒事故，制订相应的专项应急预案。专项应急预案应当包括危险性分析、可能发生的事故特征、应急组织机构与职责、预防措施、应急处置程序和应急保障等内容。

（三）现场处置方案

现场处置方案是针对施工现场具体的场所或设施、岗位所制订的应急处置措施。对于危险性较大的重点岗位，生产经营单位应当制订重点工作岗位的现场处置方案。现场处置方案应当包括危险性分析、可能发生的事故特征、应急处置程序、应急处置要点和注意事项等内容。生产经营单位编制的综合应急预案、专项应急预案和现场处置方案之间应当相互衔接，并与所涉及的其他单位的应急预案相互衔接。

此外，应急预案应当包括应急组织机构和人员的联系方式、应急物资储备清单等附件信息。附件信息应当经常更新，确保信息准确有效。

二、应急预案编制的目的

一般来说，编制建筑施工生产安全事故应急预案是为了更好地适应法律和经济活动的要求，保证建筑施工单位、社会及人民生命财产的安全，给企业员工的工作和施工场区周围居民提供更好更安全的环境；保证各种应急反应资源处于良好的备战状态，防止突发性重大事故发生，并能在事故发生后迅速有效控制处理。根据施工过程中易发或可能发生的安全事故的特点以及对事故进行应急处置的需要，优化事故应急指挥系统和组织网络，建立统一、规范、有序、高效的应急指挥体系，提高应对突发事故的应急处置和救援能力，防止因应急反应行动组织不力或现场救援工作的无序和混乱而延误事故的应急救援；体现应急救援的"应急精神"。应急预案的总目标是控制紧急事件的发展并尽可能消除，将事故对人、财产和环境的损失和影响减小到最低限度。统计表明：有效的应急系统可将事故损失降低到无应急系统的6%。

三、应急预案编制的依据

建筑施工生产安全事故应急预案编制所依据的法律法规文件主要包括：《中华人民共和国突发事件应对法》《中华人民共和国安全生产法》《中华人民共和国建筑法》《国务院关于特大安全事故行政责任追究的规定》《生产安全事故应急条例》《建设工程安全生产管理条例》《生产安全事故应急预案管理办法》《国家突发公共事件总体预案》《生产经营单位安全生产事故应急预案编制导则》等。此外，编制预案还要考虑建筑施工单位实际情况。

四、应急预案编制的主体

建筑施工单位的应急预案编制是应急管理工作展开的纲领性文件，与突发事件和应急响应的级别、应急预案的层次相适应，应急预案编制的主体也分为项目范围和企业范围两种。建筑施工安全生产企业级综合应急预案和专项应急预案应由该单位的高层决策者、总工程师、质量安全部负责人和应急管理专员共同完成编制；项目级专项应急预案由项目部负责人和项目各部门工程师以及应急管理专员共同完成编制；项目级现场处置方案由施工班组负责人和应急管理专员共同完成编制。

五、应急预案编制的原则

根据《生产安全事故应急预案管理办法》（国家安全生产监督管理总局令第88号），应急预案的编制应当遵循"以人为本、依法依规、符合实际、注重实效"的原则，建筑施工生产安全事故应急预案的内容也不例外，此外，根据建筑施工行业的特点，还要有针对性地进行一些补充。

（一）以人为本

要把以人为本原则作为应急预案编制的首要原则，把保障生命安全和身体健康、最大限度地预防和减少安全生产事故造成的人员伤亡作为首要任务。

（二）依靠科学，依法依规

制定、修订应急预案要充分发挥社会各方面，尤其是专家的作用，实行科学民主决策，采用先进的预测、预警、预防和应急处置技术，提高预防和应对突发公共事件的科技水平，提高预案的科技含量。预案内容要符合建筑行业和应急管理相关法律、法规、规章，与相关政策相衔接，预案的制定和实施过程也要依照相关法律、法规、标准的程序，确保应急预案的全局性、规范性、科学性和可操作性。

（三）借鉴经验，符合实际

国外如美国、日本、法国等国家建筑业发达，建筑水平较高，国内如中国铁建股份有限公司、中国建筑工程总公司、中国交通建设股份有限公司等都有许多成功项目经验，累积了大量的建筑施工项目应急预案，是预案编制可以借鉴学习的丰富材料。但每个建筑施工项目都有一定的特点，每个突发事件也都有一定的特殊性，没有哪个预案制定后能够一劳永逸，解决所有问题，所以还需从项目本身出发，对项目施工中的重大危险源、可能发生的突发事件类型、关键工序和施工部位、管理薄弱环节进行分析，有针对性地编制应急预案，在编制过程中适当借鉴国外案例、其他单位、本单位成功项目的经验，引入先进的应急管理方法和技术，但切忌生搬硬套。

（四）注重实效

突发事件应急处置的全过程都是以应急预案的内容为指导，应急预案的编制必须注重实效，全面，落实到细节。每次应急演练或者应急处置结束后，都要总结反思，将预案中执行困难、执行效果不佳的地方加以改进，增强预案的实用性和可操作性。

（五）协调配合

应急预案的制定和修订是一项系统工程，要明确不同类型突发公共事件应急处置的牵头部门，其他有关部门要主动配合、密切协同、形成合力；要明确各有关部门的职责和权限；涉及单位全局、跨项目的预案制定、修订部门要主动协调有关各方；要确保应急预案中应急流程合理，突发事件信息传递及时准确，应急处置工作反应灵敏、快速有效。

六、应急预案编制的方法

建筑施工企业应急预案编制程序主要包括成立应急预案编制工作组、资料收集、危险源辨识与风险评估、企业应急能力评估、编制应急预案、应急预案评审与发布、应急预案实施与改进几个步骤，如图 6-1 所示。

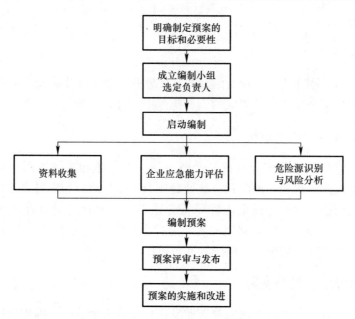

图 6-1 应急预案的编制程序

（一）明确预案制定目标和必要性

每份预案都具有针对性，完善的应急管理工作是"一事一案"，在预案制定前，应当明确制定该预案想解决什么问题，应对何种突发事件。

（二）成立应急预案编制工作组

建筑施工企业应结合本单位部门职能和分工，成立以企业主要负责人（或分管负责人）为组长，企业相关部门人员参加的应急预案编制工作组，明确工作职责和任务分工，制订工作计划，组织开展应急预案编制工作。

（三）资料收集

应急预案编制工作组应收集与预案编制工作相关的法律法规、技术标准、应急预案、国内外同行业企业事故资料，同时收集本企业安全生产相关技术资料、周边环境影响、应急资源等有关资料。

（四）危险源识别和风险评估

主要内容包括：
（1）分析建筑施工企业存在的危险因素，确定事故危险源；
（2）分析可能发生的事故类型及后果，并指出可能产生的次生、衍生事故；
（3）评估事故的危害程度和影响范围，提出风险防控措施。

（五）企业应急能力评估

在全面调查和客观分析建筑施工企业应急队伍、装备、物资等应急资源状况基础上开展应急能力评估，并依据评估结果，完善应急保障措施。

（六）编制应急预案

依据建筑施工企业的危险源识别和风险评估及应急能力评估结果，结合搜集到的相关资料，组织编制应急预案。应急预案编制应注重系统性和可操作性，做到与相关部门和单位应急预案相衔接。

（七）应急预案评审与发布

应急预案制定完毕后，建筑施工企业应当组织评审。评审分为内部评审和外部评审，内部评审由企业主要负责人组织有关部门和人员进行。外部评审由企业组织外部有关专家和人员进行评审。建筑施工企业的应急预案经评审或者论证合格后，由企业主要负责人（或分管负责人）签字发布，并进行备案管理。

（八）应急预案实施与改进

应急预案发布以后，需要进行应急预案的演练，以此使得参与人员熟悉和掌握预案内容，发现预案中的不足并进行改进。在突发事件的应急响应中，应急预案是指导性文件，每次应急工作结束后，都要进行应急工作评估，其中也会涉及应急预案的评估和改进，以不断改进优化预案内容，提高预案的实用性。

七、应急预案的主要内容

（一）建筑施工企业的基本情况介绍

建筑施工企业的基本情况包括：企业主要的资质能力及年工程量；主要机械设备及危险物品的品名及正常储量；职工人员的基本情况；主要工程所在地、占地面积、周围外500m、1000m 范围内的居民（包括工矿企事业单位及人数）情况；气象环境和地质状况。

（二）应急处置与救援的任务目标

预案中应当明确应急处置与救援效果的任务目标，这些目标与应急预案编制的初衷一致，即根据预案执行应急救援想要达到哪方面的效果，为了达到这样的效果需要付出哪些努力。

（三）应急救援组织机构、职责及分工

明确的责任分工是各方人员协调执行应急救援任务的基础，应急预案中应当详细说明应急管理工作中的人员分工情况，保证工作具有统一的领导，各事项能落实到人。具体包括：

1. 指挥机构

建筑施工企业成立事故应急救援"指挥领导小组"，由单位高层决策者、项目经理及生产、安全、设备、保卫、卫生、环保等部门主管组成，下设应急救援办公室，日常工作由安全部门监管。发生重大事故时，以指挥领导小组为基础，立即成立事故

应急救援指挥部，主要负责人任总指挥，有关副职任副总指挥，负责全面应急救援工作的组织和指挥，指挥部可设在有关生产科室。在编制"预案"时应明确若主要领导和副职不在企业时，由安全部门或其他部门负责人为临时总指挥，全权负责应急救援工作。

（1）指挥领导小组

负责建筑施工企业预案的制定、修订；组建应急救援专业队伍，组织实施和演练；检查督促做好重大事故的预防措施和应急救援的各项准备工作。

（2）指挥部

发生重大事故时，由指挥部发布和解除应急救援命令、信号；组织指挥救援队伍实施救援行动；向上级汇报和向友邻单位通报事故情况，必要时向有关单位发出救援请求；组织事故调查，总结应急救援经验教训。通常情况下应急预案中规定的指挥部人员分工如下：

① 总指挥

组织指挥全面的应急救援。具体包括：分析紧急状态确定相应报警级别，根据相关危险类型、潜在后果、现有资源控制紧急情况的行动类型；指挥、协调应急反应行动；与企业外应急反应人员、部门、组织和机构进行联络；最大限度地保证现场人员和外援人员及相关人员的安全；协调后勤方面以支援应急反应组织；应急响应的启动；应急评估、确定升高或降低应急警报级别；通报外部机构，决定请求外部援助；决定应急撤离，决定事故现场外影响区域的安全性。

② 副总指挥

协助总指挥负责应急救援的具体指挥工作。具体包括：协助应急总指挥组织和指挥应急操作任务；向应急总指挥提出采取的减缓事故后果行动的应急反应对策和建议；保持与事故现场副总指挥的直接联络；协调、组织和获取应急所需的其他资源、设备以支援现场的应急操作；组织公司总部的相关技术和管理人员对施工场区生产过程中的危险源评估和安全隐患排查；定期检查各常设应急反应组织和部门的日常工作和应急反应准备状态；根据各施工场区、加工厂的实际条件，努力与周边有条件的企业为在事故应急处理中共享资源、相互帮助、建立共同应急救援网络和制定应急救援协议。

③ 安全环保部部长：协助总指挥做好事故报警、情况通报及事故处置工作。

④ 保卫部部长：负责灭火、警戒、治安保卫、疏散、道路管制工作。

⑤ 生产部部长：负责事故处置时生产调度、事故现场通信联络和对外联系。

⑥ 卫生部部长：负责现场医疗救护指挥及中毒、受伤人员分类抢救和护送转院工作。

⑦ 综合办公室负责人：负责抢救受伤、中毒人员的生活必需品供应。

⑧ 物资设备部部长：负责抢险救援物资的供应和运输工作。

2. 各应急功能小组

（1）现场抢救组

现场抢救小组的职责主要包括：查找事故起源，实施抢险抢修的应急方案和措施，并不断加以改进；抢救现场伤员和物资，寻找受害者并转移至安全地带；组建现场消防队，保证现场救援通道的畅通；在事故有可能扩大进行抢险抢修或救援时，高度注意避免意外伤害；抢险抢修或救援结束后，直接报告最高管理者并对结果进行复查和评估。

（2）危险源排查和风险评估组

危险源排查和风险评估组在日常安全生产中对各施工现场特点以及生产安全过程的危险源进行科学的风险评估；指导生产部门安全措施落实和监控工作，减少和避免危险源的事故发生；完善危险源的风险评估资料信息，为应急反应的评估提供科学的、合理的、准确的依据；落实周边协议应急反应共享资源及应急反应快捷有效的社会公共资源的报警联络方式，为应急反应提供及时的应急反应支援措施；确定各种可能发生事故的应急反应现场指挥中心位置以使应急反应及时启用；科学合理地制订应急反应物资器材、人力计划。

（3）技术保障组

技术保障组根据各项目经理部的施工生产内容及特点，制订其可能出现而必须运用建筑工程技术解决的应急反应方案，整理归档，为事故现场提供有效的工程技术服务做好技术储备；应急预案启动后，根据事故现场的特点，及时向应急总指挥提供科学的工程技术方案和技术支持，有效地指导应急反应行动中的工程技术工作。

（4）安全保卫组

保卫工地的安全，支援其他抢救组的工作，保护现场；设置事故现场警戒线、岗，维持工地内抢险救护的正常运作；保持抢险救援通道的通畅，引导抢险救援人员及车辆的进入；抢救救援结束后，封闭事故现场直到收到明确解除指令。

（5）通信联络组

收集和统计事故信息，为决策者决策提供依据，确保与最高管理者和外部联系畅通、内外信息反馈迅速；保持通信设施和设备处于良好状态；记录和整理应急过程；上报企业和政府相关部门事态发展和事故处理情况，以及对公众发布事件相关信息。

（6）事故调查组

事故调查组需要保护事故现场；对现场的有关实物资料进行取样封存；调查了解事故发生的主要原因及相关人员的责任；按"四不放过"原则[一]对相关人员进行处罚、教育、总结。

（7）善后工作组

善后工作组主要在应急处置与救援结束后做好伤亡人员及家属的稳定工作，确保事故发生后伤亡人员及家属思想能够稳定，大灾之后不发生大乱；做好受伤人员医疗救护的跟踪工作，协调处理医疗救护单位的相关矛盾；与保险部门一起做好伤亡人员及财产损失的理赔工作；慰问有关伤员及家属。

（8）后勤保障组

后期保障组要协助制订施工项目或加工厂应急反应物资资源的储备计划，按已制订的项目施工生产的应急反应物资储备计划，检查、监督、落实应急反应物资的储备数量，收集和建立并归档；定期检查、监督、落实应急反应物资资源管理人员的到位和变更情况，

[一]"四不放过"原则具体指：对责任不落实，发生重特大事故的，要严格按照事故原因未查清不放过、责任人未处理不放过、整改措施未落实不放过、有关人员未受到教育不放过。1975年4月7日《国务院关于转发全国安全生产会议纪要的通知》中提出"三不放过"，即：事故原因分析不清不放过，事故责任者和群众没有受到教育不放过，没有防范措施不放过。2004年2月17日《国务院办公厅关于加强安全工作的紧急通知》（国办发明电〔2004〕7号）提出要按照"四不放过"原则和《国务院关于特大安全事故行政责任追究的规定》（国务院令第302号），严肃追究有关领导和责任人的责任。

及时调整应急反应物资资源的更新和达标；定期收集和整理各项目经理部施工场区的应急反应物资资源信息、建立档案并归档，为应急反应行动的启动，做好资源数据储备；应急预案启动后，按应急总指挥的部署，有效地组织应急反应物资资源到施工现场，并及时对事故现场进行增援，同时提供后勤服务。

（四）危险目标的确定及潜在危险性的评估

1. 应急救援危险目标的确定

根据本单位生产情况确定危险目标，如支模坍塌、结构坍塌、大型设备坍塌、基坑坍塌、大面积漏电等，如使用、贮存危险物品的品种、数量、危险特性及可能引起事故的后果，确定应急救援危险目标，可按危险性的大小依次排为1号目标、2号目标、3号目标等。

2. 潜在危险性的评估

对每个已确定的危险目标要做出潜在危险性的评估。即一旦发生事故可能造成的后果，可能对人员、设备及周围带来的危害及范围。预测可能导致事故发生的途径，如误操作、设备失修、腐蚀、工艺失控、物料不纯、泄漏等。

（五）救援队伍

建筑施工单位根据实际需要，应建立的专业救援队伍，包括抢险抢修队、医疗救护队、义务消防队、通信保障队、治安队等，救援队伍是事故应急救援的骨干力量，担负单位各类重大事故的处置任务。单位内如果设有职工医院，则医院应承担各类伤员的现场和院内抢救治疗任务。

（六）装备和信号规定

为保证应急救援工作及时有效，建筑施工单位必须针对危险目标并根据需要，将抢险抢修、个体防护、医疗救援、通信联络等装备器材配备齐全。平时要专人维护、保管、检验，确保器材始终处于完好状态，保证能有效使用。对各种通信工具、警报及事故信号，平时必须做出明确规定；报警方法、联络号码和信号使用规定要置于明显位置，使每一位值班人员熟练掌握。

（七）制订预防事故措施

对已确定的危险目标，根据其可能导致事故的途径，采取有针对性的预防措施，避免事故发生。各种预防措施必须建立责任制，落实到部门（单位）和个人。同时还应制订，一旦发生重大事故、大量有害物料泄漏、着火、爆炸等情况时，尽力降低危害程度的措施。

（八）事故处置

应急预案中应包括各类事故的现场处置方案和处理程序。

1. 事故处置方案

根据危险目标模拟事故状态，制订出各种事故状态下的应急处置方案，如支模坍塌、结构坍塌、大型设备坍塌、基坑坍塌、大面积漏电、大量毒气泄漏、多人中毒、燃烧、爆炸、停水、停电等，处置内容包括通信联络、抢险抢救、医疗救护、伤员转送、人员疏散、生产系统指挥、上报联系、救援行动方案等。

2. 事故处置程序

指挥部应制订应急响应程序图,一旦发生重大事故时,第一步先做什么,第二步应做什么,第三步再做什么,都有明确规定。做到临危不惧,正确指挥。重大事故发生时,各有关部门接到通知后应立即进入紧急状态,在指挥部的统一指挥下,根据对危险目标潜在危险的评估,按处置方案有条不紊地处理和控制事故,既不要惊慌失措,也不要麻痹大意,尽量把事故控制在最小范围内,最大限度地减少人员伤亡和财产损失。

(九) 紧急安全疏散及紧急避险

在发生重大事故,可能对区域内外人群安全构成威胁时,必须在指挥部统一指挥下,对与事故应急救援无关的人员进行紧急疏散。对可能威胁到厂外居民(包括友邻单位人员)安全时,指挥部应立即和地方有关部门联系,引导居民迅速撤离到安全地点。

事故发生后应有紧急避险措施,防止事故进一步扩大和伤亡人员的增加,以及在抢险时发生二次事故。

(十) 工程抢险抢修

有效的工程抢险抢修是控制事故、消灭事故的关键。抢险人员应根据事先拟定的方案,在做好个体防护的基础上,以最快的速度及时排险、抢险,消灭事故。

(十一) 现场医疗救护

及时有效的现场医疗救护是减少伤亡的重要一环。除了外部的医疗救护外,建筑施工项目内部人员也需要进行一定的医疗急救培训。建筑施工现场应建立抢救小组,每个职工都应学会心肺复苏术。一旦发生事故出现伤员,首先要做好自救互救。对于高处坠落、骨折人员不能随意搬动,要用担架、模板等搬运;对于气体中毒、窒息伤员,应尽快进行通风,让其呼吸新鲜空气;对发生化学中毒的病人,应在注射特效解毒剂或进行必要的医学处理后才能根据中毒和受伤程度转送各类医院。此外,在职工医院和卫生所抢救室应有抢救程序图,每一位医务人员都应熟练掌握每一步抢救措施的具体内容和要求。

(十二) 社会支援

企业一旦发生重大事故,本单位抢险抢救力量不足或有可能危及社会安全时,指挥部必须立即向上级和友邻单位通报,必要时请求社会力量援助。社会援助队伍进入厂区时,指挥部应责成专人联络、引导并告之安全注意事项。

(十三) 应急训练和演习

要加强对各救援队伍的培训。指挥领导小组要从实际出发,针对危险目标可能发生的事故,每年至少组织一次模拟演习。把指挥机构和各救援队伍训练成一支思想好、技术精、作风硬的指挥班子和抢救队伍。一旦发生事故,指挥机构能正确指挥,各救援队伍能根据各自任务及时有效地排除险情、控制并消灭事故、抢救伤员,做好应急救援工作。

（十四）有关规定

为了能在事故发生后，迅速、准确、有效地进行处理，必须制订好"事故应急救援预案"，做好应急救援的各项准备工作，对全体职工进行经常性的应急救援常识教育，落实岗位责任制和各项规章制度。同时还应建立以下相应制度：

1. 值班制度

建立 24 小时值班制度，夜间由行政值班和生产调度负责，遇有问题及时处理。

2. 检查制度

每月由企业应急救援指挥领导小组结合生产安全工作，检查应急救援工作情况。发现问题及时整改。

3. 例会制度

每季度由事故应急救援指挥领导小组组织召开一次指挥组成员和各救援队伍负责人会议，检查上季度工作，并针对存在的问题，积极采取有效措施，加以改进。

在以上内容中，"应急救援组织机构、职责及分工""危险目标的确定及潜在危险性的评估""事故处置""紧急安全疏散及紧急避险""应急训练和演习"是应急预案的关键要素，不能省略，需要详细说明。

第二节　建筑施工生产安全事故应急预案的管理

一、应急预案的评审、发布与备案

根据《生产安全事故应急预案管理办法》（2019 修订）的规定，应急预案制定完毕后，建筑施工单位应当组织评审。评审分为内部评审和外部评审，内部评审由建筑企业主要负责人组织有关部门和人员进行。外部评审由建筑企业组织外部有关专家和人员进行评审。评审应当形成书面纪要并附有专家名单。应急预案的评审或者论证应当注重应急预案的实用性、基本要素的完整性、预防措施的针对性、组织体系的科学性、响应程序的操作性、应急保障措施的可行性、应急预案的衔接性等内容。建筑施工企业的应急预案经评审或者论证合格后，由企业主要负责人（或分管负责人）签字发布，并进行备案管理。其中，中央管理的建筑施工企业（集团公司、总公司）的综合应急预案和专项应急预案，报国务院主管的负有安全生产监督管理职责的部门备案，并抄送应急管理部；其所属单位的应急预案报所在地的省、自治区、直辖市或者设区的市级人民政府主管的负有安全生产监督管理职责的部门备案，并抄送同级人民政府应急管理部门。

其他建筑施工企业中涉及实行安全生产许可的，其综合应急预案和专项应急预案，按照隶属关系报所在地县级以上地方人民政府安全生产监督管理部门和有关主管部门备案；未实行安全生产许可的，其综合应急预案和专项应急预案的备案，由省、自治区、直辖市人民政府安全生产监督管理部门确定。建筑施工企业申请应急预案备案，应当提交以下材料：

(1) 应急预案备案申请表；

(2) 应急预案评审或者论证意见；

(3) 应急预案文本及电子文档；

(4) 风险评估结果和应急资源调查清单。

受理备案登记的负有安全生产监督管理职责的部门应当在 5 个工作日内对应急预案材料进行核对，材料齐全的，应当予以备案并出具应急预案备案登记表；材料不齐全的，不予备案并一次性告知需要补齐的材料。逾期不予备案又不说明理由的，视为已经备案。

二、应急预案的实施

根据《生产安全事故应急预案管理办法》（2019 修正）的规定，建筑施工企业应当按照应急预案的要求配备相应的应急物资及装备，建立使用状况档案，定期检测和维护，使其处于良好状态。当单位发生事故后，应当及时启动应急预案，组织有关力量进行救援，并按照规定将事故信息及应急预案启动情况报告事故发生地县级以上人民政府应急管理部门和其他负有安全生产监督管理职责的部门。

在平时，建筑施工单位应当采取多种形式开展应急预案的宣传教育，普及生产安全事故预防、避险、自救和互救知识，提高从业人员安全意识和应急处置技能。此外，建筑施工企业还应组织开展本单位的应急预案培训和演练活动，使有关人员了解应急预案内容，熟悉应急职责、应急程序和岗位应急处置方案。应急预案的要点和程序应当张贴在应急地点和应急指挥场所，并设有明显的标志。根据本单位的事故预防重点，每年至少组织一次综合应急预案演练或者专项应急预案演练，每半年至少组织一次现场处置方案演练。在应急预案演练结束后，应急预案演练组织单位应当对应急预案演练效果进行评估，撰写应急预案演练评估报告，分析存在的问题，并对应急预案提出修订意见。

三、应急预案的修订

根据《生产安全事故应急预案管理办法》（2019 修正）的规定，建筑施工企业的应急预案应当至少每三年修订一次，预案修订情况应有记录并归档。有下列情形之一的，生产安全事故应急救援预案制定单位应当及时修订相关预案：

(1) 制定预案所依据的法律、法规、规章、标准发生重大变化；

(2) 应急指挥机构及其职责发生调整；

(3) 安全生产面临的风险发生重大变化；

(4) 重要应急资源发生重大变化；

(5) 在预案演练或者应急救援中发现需要修订预案的重大问题；

(6) 其他应当修订的情形。

第三节　建筑施工生产安全事故应急预案演练

应急演练是指来自多个机构、组织或群体的人员针对模拟的紧急情况，执行实际紧急事件发生时各自所承担任务的排练活动。应急预案和应急计划确立后，经过有效的培训，施工项目部根据工程工期长短举行与工程进度相适应的专项演练，施工作业人员变动较大时增加演练次数。每次演练结束，及时做出总结，对存有一定差距的在日后的工作中加以提高。应急演练也是贯彻"安全生产，以防为主、综合治理"主要思想的一项重要措施。通过开展应急演练，可以查找应急预案中存在的不合实际、不细致的环节，进而完善应急预案，提高应急预案的实用性和可操作性；检查应对突发事件所需应急队伍、物资、装备、技术等方面的准备情况，发现不足及时予以调整补充，做好应急准备工作；增强演练组织单位、参与单位和人员等对应急预案的熟悉程度，提高其应急处置能力；进一步明确相关单位和人员的职责任务，理顺工作关系，完善应急机制；普及应急知识，提高公众风险防范意识和自救互救等灾害应对能力。应急演练主要采用定期培训、组织比赛等形式开展。

一、应急预案演练的方式

（一）按演练组织形式分

按应急演练的组织形式是否落地，可将演练分为桌面演练和实战演练。桌面演练是指参演人员利用地图、沙盘、流程图、计算机模拟、视频会议等辅助手段，针对事先假定的演练情景，讨论和推演应急决策及现场处置的过程，从而促进相关人员掌握应急预案中所规定的职责和程序，提高指挥决策和协同配合能力。桌面演练通常在室内完成。实战演练是指参演人员利用应急处置涉及的设备和物资，针对事先设置的突发事件情景及其后续的发展情景，通过实际决策、行动和操作，完成真实应急响应的过程，从而检验和提高相关人员的临场组织指挥、队伍调动、应急处置技能和后勤保障等应急能力。实战演练通常要在特定场所完成。

（二）按演练功能分

按应急演练涉及功能的多寡，可将演练分为单项演练和综合演练。单项演练是指只涉及应急预案中特定应急响应功能或现场处置方案中一系列应急响应功能的演练活动。注重针对一个或少数几个参与单位（岗位）的特定环节和功能进行检验。建筑施工过程中发生频率高、危害大的突发事件，适合用多次单项演练进行强化训练，提升人员的应急处置与救援能力；综合演练是指涉及应急预案中多项或全部应急响应功能的演练活动。综合演练在检验参演人员对单一事故的应对能力的基础上，注重对多个环节和功能进行检验，特别是对不同单位之间应急机制和联合应对能力的检验。

（三）按演练目的与作用分

按应急演练的目的和作用，可将演练可分为检验性演练、示范性演练和研究性演练。检验性演练是指为检验应急预案的可行性、应急准备的充分性、应急机制的协调性及相关人员的应急处置能力而组织的演练；示范性演练是指为向观摩人员展示应急能力或提供示范教学，严格按照应急预案规定开展的表演性演练；研究性演练是指为研究和解决突发事件应急处置的重点、难点问题，试验新方案、新技术、新装备而组织的演练。

不同类型的演练相互组合，可形成单项桌面演练、综合桌面演练、单项实战演练、综合实战演练、示范性单项演练、示范性综合演练等，满足多种演练需求。

二、应急预案演练的组织

演练应在相关预案确定的应急领导机构或指挥机构领导下组织开展。建筑施工单位可在单位内部组织，也可联合其他单位的力量，共同开展演练。演练组织单位要成立由相关单位领导组成的演练领导小组，通常下设策划部、保障部和评估组；对于不同类型和规模的演练活动，其组织机构和职能可以适当调整。

（一）领导小组

演练领导小组负责应急演练活动全过程的组织领导，审批决定演练的重大事项。演练领导小组组长一般由演练组织单位或其上级单位的负责人担任；副组长一般由演练组织单位或主要协办单位负责人担任；小组其他成员一般由各演练参与单位相关负责人担任。在演练实施阶段，演练领导小组组长、副组长通常分别担任演练总指挥、副总指挥。

（二）策划部

策划部负责应急演练策划、演练方案设计、演练实施的组织协调、演练评估总结等工作。策划部设总策划，副总策划，下设文案组、协调组、控制组、宣传组等。

1. 总策划

总策划是演练准备、演练实施、演练总结等阶段各项工作的主要组织者，一般由演练组织单位具有应急演练组织经验和突发事件应急处置经验的人员担任；副总策划协助总策划开展工作，一般由演练组织单位或参与单位的有关人员担任。

2. 文案组

在总策划的直接领导下，负责制订演练计划、设计演练方案、编写演练总结报告以及演练文档归档与备案等；其成员应具有一定的演练组织经验和突发事件应急处置经验。

3. 协调组

负责与演练涉及的相关单位以及本单位有关部门之间的沟通协调，其成员一般为演练组织单位及参与单位的行政、外事等部门人员。

4. 控制组

在演练实施过程中，在总策划的直接指挥下，负责向演练人员传送各类控制消息，引导应急演练进程按计划进行。其成员最好有一定的演练经验，也可以从文案组和协调组抽调，常称为演练控制人员。

5. 宣传与答疑组

负责编制演练宣传方案，整理演练信息、组织新闻媒体和开展新闻发布等。其成员一般是演练组织单位及参与单位宣传部门的人员。为方便参演人员对应急演练中的疑惑解答，可设置电话和网络答疑渠道，演练结束后，这些答疑渠道可继续保留，为相关人员提供咨询。

（三）保障部

保障部负责调集演练所需物资装备，购置和制作演练模型、道具、场景，准备演练场地，维持演练现场秩序，保障运输车辆，保障人员生活和安全保卫等。其成员一般是演练组织单位及参与单位后勤、财务、办公等部门人员，常称为后勤保障人员。

（四）评估组

评估组负责设计演练评估方案和编写演练评估报告，对演练准备、组织、实施及其安全事项等进行全过程、全方位评估，及时向演练领导小组、策划部和保障部提出意见、建议。其成员一般是应急管理专家、具有一定演练评估经验和突发事件应急处置经验专业人员，常称为演练评估人员。评估组可由上级部门组织，也可由演练组织单位自行组织。

（五）参演队伍和人员

参演队伍包括应急预案涉及的应急管理相关人员，有时还涉及各类专兼职应急救援队伍以及志愿者队伍等。参演人员承担具体演练任务，针对模拟事件场景做出应急响应行动。有时也可使用模拟人员替代未现场参加演练的人员，或模拟事故的发生过程。

三、应急预案演练的实施

应急预案演练的实施包括分为应急演练准备与动员、实施、评估与总结三个基本流程。

（一）应急演练准备与动员

1. 制订演练计划
演练计划由文案组编制，经策划部审查后报演练领导小组批准。主要内容包括：

（1）确定演练目的，明确举办应急演练的原因、演练要解决的问题和期望达到的效果等。

（2）分析演练需求，在对事先设定事件的风险及应急预案进行认真分析的基础上，确定需调整的演练人员、需锻炼的技能、需检验的设备、需完善的应急处置流程和需进一步明确的职责等。

（3）确定演练范围，根据演练需求、经费、资源、场地和时间等条件的限制，确定演练事件类型、等级、地域、参演机构及人数、演练方式等。演练需求和演练范围往往互为影响，因地制宜。

（4）安排演练准备与实施的日程计划，包括各种演练文件编写与审定的期限、物资器材准备的期限、演练实施的日期等。

（5）编制演练经费预算，明确演练经费筹措渠道。

2. 设计演练方案
演练方案由文案组编写，通过评审后由演练领导小组批准，必要时还需报有关主管单位同意并备案。主要内容包括：

（1）确定演练目标

演练目标是需完成的主要演练任务及其达到的效果，一般说明"由谁在什么条件下完成什么任务，依据什么标准，取得什么效果"。演练目标应简单、具体、可量化、可实现。一次演练一般有若干项演练目标，每项演练目标都要在演练方案中有相应的事件和演练活动予以实现，并在演练评估中有相应的评估项目判断该目标的实现情况。

（2）设计演练情景与实施步骤

演练情景是对真实突发事件的设想和模拟，演练情景要为演练活动提供初始条件，还要通过一系列的情景事件引导演练活动继续，直至演练完成。演练情景包括演练场景概述和演练场景清单，演练场景概述是对每一处演练场景的概要说明，主要说明事件类别，发生的时间地点，发展速度、强度与危险性、受影响范围、人员和物资分布，已造成的损失，后续发展预测，气象及其他环境条件等；演练场景清单是要明确演练过程中各场景的时间顺序列表和空间分布情况。演练场景之间的逻辑关联依赖于事件发展规律、控制消息和演练人员收到控制消息后应采取的行动。

（3）设计评估标准与方法

演练评估是通过观察、体验和记录演练活动，比较演练实际效果与目标之间的差异，总结演练成效和不足的过程。演练评估应以演练目标为基础。每项演练目标都要设计合理的评估项目方法、标准。根据演练目标的不同，可以用选择项（如：是/否判断，多项选择）、主观评分（如：1-差、3-合格、5-优秀）、定量测量（如：响应时间、被困人数、获救人数）等方法进行评估。为便于演练评估操作，通常事先设计好评估表格，包括演练目标、评估方法、评价标准和相关记录项等。有条件时还可以采用专业评估软件等工具。

（4）编写演练方案文件

演练方案文件是指导演练实施的详细工作文件。根据演练类别和规模的不同，演练方案可以编为一个或多个文件。编为多个文件时可包括演练人员手册、演练控制指南、演练评估指南、演练宣传方案、演练脚本等，分别发给相关人员。对涉密应急预案的演练或不宜公开的演练内容，还要制订保密措施。

（5）演练人员手册

演练手册的内容主要包括演练概述、组织机构、时间、地点、参演单位、演练目的、演练情景概述、演练现场标识、演练后勤保障、演练规则、安全注意事项、通信联系方式等，但不包括演练细节。演练人员手册可发放给所有参加演练的人员。

（6）演练指南

演练指南包括演练控制指南和演练评估指南。控制指南主要是供演练控制人员参考。内容主要包括演练情景概述、演练事件清单、演练场景说明、参演人员及其位置、演练控制规则、控制人员组织结构与职责、通信联系方式等。演练评估指南内容主要包括演练情景概述、演练事件清单、演练目标、演练场景说明、参演人员及其位置、评估人员组织结构与职责、评估人员位置、评估表格及相关工具、通信联系方式等。演练评估指南主要供演练评估人员使用。

（7）演练宣传方案

演练宣传方案的内容主要包括宣传目标、宣传方式、传播途径、主要任务及分工、技术支持、通信联系方式等。

（8）演练脚本

对于重大综合性示范演练，演练组织单位要编写演练脚本，描述演练事件场景、处置行动、执行人员、指令与对白、视频背景与字幕、解说词等。

（9）演练方案评审

对综合性较强、风险较大的应急演练，评估组要对文案组制订的演练方案进行评审，确保演练方案科学可行，以确保应急演练工作的顺利进行和参演人员的人身安全。

3. 演练动员与培训

在演练开始前要进行演练动员和培训，确保所有演练参与人员掌握演练规则、演练情景和各自在演练中的任务。所有演练参与人员都要经过应急基本知识、演练基本概念、演练现场规则等方面的培训。对控制人员要进行岗位职责、演练过程控制和管理等方面的培训；对评估人员要进行岗位职责、演练评估方法、工具使用等方面的培训；对参演人员要进行应急预案、应急技能及个体防护装备使用等方面的培训。

4. 应急演练保障

（1）人力保障

演练参与人员一般包括演练领导小组、演练总指挥、总策划、文案人员、控制人员、评估人员、保障人员、参演人员、模拟人员等，有时还会有观摩人员等。在演练准备过程中，演练组织单位应统计相关人员的时间安排，确保参与演练活动的时间；通过组织观摩学习和培训，提高演练人员素质和技能。对每次实战演练，要配备足够数量的指挥人员和医疗救护人员，防止意外情况的发生。

（2）经费保障

演练组织单位每年要根据应急演练规划编制应急演练经费预算，纳入该单位的年度财政（财务）预算，并按照演练需要及时拨付经费。对经费使用情况进行监督检查，确保演练经费专款专用，节约高效。

（3）场地保障

根据演练方式和内容，经现场勘查后选择合适的演练场地。桌面演练一般可选择会议室或应急指挥中心等；实战演练应选择与实际情况相似的地点，并根据需要设置指挥部、集结点、接待站、供应站、救护站、停车场等设施。演练场地应有足够的空间，良好的交通、生活、卫生和安全条件，尽量避免干扰周围的生产生活。

（4）物资和通信保障

根据需要，准备必要的演练材料、物资和器材，制作必要的模型设施等，还要在演练开始前确定每种物资的可用性情况，这些物资主要包括：

① 信息材料：主要包括应急预案和演练方案的纸质文本、演示文档、图表、地图、软件等。

② 物资设备：主要包括各种应急抢险物资、特种设备、办公设备、录音摄像设备、信息显示设备等。

③ 通信器材：主要包括固定电话、移动电话、对讲机、海事电话、传真机、计算机、无线局域网、视频通信器材和其他配套器材，尽可能使用已有通信器材。应急演练过程中应急指挥机构、总策划、控制人员、参演人员、模拟人员等之间要有及时可靠的信息传递渠道。根据演练需要，可以采用多种公用或专用通信系统，必要时可组建演练专用通信与信息网络，确保演练控制信息的快速传递。

④ 演练情景模型：搭建必要的模拟场景及装置设施。

（5）安全保障

演练组织单位要高度重视演练组织与实施全过程的安全保障工作。大型或高风险演练活动要按规定制定专门应急预案，采取预防措施，并对关键部位和环节可能出现的突发事件进行针对性演练。根据需要为演练人员配备个体防护装备，购买商业保险。对可能影响公众生活、易于引起公众误解和恐慌的应急演练，应提前向社会发布公告，告示演练内容、时间、地点和组织单位，并做好应对方案，避免造成负面影响。

演练现场要有必要的安保措施，必要时对演练现场进行封闭或管制，保证演练安全进行。演练出现意外情况时，演练总指挥与其他领导小组成员会商后可提前终止演练。

（二）应急演练实施

应急演练实施阶段是指从宣布初始事件起到演练结束的整个过程。在这个过程中，应当严格按照演练方案制定的流程进行；并且全过程都要有相关人员进行记录。包括以下阶段：

1. 演练启动

演练正式启动前一般要举行简短仪式，由演练总指挥宣布演练开始并启动演练活动。

2. 演练执行

（1）演练指挥与行动

由演练总指挥负责演练实施全过程的指挥控制。当演练总指挥不兼任总策划时，一般由总指挥授权总策划对演练过程进行控制。根据演练方案要求，应急指挥机构指挥各参演队伍和人员，开展对模拟演练事件的应急处置行动，完成各项演练活动。在此期间，演练控制人员应充分掌握演练方案，按总策划的要求，熟练发布控制信息，协调参演人员完成各项演练任务。参演人员根据控制消息和指令，按照演练方案规定的程序开展应急处置行动，完成各项演练活动。模拟人员按照演练方案要求，模拟未参加演练的单位或人员的行动，并作出信息反馈。

在演练实施过程中，演练组织单位可以安排专人对演练过程进行解说。解说内容一般包括演练背景描述、进程讲解、案例介绍、环境渲染等。对于有演练脚本的大型综合性示范演练，可按照脚本中的解说词进行讲解。

（2）演练过程控制

应急演练的总策划负责按演练方案控制演练过程，使演练尽可能贴近真实应急处置与救援中的进展速度和难度。一般来说，实战演练由于现场不可控因素更多，其过程控制难度要大于桌面演练的过程控制。

① 桌面演练过程控制

在讨论式桌面演练中，演练活动主要是围绕对所提出问题进行讨论。由总策划以口头或书面形式，部署引入一个或若干个问题。参演人员根据应急预案及有关规定，讨论应采取的行动。

在角色扮演或推演式桌面演练中，由总策划按照演练方案发出控制消息，参演人员接收到事件信息后，通过角色扮演或模拟操作，完成应急处置活动。

② 实战演练过程控制

在实战演练中，要通过传递控制消息来控制演练进程。总策划按照演练方案发出控制消息，控制人员向参演人员和模拟人员传递控制消息。参演人员和模拟人员接收到信息后，按照发生真实事件时的应急处置程序，或根据应急行动方案，采取相应的应急处置行动。控制消息可由人工传递，也可以用对讲机、电话、手机、传真机、网络等方式传送，或者通过特定的声音、标志、视频等呈现。演练过程中，控制人员应随时掌握演练进展情况，并向总策划报告演练中出现的各种问题。

（3）演练记录与报道

演练实施过程中，一般要安排专门人员，采用文字、照片和音像等手段记录演练过程。文字记录一般可由评估人员完成，主要包括演练实际开始与结束时间、演练过程控制情况、各项演练活动中参演人员的表现、意外情况及其处置等内容，尤其要详细记录可能出现的人员"伤亡"（如进入"危险"场所而无安全防护，在规定的时间内不能完成疏散等）及财产"损失"等情况。

照片和音像记录可安排专业人员和宣传组人员在不同现场、不同角度进行拍摄，尽可能全方位反映演练实施过程，并按照演练宣传方案作好演练宣传报道工作，以及信息采集、媒体组织、广播电视节目现场采编和播报等工作，扩大演练的宣传教育效果。对涉密应急演练要做好相关保密工作。

（4）演练结束与终止

演练完毕，由总策划发出结束信号，演练总指挥宣布演练结束。演练结束后所有人员停止演练活动，按预定方案集合进行现场总结讲评或者组织疏散。保障部负责组织人员对演练场地进行清理和恢复。

演练实施过程中出现下列情况，经演练领导小组决定，由演练总指挥按照事先规定的程序和指令终止演练：①出现真实突发事件，需要参演人员参与应急处置时，要终止演练，使参演人员迅速回归其工作岗位，履行应急处置职责；②出现特殊或意外情况，短时间内不能妥善处理或解决时，可提前终止演练。

（三）应急演练评估与总结

演练结束后，应对演练进行评估与总结，全面评价演练是否达到演练目标、应急准备水平以及是否需要改进，也是演练人员进行自我评价的机会。根据应急演练任务相关要求，演练评估与总结可以通过访谈、汇报、协商、自我评价、公开会议和通报等形式完成。包括以下阶段：

1. 演练评估

演练评估是在全面分析演练记录及相关资料的基础上，对比参演人员表现与演练目标要求，对演练活动及其组织过程做出客观评价，并编写演练评估报告的过程。所有应急演练活动都应进行演练评估。

演练结束后可通过组织评估会议、填写演练评价表和对参演人员进行访谈等方式进行演练评估。演练评估报告的主要内容一般包括演练执行情况、预案的合理性与可操作性、应急指挥人员的指挥协调能力、参演人员的处置能力、演练所用设备装备的适用性、演练目标的实现情况、演练的成本效益分析、对完善预案的建议等。

2. 演练总结

演练总结可分为现场总结和事后总结。现场总结是在某阶段演练任务完成或整个任务完毕后，由演练总指挥、总策划、专家评估组长等在演练现场有针对性地进行讲评和总结。内容主要包括本阶段的演练目标、参演队伍及人员的表现、演练中暴露的问题、解决问题的办法等；事后总结是在演练结束后，由文案组根据演练记录、演练评估报告、应急预案、现场总结等材料，对演练进行系统和全面的总结，并形成演练总结报告材料。演练总结报告的内容包括：演练目的、时间和地点，参演单位和人员，演练方案概要，发现的问题与原因、经验和教训，以及改进有关工作的建议等。

3. 成果运用

对演练中暴露出来的问题和薄弱环节，演练单位应当及时采取措施予以改进，包括修改完善应急预案、有针对性地加强应急人员的教育和培训、对应急物资装备有计划地更新等，并建立改进任务表，按规定时间对改进情况进行监督检查。

4. 文件归档与备案

演练组织单位在演练结束后应将演练计划、演练方案、演练评估报告、演练总结报告等资料归档保存。对于由上级有关部门布置或参与组织的演练，或者法律、法规、规章要求备案的演练，演练组织单位应当将相关资料报有关部门备案。

5. 考核与奖惩

演练组织单位要注重对演练参与单位及人员进行考核。对在演练中表现突出的单位及个人，可给予表彰和奖励；对不按要求参加演练，或影响演练正常开展的，可给予相应的批评惩戒。

四、应急预案演练过程中的注意事项

（1）演练应与实际结合起来，明确演练目的，根据演练场地条件和资源约束确定是进行桌面演练还是实战演练，是综合演练还是单项演练，演练涉及人员规模大小。

（2）应急演练应以提高应急指挥人员的指挥协调能力、应急队伍的实战能力为着眼点。重视对演练效果及组织工作的评估、考核，总结推广好经验，及时整改存在问题。

（3）应急演练要围绕演练目的，精心策划演练内容，科学设计演练方案，周密组织演练活动，制订并严格遵守有关安全措施，确保演练参与人员及演练装备设施的安全。在安全措施不到位的情况下，不可勉强进行实战演练。部分危险系数较高的演练活动，可先用机器人、假人、模具代替，先进行示范性演练，再进行检验性演练。

（4）应统筹规划应急演练活动，适当开展跨项目、跨部门的综合性演练，充分利用现有资源，努力提高应急演练效益。还可与同行业其他单位共同展开应急演练，共同进步。

（5）大部分建筑施工单位的一线施工人员应急演练和培训的意识比较单薄，其本身工作以体力劳动为主，常常将演练视为正常劳动以外的环节，加重了体力负担，由此产生懈怠、敷衍情绪。演练组织人员在充分说明演练重要性的基础上，应遵循演练过程由简入难的原则，给予参演人员信心和鼓励。可以设置一定的激励措施，用奖励机制激发参演人员的参与热情。对于偷懒、煽动他人情绪的破坏分子给予一定的惩罚。

第七章　建筑施工生产安全事故应急培训

第一节　建筑施工生产安全事故应急培训的要求

一、生产安全事故应急培训的法定要求

根据《安全生产法》的规定,建筑施工企业应当对从业人员进行安全生产教育和培训,保证从业人员具备必要的安全生产知识,熟悉有关的安全生产规章制度和安全操作规程,掌握本岗位的安全操作技能,了解事故应急处理措施,知悉自身在安全生产方面的权利和义务。未经安全生产教育和培训合格的从业人员,不得上岗作业。

建筑施工企业使用被派遣劳动者的,应当将被派遣劳动者纳入本单位从业人员统一管理,对被派遣劳动者进行岗位安全操作规程和安全操作技能的教育和培训。劳务派遣单位应当对被派遣劳动者进行必要的安全生产教育和培训。

建筑施工企业接收中等职业学校、高等学校学生实习的,应当对实习学生进行相应的安全生产教育和培训,提供必要的劳动防护用品。学校应当协助建筑施工企业对实习生进行安全生产教育和培训。

建筑施工企业应当建立安全生产教育和培训档案,如实记录安全生产教育和培训的时间、内容、参加人员以及考核结果等情况。

《生产安全事故应急条例》也规定,建筑施工企业应当对从业人员进行应急教育和培训,保证从业人员具备必要的应急知识,掌握风险防范技能和事故应急措施。

未按照规定对从业人员、被派遣劳动者、实习学生进行安全生产教育和培训,或者未按照规定如实告知有关的安全生产事项的,未如实记录安全生产教育和培训情况的;责令限期改正,可以处 5 万元以下的罚款;逾期未改正的,责令停产停业整顿,并处 5 万元以上 10 万元以下的罚款,对其直接负责的主管人员和其他直接责任人员处 1 万元以上 2 万元以下的罚款。

二、应急培训目的

1. 保证所有应急队员都能接受有效的应急培训,使单位应急救援人员熟悉并掌握应急预案和程序的实施内容和方式,掌握应急救援中的基本自救及互救方法;

2. 培训他们在应急预案和程序中分派的任务;

3. 使有关人员知道应急反应预案和实施程序变动情况;

4. 提升应急反应和组织各级人员的风险防范意识和应急意识,提高警惕性,最大限度地防止事故扩大,减少事故中的人员伤亡和其他损失。

三、应急培训的内容

应急预案和应急计划确立后，应当按计划组织公司总部、施工项目部的全体人员进行有效的培训，从而具备完成其应急任务所需的知识和技能。应急培训也是进行应急演练和开展应急救援工作的基础，很多时候应急培训和应急演练会一起进行。培训周期至少每年一次，当有新加入的人员时，要对其及时培训，主要培训以下内容：

（1）单位及项目应急预案学习；

（2）灭火器的使用以及灭火步骤的训练；

（3）施工安全防护、作业区内安全警示设置、个人的防护措施、施工用电常识、在建工程的交通安全、大型机械的安全使用；

（4）对危险源的突显特性辨识；

（5）事故报警；

（6）紧急情况下人员的安全疏散；

（7）现场抢救的基本知识；

（8）其他针对不同应急职务的专项培训。

四、应急培训的基本任务

锻炼和提高队伍在突发事故情况下的快速抢险堵源、及时营救伤员、正确指导和帮助群众防护或撤离、有效消除危害后果、开展现场急救和伤员转送等应急救援技能和应急反应综合素质，有效降低事故危害，减少事故损失。

1. 培训对象

建筑施工生产安全事故应急培训的对象至少应覆盖建筑施工单位、项目部全体应急人员和作业队全体施工人员。

2. 应急培训的原则

（1）观念和技能并重原则

建筑施工中面临的安全问题种类多，发生概率大，建筑施工项目人员尤其是一线作业人员接受教育的层次相对较低。一方面，这些员工在安全观念和意识上比较薄弱，在日常施工中常常轻视风险安全隐患，违规操作，因此应急培训需要强调安全生产的重要性，如以举例的方式论述不安全生产带来的严重后果，从内心强化安全观念；另一方面，培训内容应尽可能地详细、易懂，并将其运用到实际操作中，过于形式化的培训，既不能引起培训人员的重视，又没有实际效果。因此在培训中，安全生产观念和应急处置技能应得到同等重视。

（2）针对性原则

建筑施工项目涉及人员职务复杂，除了应急预案、消防、自救和互救等基本知识应全员培训外，其他应急方面的知识应当各有侧重。例如应急指挥协调等工作的培训应重点针对单位高层决策者和项目经理、项目各部负责人进行，应急保卫等工作的培训应当重点针对保卫人员进行。有针对性地培训一方面可以节省时间、人力、物力、财力，提高效率；另一方面也使得各项应急工作的负责人能够更加专注于自己的应急技能。

（3）安全合规原则

进行应急培训应当遵守法律法规、标准以及行业规定，选择适当的场地。在模拟事故应急处置时要保证培训人员的安全，一切应急救援落实装置到位，切不可在安全防护条件未落实的情况下展开模拟。

（4）全员参与原则

努力提高培训水平，建立和完善安全生产培训体系。树立"培训不到位，人人是安全隐患"的理念。既要注重主要负责人、安全管理人员安全素质的提高，又要重视一线作业人员的安全培训，不留培训的盲区、死角，力求通过全员培训，全面提高建筑施工单位从业人员的整体安全素质和安全技能。

3. 培训要求

一般来说，建筑施工单位应以半年为周期对相关人员进行一次培训并予以记录，至少一年一次，新员工入职时应接受应急培训。在应急预案中分配应急职能岗位要结合有关人员以往的经验、培训以及日常工作。因此担任应急组织某一职位的资格要符合管理部门分派的职位特点并接受一定的培训，见表7-1。

最低的应急培训要求 表7-1

培训职位＼应急事项	应急预案	指挥协调	应急通信	公共信息	搜寻营救	应急保卫	医疗救护	损失控制	现场调查	疏散撤离
经理	●	●	●	●						●
副经理	●	●	●							●
值班主管	●	●	●		●					●
安全员	●	●	●		●			●	●	●
保卫人员	●				●	●				●
技术人员	●									
维修人员	●							●		
班组长		●						●	●	
操作人员	●							●	●	

第二节　建筑施工生产安全事故应急培训的实施

一、应急培训组织机构

培训应在相关预案确定的应急领导机构或指挥机构领导下组织开展。单位要成立由相关单位领导组成的培训领导小组，通常下设教学组、宣传组、监督组、保障组和评估组。有时根据单位实际需要，从节省人力物力角度出发，应急培训可以和应急演练一起进行，应急培训的组织人员可以兼任应急演练的组织人员。

1. 培训领导小组

培训领导小组是应急培训的组织者。培训领导小组组长一般由单位领导人担任；小组其他成员一般由单位各部门负责人担任，培训领导小组负责应急培训的需求分析和全程协调、把控。

2. 教学组

教学组根据培训领导小组制订的应急培训需求分析来设计课程内容、培训方式，制订培训计划，培训讲义的编写和修改等。其成员一般是单位应急管理专员和聘请的建筑施工行业应急管理专家。

3. 宣传组

负责编制培训宣传方案，整理培训信息，发布课程资料等工作。一方面给参加培训人员提供课程提醒，另一方面有助于参加培训人员回顾和查询应急知识。其成员一般是演练组织单位及参与单位宣传部门的人员。

4. 监督组

由于参与培训人员数量多，人员文化素养、安全意识水平参差不齐，如果不进行监督提醒，难免有敷衍塞责，甚至逃避培训的情况发生。因此应设置监督组，对参训人员出勤、听课情况以及授课人员的授课情况进行监督和提醒，确保培训有效进行。

5. 保障组

保障部负责调集培训所需物资，购置和制作道具、场景，准备培训场地，维持课程现场秩序，保障运输车辆，保障人员生活和安全保卫等。其成员一般是培训组织单位的后勤部、财务部、办公室等部门人员。

6. 评估组

评估组负责制定培训评估标准、编写培训评估报告，对培训的组织和实施等进行全方位评估，及时向培训领导小组和授课组提出意见、建议。其成员一般是应急管理专家、具有一定培训评估经验和突发事件应急处置经验专业人员。

二、应急培训方法

应急培训方法多种多样，以灵活多样的培训方法激励培训人员，提升培训效果，具体形式见表7-2。

应急培训的组织形式　　　　　　　　　　　　　　　　　　表7-2

方法	描述/目的
工作培训	在新员工开始工作前或刚开始工作时，将工作中可能遇到的危险源、安全隐患、风险进行描述，使员工清楚地认识到他们被要求在执行工作任务时应该注意的事项，以及如何查找危险源，排除安全隐患，规避风险
专人授课	邀请应急管理专家或者应急经验丰富的从业人员进行应急知识讲座和授课。根据培训对象的不同，课程可分为全员培训课程、应急指挥课程和专项应急救援课程
研讨会	让参与过应急处置、经验较丰富的员工讨论既往应急工作中遇到的生产事故经历，并相互交流分析探讨，加深对相应风险的规避意识
栏目宣传	在单位的官网或者宣传栏中进行应急管理知识宣传，包括相关法律法规、政策规定，以及案例介绍等
模拟演练	针对建筑施工中频发和破坏力较大的生产安全事故，专门组织事故模拟演练，评估参与培训人员的实际应急能力
安全知识问答	对应急主题知识组织问答，也可以设置奖励措施，提升人员学习热情
应急能力测试	在应急培训结束或者某个阶段结束后，进行应急知识测试，考核参与培训人员的学习情况，找出其中的薄弱环节

三、应急培训内容

1. 应急预案学习

应急预案是开展应急救援的指导性文件，建筑施工单位全员都应学习和了解单位综合应急预案，各项目组成员至少应保证学习和了解所在项目的专项应急预案，项目施工队成员应学习和了解所在项目的专项应急预案和现场处置方案。通过学习应急预案，保证突发事件发生后各方人员能够按照预案行动，快速、有效沟通，协调开展应急处置工作。应急预案培训至少每年一次，以保证相关人员能够及时了解预案的更新变化。

2. 报警

（1）使单位全体员工和现场施工人员了解和掌握如何利用身边的工具在最短的时间内有效报警，如使用固定和移动电话、网络或其他方式，同时简要培训警情描述的方法。

（2）使单位全体员工和现场施工人员了解和掌握警情通报的方法，比如使用喇叭、警钟、警笛、电话、广播、社交软件等。

（3）使应急参与人员掌握如何在突发事件现场张贴警示标志的方法。

3. 疏散

（1）对应急疏散的培训应当全员参与，以担有疏散责任的经理、安保人员为重点培训对象。

（2）应急疏散培训应当涵盖以下内容：

1）安全出口标识、应急警示标志等标识涵义的普及教育；

2）特殊情况下的紧急避险的策略；

3）人员疏散的方法和注意事项。

（3）应急疏散技能培训一般要和应急演练结合起来，以考察参与培训人员实际的疏散能力，不能仅仅是纸上谈兵。

（4）建筑施工常见事故预防与应急处置措施：从事建筑施工工作的相关人员尤其是一线作业人员，必须掌握一定的事故预防和应急处置措施，如高处坠落、物体打击、坍塌、机械伤害、触电、火灾等。具体内容见本章第三节。

4. 自救与互救

（1）对应急自救与互救的培训应当全员参与，培训应当包含逃生技能，确保在突发事件发生时被困人员掌握基本的逃生技能。

（2）培训应当包含基本的医疗救护技能，保证造成人员受伤时伤员本人和周围人员能够采取正确有效的紧急救护措施。

（3）关于自救与互救的培训，还应向参与培训人员强调"珍惜生命，生命宝贵"，既要求员工珍视自己的生命安全，又要注重培养员工在突发事件中的团结互助意识，尽自己最大的能力去救助受困受伤的伙伴朋友。具体内容见本章第三节。

5. 灭火器使用与初期火灾扑救

（1）单位和建筑施工队伍全员都应掌握灭火器材的使用方法以及初期火灾的扑救技能，确保发现火灾等安全事故的首个或首批人员能够在第一时间做出消防措施，避免或减少某些小火灾因为处置不当蔓延为大型火灾的情况。

（2）灭火器材使用与初期火灾扑救的培训一般也要与应急演练结合起来，对每个参与培训人员的器材使用能力进行考核。

6. 单位应急通信设备的使用

在突发事件应急管理过程中，部门与部门、人员与人员之间的沟通十分重要，有的施工单位会有自己专属的通信设备和联络方式。应急培训组织者应先找到可以联系施工单位及施工队伍全员的联络方式，并约定统一的联络标准，使得应急救援中的信息能够及时、顺畅地传递给个人。

7. 专项应急技能

除了全员都需要参与的一些应急处置基本技能培训外，对于应急救援中不同应急智能的工作人员，还应进行专项培训。

8. 现场指挥人员

现场应急指挥人员主要负责对事故现场的控制，进行应急决策和协调应急各部门之间的行动。他们应当具备丰富的事故应急经验和现场指挥能力。由于他们的工作关系全局，责任重大，因此参加的培训应当更加严格和全面，以保证应急的顺利完成。通常，应当聘请建筑施工行业的应急专家对其进行培训，使其具备以下能力：

（1）协调与指导全部应急行动的能力；

（2）事故现场快速评估与决策的能力；

（3）预案执行与现场改进的能力；

（4）突发事件应急处置中的资源调用能力；

（5）激励和鼓舞应急参与人员士气，安抚人心的能力；

（6）与政府、媒体和公众沟通的能力。

9. 专业应急人员

专业应急人员主要包括现场抢救组、技术保障组、医疗救治组的成员，这些人员除了具备基本的应急技能外，还需要培训和考核其专业应急救援技能。

10. 现场抢救组

现场抢救组要重点训练事故起源的查找能力、抢险抢修的应急方案和措施的执行能力、寻找和转移受害者的能力。

11. 技术保障组

技术保障组要重点培训抢险抢修及避免事故扩大的临时应急方案和措施的制定能力、实施中的应急方案和措施存在的缺陷的修补能力、事故现场平面图绘制能力，和外部救援机构有效沟通、提供准确的抢险救援信息资料的能力。

12. 医疗救护组

医疗救护组要重点训练对伤者严重程度和优先救护次序的判断能力、对伤患人员情绪的安抚能力、对伤者的抢救能力，包括但不限于人工呼吸、包扎止血、防止受伤部位受污染等。

第三节　建筑施工生产安全事故应急培训评估

一、应急培训评估的意义

培训的评估就是对员工培训活动的价值做出判断。评估技术通过建立培训效果评估指标及评估体系，对培训是否达到预期目标、培训计划是否具有成效等进行检查与评价，然后把评估结果反馈给相关部门作为下一步培训计划与培训需求分析的依据。

二、应急培训评估的阶段

培训评估实际上是对有关培训信息进行处理和应用的过程。培训评估分为三个阶段，即培训前的评估、培训中的评估和培训后的评估。

（1）培训前评估的内容包括：培训需求整体评估，培训对象知识、技能和工作态度评估，工作成效及行为评估，培训计划评估等。

（2）培训中评估的内容包括：培训对象的态度和持久性、培训的时间安排及强度、提供的培训量、培训组织准备工作评估、培训内容和形式的评估、培训教师和培训工作者评估等。

（3）培训后评估的内容包括：培训目标达成情况评估、培训效果效益综合评估、培训工作者的工作绩效评估等。

三、应急培训评估的基本步骤

（1）评估的可行性分析及需求分析。在对培训项目的评估开始之前，要确定评估是否有价值，评估是否有必要进行，这一过程可以有效地防止不必要的浪费。可行性分析包括两方面：一是决定该培训项目是否交由评估者评估；二是了解项目实施的基本情况。两方面内容为以后的评估设计奠定基础。在培训项目开发之前，必须将评估目标确定下来，而需求分析应提供培训项目必须达到的目标，并使这些目标最终得以实现。

（2）选定评估的对象。应针对新开发课程的培训需求、课程设计、应用效果等方面，新教师的教学方法、质量等综合能力方面，新的培训方式的课程组织、教材、课程设计等方面进行评估。

（3）建立基本的数据库。在进行评估之前，必须将项目执行前后的数据收集齐备。收集的数据最好是各时段内的数据，以便进行分析比较。数据收集的方法回答了为什么要实施评估这样一个基本问题。

（4）选择评估方法。确定培训项目目标之前首先选择评估方法，因为评估方法的选择会影响培训项目目标的制定。只有在确定评估方法的基础上，才能设计出合理的评估方案并选择正确的测量工具，同时对评估的时机和进度做出准确的判断。常用的评估方法有培训前后的测试、学员的反馈意见、对学员进行的培训后跟踪、采取行动计划以及工作的完成情况等。

（5）决定评估策略。评估策略决定了与评估有关的谁来评估、在什么地方评估和在什么时候评估的问题。这些关键问题的答案在计划评估时是很重要的，通常应由个人或一个小组负责收集数据比较合适。

（6）确定评估目标。培训项目的目标为课程设计者和学员指明了方向；为是否应该实施该培训项目提供了依据。

（7）在适当的时候要收集数据，这样可以使评估计划达到预期的效果。

（8）对数据进行分析和解释。数据分析有时会有巨大的挑战。当数据收齐并达到预先确定的目标以后，接下来的步骤就是对数据进行分析，以及对分析结果进行解释。

（9）计算培训项目成本收益。员工培训项目的开展需要投入一定资金，若要考虑培训的经济效益，就要计算投资回报率。通过投资回报率这一重要指标进行衡量和对比。其计算公式为：投资回报率＝项目净利润/项目成本×100％。

四、应急培训评估报告

培训评估的最后要形成培训评估报告。评估报告的主要内容如下：

（1）导言。说明被评估的培训项目的概况，介绍评估目的和评估性质，撰写者要说明此评估方案实施以前是否做过类似的评估。

（2）概述评估实施的过程。

（3）阐述评估结果。

（4）评估结果和参考意见。

（5）附录。包括手机和分析资料用的问卷、部分原始资料等。

（6）报告要点。对报告要点的概括，帮助读者迅速掌握报告要点。

第八章 建筑施工生产安全事故应急处置

第一节 建筑施工生产安全事故应急处置原则

一、安全生产事故发生后建筑施工单位的法定责任

《生产安全事故应急条例》规定，发生生产安全事故后，建筑施工企业应当立即启动生产安全事故应急救援预案，采取下列一项或者多项应急救援措施，并按照国家有关规定报告事故情况：

（一）迅速控制危险源，组织抢救遇险人员；

（二）根据事故危害程度，组织现场人员撤离或者采取可能的应急措施后撤离；

（三）及时通知可能受到事故影响的单位和人员；

（四）采取必要措施，防止事故危害扩大和次生、衍生灾害发生；

（五）根据需要请求邻近的应急救援队伍参加救援，并向参加救援的应急救援队伍提供相关技术资料、信息和处置方法；

（六）维护事故现场秩序，保护事故现场和相关证据等。

建筑施工企业的主要负责人在本单位发生生产安全事故时，不立即组织抢救或者在事故调查处理期间擅离职守或者逃匿的，给予降级、撤职的处分，并由应急管理部门处上一年年收入 60%～100% 的罚款；对逃匿的处 15 日以下拘留；构成犯罪的，依照刑法有关规定追究刑事责任。

建筑施工企业的主要负责人对生产安全事故隐瞒不报、谎报或者迟报的，依照前款规定处罚。

二、安全事故应急处置总则

（一）迅速报告原则

事故发生的单位或事故发生地的责任人、事故当事人或目击者，有责任和义务在安全事故发生后，立即向政府有关部门报告。

（二）主动抢险原则

在特大事故发生后，项目全体职工，都有尽可能抢救受伤人员及公私财产的责任和义

务。对有能力、有条件实施救助而坐视不管甚至逃逸的，要依据有关法律法规予以惩处并追究。

（三）生命第一的原则

当发生人身伤亡事故首先要救治伤员，然后才保护财产；处理正在发生的事故时，要把保护人的生命安全放在第一位，要在确保人身安全的情况下采取措施。特大事故发生后，项目有关部门及有关负责人，要把抢救受伤人员、确保群众安全作为首要任务，最大限度地实施救护，及时疏散处于危险之中的群众。

（四）科学施救，控制危险源，防止事故扩大的原则

事故抢救过程中，要迅速判明事故现场状况，采取有效措施及时控制危险源，严防发生此类事故重复发生，避免抢救过程汇总的人员伤亡，控制事故蔓延。

（五）保护和抢救公共财产，确保重要设施安全的原则

特大事故发生后，要积极抢救所有能抢救的公私财产，要尽一切可能确保电力设施、通信设施、交通设施及其他重要场所的安全，把事故损失降低到最低程度。

（六）保护现场，收集证据的原则

在对事故实施抢救过程中，要尽可能对事故现场进行有效保护，收集有关证据，为日后查找事故原因和正确处理事故提供依据。

（七）"四不放过"原则

安全生产事故应急管理工作遵循"安全第一，以人为本"的方针和"四不放过"原则，即事故原因未查清不放过、责任人员未处理不放过、整改措施未落实不放过、有关人员未受到教育不放过。要求对安全生产工伤事故必须进行严肃认真的调查处理，接受教训，防止同类事故重复发生。

三、各类事故应急处置原则

（一）火灾、爆炸事故应急处置的原则

（1）火灾、爆炸事故发生后，发现人应立即报警，各部门相关负责人必须服从指挥、协调配合。

（2）现场项目部应立即组织自救队伍，按制订的应急方案立即进行自救；若事态发展难以控制和处理，在自救的同时向专业队伍求救，并做好密切配合。

（3）疏通事故现场道路，保证救援工作顺利进行；疏散人群至安全地带。

（4）急救过程中，遇有威胁人身安全情况时，应首先确保人身安全，迅速组织脱离危险区域或场所后，再采取急救措施。

（5）切断电源、可燃气体（液体）的输送，防止事故扩大。

（6）事故处理结束后，及时分析、记录事故情况，研究防止事故再次发生的对策。

（7）扑救火灾应从上向下、从外向内，从上风处向下风处。

（二）高空坠落事故应急处置的原则

（1）迅速行动、灵活应对。处理事故险情时，由项目部事故应急救援指挥领导小组启动应急方案并实施。

（2）以人为本。险情处理应首先保证人身安全（包括救护人员和遇险人员），先抢救伤员进行救护，后处理设备事故。

（3）遵循"先急救、再拨打急救电话"的应急救援原则。

（4）强化防护，迅速疏散无关人员。

（三）物体打击事故应急处置的原则

（1）迅速行动、灵活应对。处理事故险情时，由项目部事故应急救援指挥领导小组启动应急方案并实施。

（2）以人为本。险情处理应首先保证人身安全（包括救护人员和遇险人员）。

（3）强化防护。迅速疏散无关人员，阻断危险物质来源，防止次生事故发生。

（四）台风事故应急处置的原则

（1）以人为本，预防为主。把员工的生命安全放在首位，做到居安思危，常备不懈，以防为主，防抗结合。

（2）统一领导，分级负责。在项目部事故应急救援指挥领导小组的统一指挥下，实行负责制，做到分级负责。

（3）依法应对，科学调度。按照《中华人民共和国水法》《中华人民共和国防汛案例》等法律法规，规范防台行为，实行全员参加、专群结合、突出重点、兼顾一般、优化配置，局部利益服从全局利益。

（4）快速反应，部门联动。发生台风及次生灾害时，各部门应急抢险小组分队联合行动、快速响应，及时、高效地开展预防和应急处置，服从防台防汛指挥部的统一指挥和调度。

（五）起重伤害应急处置的原则

（1）快速反应：发生事故要做到反应快、报告快、处置快。

（2）先期处置：一旦发生事故，立即启动现场应急处置方案，迅速采取有效措施，控制事态发展。

（3）统一指挥：一旦发生事故，有项目部应急指挥部全面负责统一指挥、统一调度，保证救援工作的统一高效。项目部各部门、各班组在应急指挥部的统一领导下，按照各自职责，密切协作，相互配合，共同做好事故的应急处置和抢险救援工作。

（六）坍塌事故应急处置的原则

（1）坚持"安全第一、以人为本；预防为主，常备不懈；资源共享，应急迅速"的基本方针。

（2）实行先近后远、先重后轻、先抢救后治疗的基本原则。

（3）首先采取应急措施、抢救伤员、疏散人群，划出隔离带和警戒线，保护好现场。

（4）事故现场应急指挥领导小组应根据规程和现场情况提供指挥技术支持。

（七）机械伤害事故应急处置的原则

（1）必须坚持救人第一的原则，现场出现险情，首要任务就是救人。

（2）应注意保护事故现场，对相关信息和证据进行收集和管理做好事故调查工作。

（3）要注意自我保护，在救助行动中，抢救人员应严格执行安全操作规程，配齐安全设施和防护工具，加强自我保护，确保抢救行动过程中的人身安全。

（4）若遇到心跳和呼吸骤停而又有骨折者，应首先用口对口的呼吸和胸外压等技术使其心肺复苏，直至心跳呼吸恢复后，再进行骨折固定；如遇有大出血又有创口者，首先立即用指压、止血带或药物等方法止血，接着再消毒创口进行包扎；遇有垂危和较轻的患者时，应先抢救危重者，后抢救较轻的伤病者；到医院的途中，不要停止抢救措施，继续观察伤者情况。

（5）救援人员要做好自身防护措施。

（八）触电事故应急处置的原则

现场抢救触电者要遵循"迅速、就地、准确、坚持"的原则。

（1）迅速：争分夺秒将触电者脱离电源。

（2）就地：必须在现场附近就地抢救，病人有意识后再就近送医院抢救。

（3）准确：人工呼吸的动作必须准确。

（4）坚持：只要有百分之一的希望就要尽百分之百的努力。

（九）恶劣天气应急处置的原则

（1）事故发生后，及时向当班负责人汇报，由当班负责人逐级向上汇报。

（2）事故或灾难发生后立即启动应急预案，按照制订的方案快速开展事故处理及抢险救援工作。

（3）坚持"以人为本"原则，切实把现场人员生命安全作为事故处置的首要任务，有效防止和控制事故危害蔓延扩大，千方百计把事故造成的伤害和损失减少到最低限度。

（4）事故发生后，现场人员应当迅速采取有效措施开展自救、互救工作。

（5）主要负责人要按照相关规定，迅速组织抢救。

（6）实施快速应急响应和快速处置原则，必须第一时间到达事故发生地，当班负责人也必须迅速到达。

（十）食物中毒应急处置的原则

（1）充分调查，尊重事实。在副食品配送应急事故处置结束后，立即开展调查工作，尊重事实，充分考虑当时客观因素，并以此作为事故责任处理的基础。

（2）依法依规，照章办事。在充分调查、事实清楚、分析原因、分清责任的基础上，不推卸责任，与供货方积极交涉，妥善处理。

（3）教育为主，惩戒结合。对内部员工因工作方式不当，粗心大意等导致中毒事故发生，则以教育为主，惩处适当，达到既教育其本人，又能达到引起所有人的关注，从中吸取经验教训做好各自工作的效果。

第二节　建筑施工生产安全事故应急处置内容

一、应急处置方案

（一）应急处置响应

（1）各级应急处置指挥机构组织相应级别应急处置预案的学习、应急措施的交底和演练，确保各种资源的有效储备和运行。

（2）生产安全事故应急处置预案启动以施工现场为第一启动点，现场应急处置实施预案的启动由现场总指挥发出指令，现场发生险情时，现场总指挥根据情况决定是否启动生产安全事故应急处置实施预案。

（3）各项目的应急处置与善后指挥预案启动由项目的行政第一负责人发出指令。在接到项目的事故报告后，项目经理立即决策，根据事故情况决定是否需要启动项目级应急预案、调动集团公司级应急处置与善后指挥资源。

（4）项目应急协调指挥预案启动由项目经理发出指令。在接到项目的事故报告后，集团公司总经理立即决策，根据事故情况决定是否需要启动集团公司级应急协调指挥预案、调动集团级应急协调指挥资源进行协调指挥工作。

（5）施工现场一旦发生突发事故（Ⅰ～Ⅳ级），应立即将事故情况逐级报集团公司安全委员会，同时报市、区建筑工程事故应急指挥部办公室。由安全委员会主任（集团公司总经理）在集团公司安全委员会办公室进行指挥。副总指挥及时赶赴现场，协调相关成员单位组成现场指挥部，具体组织、协调、指挥有关单位的专家和人员，采取应急措施，防止事故进一步扩大，避免抢险救援可能造成的二次人员伤亡。必要时，总指挥赶赴现场指挥部指挥处置。

（6）集团公司、项目、施工现场接到上级启动应急预案指令时，无条件启动相应预案。

（7）响应结束

① 当事故处置工作已基本完成，次生、衍生和事故危害被基本消除，应急响应工作即告结束。

② 应急响应工作的解除由原发布单位下达解除命令。

（二）信息报告

（1）按照"早发现、早报告、早控制、早解决"的原则，对于一般突发事故的信息，事故单位应在最短时间内报告集团公司安全委员会办公室，并在1小时内将详细情况上报属地区县政府和市、区事故应急指挥部办公室。

（2）对于较大以上突发事故，或对于发生在敏感地区、敏感时间，或可能演化为重大、特别重大突发事故的信息，不受事故分级标准的限制，在上报集团公司办公室的同时，必须立即上报属地区县政府和市、区事故应急指挥部办公室。

（3）对于上级事故应急指挥部要求核查的情况，各项目部要认真调查、核对，及时报告。一时查不清楚的，要尽快说明情况。在重大节假日等特殊时期或上级事故应急指挥部有明确要求的阶段，实行突发事故每日零报告制度。

（4）突发事故信息报告时应主题鲜明，言简意赅，用词规范，逻辑严密，条理清楚。一般包括以下要素：事故发生的时间、地点、工程项目概况、事故单位名称；事故发生的简要经过、伤亡人数和直接经济损失的初步估计；事故发生原因的初步判断；事故的影响范围、发展趋势及采取的处置措施；事故报告单位；联系人等。一般情况下，采用计算机网络传输和传真形式报告。紧急情况下，可先用电话、电台口头报告，之后采用文字报告。应急工作信息报告采用计算机网络传输形式，涉密信息应遵守相关规定。

（5）突发事故信息报告时限。突发事故的首报工作，要在核实基本要素（时间、地点、造成的后果）后，立即上报，每个环节电话报送在10分钟内完成，1小时内续报。对重大（含）以上突发事故，30分钟内续报。

（三）后期处理

事故发生地所在项目会同相关部门负责开展事故善后处置工作，包括人力资源部、财务部负责人员安置、补偿，工程管理部负责征用物资补偿及善后恢复重建、安全管理部组织事故调查等事项，应尽快消除事故影响，工会妥善安置和慰问受害及受影响人员，维护社会稳定，尽快恢复正常工作。

（四）保障措施

接到事故报告后，按照事故等级，启动相应级别的应急预案，各级财务负责人、行政负责人按应急保障资金支取、审批专项费用，一般事故由事故发生地所在项目设备物资负责人调配应急物资和设备，项目经理紧急调配各分小组应急抢险救援人员；较大事故由集团公司工程管理部负责人调配应急物资和设备，安全副总紧急调配集团公司应急抢险救援人员；重大事故由总会计师、副总经理负责调配应急物资和设备，总经理紧急调配集团公司应急抢险救援人员；特大事故请求集团调配应急物资和设备，集团领导调配应急抢险救援人员。

（五）培训与演练

1. 培训

集团公司各部门、项目按应急组织机构等级，分级组织突发事故应急知识培训。

（1）集团公司级应急知识培训内容包括：

① 安全生产突发事故应急处置法律、法规。

② 集团公司安全生产突发事故应急响应预案的编制。

③ 个人防护常识。

④ 配合有工作协调、关要求。

培训责任人：安全管理部

（2）项目级应急知识培训内容包括：

① 安全生产突发事故应急处置法律、法规。

② 项目级安全生产突发事故应急响应预案的编制

③ 突发事故预防、控制、抢险知识和技能。

④ 个人防护常识。

⑤ 配合有关工作协调。

培训责任人：项目安全负责人

（3）现场应急救援队伍应急知识培训内容包括：

① 突发事故预防、控制、抢险知识和技能。

② 突发事故紧急现场救护方法。

③ 应急物资设备的使用方法。

培训责任人：项目安全员

2. 演习

应急演习包括准备、实施和总结三个阶段。

（1）准备阶段

集团公司安全管理部根据集团公司级预案制订相应的应急演练计划方案由集团公司安全负责人审批，各项目部根据项目级应急预案制订应急演练计划方案由项目经理审批。

（2）组织实施

各项目部根据演练计划方案，组织各分小组成员进行演练前培训和模拟演练；模拟演练后及时调整和解决演练过程中存在问题并邀请集团公司相关部门、建设方、监理方组织正式演练。

（3）评审总结

① 现场评审

根据演练实施效果及各小组配合的协调性，项目经理和项目安全负责人组织所有人进行现场总结。

② 管理评审

通过管理评审熟悉应急工作的指挥机制、决策、协调和处置的程序，识别资源需求，评价应急准备状态，检验预案的可行性和改进应急预案。

（六）奖惩

1. 奖励

在事故应对过程中有以下突出表现的单位和个人，应依据有关规定予以奖励：

（1）出色完成应急处置任务，成绩显著的。

（2）防止或开展事故救援工作有功，使集团公司和人民的生命和财产免受损失或者减少损失的。

（3）对应急救援工作提出重大建议，实施效果显著的。

（4）有其他特殊贡献的。

（5）具体依据集团公司奖惩制度执行。

2. 责任追究

在事故应对过程中有下列行为之一的，按照法律、法规及有关规定，对有关责任人员视情节和危害后果，由其所在部门或者集团公司给予行政处分。属于违反治安管理行为的，由公安机关依照有关法律、法规的规定予以处罚。构成犯罪的，由司法机关依法追究刑事责任：

（1）不按规定制订应急预案，拒绝履行应急义务的。

（2）不按信息报告有关规定而导致迟报、漏报、谎报或者瞒报事件信息的。

（3）拒不执行安全生产事故应急预案，不服从命令和指挥，或者在应急响应时临阵脱逃的。

（4）盗窃、挪用、贪污应急工作资金或者物资的。

（5）阻碍应急工作人员依法执行任务或者进行破坏活动的。

（6）散布谣言，扰乱正常工作秩序的。

（7）有其他危害应急工作行为的。

二、应急处置程序

（一）总体程序

（1）施工过程中施工现场发生无法预料的需要紧急抢救处理的危险时，事发现场由应急小组组长或副组长主持紧急情况处理会议，进行协调、派遣和统一指挥工作，包括所有的车辆、设备、人员、物资等实施紧急抢救。项目部在施工过程中，一旦发生各类事故时，如高处坠落、触电、物体打击、坍塌、机械伤害、特殊气候（暴雨、雷击、台风、雾等），立即组织应急小组扑救外，应马上向公司安全生产管理部门汇报。

（2）项目现场发生紧急情况后，现场要做到警戒和疏散工作，保护现场，及时抢救伤员和财产，并由在现场的项目部最高级别负责人指挥，在2分钟内电话通知办公室或值班人员，主要说明紧急情况的性质、地点、发生时间，有无伤亡及是否需要派救护车、消防车或警力支援到现场实施抢救，如需要可直接拨打120、119、110等求救电话。

（3）值班人员在接到紧急情况报告后，必须在2分钟内将情况报告到项目部安全领导小组组长和副组长，小组组长讨论后在最短的时间内发出如何进行现场处理的指令，分派人员、车辆等到现场进行抢救，警戒、疏散人群和保护现场，由办公室在20分钟内以小组名义打电话向上一级有关部门报告。且项目经理应立即赶赴事故现场，不能及时赶赴事故现场的，必须委派一名事故现场管理人员。及时启动应急系统，控制事态发展。

（4）事故发生后，事故现场应急专业组人员应立即开展工作，及时发出报警信号，互相帮助，积极组织自救；在事故现场及存在危险物资的重大危险源内外，采取紧急救援措施，特别是突发事件发生初期能采取的各种紧急措施，如紧急断电、组织撤离、救助伤员、现场保护等；迅速向项目经理报告，事故现场内外人员应积极参加援救。

（5）遇到紧急情况全体员工应特事特办，急事急办，全员积极地投身到紧急情况的处理中，在抢险救援过程中各种设备、车辆、器材、物资等应统一调遣，各类人员必须坚决无条件服从组长或副组长的命令和安排，不得拖延、推诿、阻碍紧急情况的处理。工程施工现场管理和作业人员及其他在场的所有人员都有参加安全事故抢险救援工作的义务。

（6）安全事故发生后，事故发生地的工地负责人和施工管理人员，必须严格保护好现场，并迅速采取必要措施抢救人员和财产。因抢救伤员、防止事故扩大以及疏通道路交通等原因需要移动现场物件时，必须做出标志、拍照、详细记录和绘制事故现场图，并妥善保存现场重要痕迹、物证等。

（7）各应急专业组人员，要接受项目部安全领导小组的统一指挥，应根据事故特点，立即按照各自岗位职责采取措施，开展工作。

（8）项目部安全领导小组接到报告后，应立即向上级安全领导小组报告。对发生的工伤、损失在 10000 元以上的重大机械设备事故，必须及时向公司安全生产委员会报告，报告内容包括发生事故的单位、时间、地点、伤者人数、姓名、性别、年龄、受伤程度、事故简要过程和发生事情的原因。不得以任何借口隐瞒不报、谎报、拖报，随时接受上级安全领导机构的指令。

（9）项目部安全领导小组，应根据事故程度确定，工程施工的停运，对危险源现场实施交通管制，并提防相应事故造成的伤害。根据事故现场的报告，立即判断是否需要应急服务机构帮助，确需应急服务机构帮助时，应立即与应急服务机构和相邻可依托力量求救，同时在应急服务机构到来前，做好救援准备工作，如道路疏通、现场无关人员撤离、提供必要的照明等。在应急服务机构到位后，积极作好配合工作。

（10）事后，项目部安全领导小组，要及时组织恢复受事故影响区域的正常秩序，根据有关规定及上级指令，确定是否恢复施工，同时要积极配合上级安全领导小组及政府安全监督管理部门进行事故调查及处理工作。

（二）现场人员伤亡事故的应急处置程序

（1）项目施工过程中，如突发因工重伤、死亡事故，项目部必须立即组织抢救伤员，保护现场，并以最快方式向项目部直接领导和公司安全设备处报告简要情况。

（2）如果事故发生在夜间，夜间值班人员应紧急上报项目经理和现场负责人等有关人员。

（3）项目部在保护好事故现场的同时应立即组织抢救受伤人员，指导现场急救或送专门医院抢救，并组织人员救险，防止险情扩大。发生人身意外伤害时需采取相应措施：

① 如当事人没有自觉症状，不要轻易放走当事人，医务人员要对其进行全面检查并观察 24 小时，确实没有损伤时才能视为正常。

② 当发现伤员心跳、呼吸停止时要就地抢救，进行心脏复苏，直至急救医务人员到场进一步抢救。

③ 现场发生人身意外伤害事故，不要慌乱。派专人守在伤员前进行临时救护，另派人与急救中心或医院联系说明伤员所处地点，行车路线及到达所在地点的明显标志。

④ 对于骨折伤员，特别是怀疑颈、胸腰椎骨折伤员要做好固定，用硬板搬运，不得随意拉扯，扭曲身体搬运。

⑤ 如认定外伤出血后，根据伤口的部位、轻重程度，可采用取指压止血法、加压包扎法或止血带止血法处理。如有骨折则采用木板等物予以固定。

⑥ 运送伤患者前，应检查伤者头、胸、腹、背及四肢的伤势，并给予适应的处理，如所处环境危险，应尽快脱离，否则就地抢险，搬运时注意伤者体位，避免再损伤。

（4）重伤或死亡事故，由项目部负责保护现场，并提供有关资料。

（5）项目经理接到事故报告后，应当立即报告企业负责人或企业安全管理部门负责人，再由企业安全科负责人上报企业主管部门和所在地劳动部门、公安部门、工会。

（6）项目部人员必须认真配合公司负责人和政府主管部门人员勘查现场，开展事故调查。

（7）调查重伤事故，由公司负责人或其指定人员组织生产、技术、安全等有关科室人员及工会成员进行事故调查。

（8）轻伤事故由安全科调查分析并报告。

（9）死亡事故由企业主管部门会同所在地劳动部门、公安部门、工会组成事故调查组，进行调查。

（10）项目部发生重伤事故，采取组织会议等多种方法通报事故经过、原因，提出改进措施，吸取教训，强化安全生产管理，预防同类事故重复发生或其他事故的再发生。

（三）火灾爆炸事故应急处置程序

（1）发现现场着火或爆炸的情况后，以最快速度通知值班人员。

（2）值班人员立即向项目经理和应急管理小组报告事故情况，项目经理确认后马上报火警并报告公司应急领导小组，同时通知所有人员按照逃生路线撤离至安全区域。

（3）抢险组立即穿戴好空气呼吸器、耳塞，配备可燃气体检测仪及灭火器，进行物资转移。

（4）通信组立即关闭出站阀门、下游用户停气，向地方人民医院、消防队、政府、派出所通报情况，请求救援，并派专人在通往场站道路口等待并引导支援的人员和车辆，必要时请求地方交警队支援。

（5）急救组迅速穿戴好空气呼吸器、防火服，准备好担架、急救箱在现场待命，以应对随时有可能发生的人员伤亡情况。

（6）后勤组的警戒小组对项目部门口道路附近区域进行可燃气体检测，划定警戒范围，在警戒范围内的主要道路实施警戒，阻止人、畜、车辆通过，必要时请求地方交警队支援。如果爆炸危害到附近的居民区，疏散引导小组应立即通知地方部门组织附近人员紧急撤离。急救组配合地方消防、医疗部门开展紧急救援工作。车辆准备小组司机和场站车辆在安全区随时待命，保证抢险人员的生活供给及抢险物资的运送。

（7）火灾扑灭后要通知公安消防支队派员勘查现场，做出火灾鉴定，并依据鉴定结论，对火灾责任人或责任单位提出相应的处理意见。

（8）火灾消除后，开展现场和环境的恢复工作。

（四）触电事故应急处置程序

（1）触电伤害突发事件发生后，现场施工人员应立即向应急救援指挥部汇报，并采取临时处置措施。

（2）应急方案由项目经理宣布启动。

（3）应急处置组成人员接到通知后，立即赶赴现场进行应急处理。

（4）触电伤害事件进一步扩大时启动人员伤亡事故的应急处置程序。

（五）恶劣天气应急处置程序

（1）最早发现者迅速报告项目部领导或在第一时间直接拨打公司应急救援办公室电话，或者拨打120急救电话。同时采取一切办法开展应急自救，在不同情况下，求救和应急的顺序可适当调整，以不扩大或不产生次生灾害为准则。

（2）应急办公室在接到报告后，立即将信息情况电话报告给应急救援领导小组。同时迅速通知有关部门，启动现场应急预案，并安排值班人员。如果现场得不到有效控制，应请求上级支援，或拨打120急救电话。

（六）倒塌事故应急处置程序

（1）由项目经理部经理负责组织，项目各部门分工合作，密切配合，迅速、高效、有序开展。项目部应在施工前期准备时，及时制订本施工现场安全事故应急救援预案。

（2）在抢险救援过程中的人员调动安排，物资、车辆设备的调用，占用房屋场地，任何组织和个人不得阻拦和拒绝。工程施工现场管理和作业人员及其他在场的所有人员都有参加安全事故抢险救援工作的义务。

（3）事故发生后，事故现场应急专业组人员应立即开展工作，及时发出报警信号，互相帮助，积极组织自救；在事故现场及存在危险物资的重大危险源内外，采取紧急救援措施，特别是突发事件发生初期能采取的各种紧急措施，如紧急断电、组织撤离、救助伤员、现场保护等；迅速向项目经理报告，必要时向相邻可依托力量求救，事故现场内外人员应积极参加援救。

（4）项目经理接到报警后，应立即赶赴事故现场，不能及时赶赴事故现场的，必须委派一名项目部安全领导小组成员，及时启动应急系统，控制事态发展。

（5）安全事故发生后，事故发生地的工地负责人和施工管理人员，必须严格保护好现场，并迅速采取必要措施抢救人员和财产。因抢救伤员、防止事故扩大以及疏通道路交通等原因需要移动现场物件时，必须做出标志、拍照、详细记录和绘制事故现场图，并妥善保存现场重要痕迹、物证等。

（6）各应急专业组人员，要接受项目部应急救援办公室的统一指挥，应根据事故特点，立即按照各自岗位职责采取措施，开展工作。

（7）项目部应急救援办公室接到报告后，应立即向上级安全领导小组报告。对发生的工伤、损失在10000元以上的安全生产事故，必须及时向分公司应急救援领导组报告，报告内容包括发生事故的时间、地点、伤者人数、姓名、性别、年龄、受伤程度、事故简要过程和发生事故的原因。不得以任何借口隐瞒不报、谎报，随时接受上级安全领导小组的指令。

（8）项目部应急救援现场指挥部应根据事故程度确定工程施工的停运，对危险源现场实施交通管制，并提防相应事故造成的伤害；根据事故现场的报告，立即判断是否需要应急服务机构帮助，确需应急服务机构的帮助时，应立即与应急服务机构和相邻可依托力量求救，同时在应急服务机构到来前，作好救援准备工作，如道路疏通、现场无关人员撤离、提供必要的照明等。在应急服务机构到来后，积极做好配合工作。

（9）事后项目部应急救援办公室要及时组织恢复受事故影响区域的正常秩序，根据有关规定及上级指令，确定是否恢复施工，同时要积极配合上级安全领导小组及政府安全监督管理部门进行事故调查及处理工作。

（七）环境污染事件应急处置程序

（1）项目部应相应成立应急准备和响应指挥小组。

（2）当施工现场发生一般的环境污染（如噪声超标等），各项目及时组织相关人员成立指挥组，及时处理、中止施工，制订相应的处理方案及采用有效措施，确保能达标时方可继续施工。

（3）当施工现场发生较为重大的环境污染发生，各项目及时组织人员进行抢险，及时采用有效措施，切断污染源及时制止污染的后续发生，并及时上报分公司。

（4）对很严重的环境污染发生（如火灾发生、大量有害有毒化学品泄漏）后首先保护好现场和组织项目部人员进行自救并立即向所属分公司、集团公司上报事件的初步原因、范围估计后果；如有人员在该环境污染事故中受到人身伤害时，必须立即向当地医疗卫生部门（120）电话求救。同时通知环保部门进行环境污染的监测。当集团公司接到通知后，指挥部人员赶赴现场，按各自职能组织抢险，成立抢险组。

（5）当火灾发生后遵循消防预案有关规定，最快速度采取切实有效措施切断电源，断绝着火点，控制火势直至扑灭火灾，并做好现场的有效隔离措施，及火灾的善后处理工作，及时有组织地分类清理、清运最大限度地减少环境污染，当发生大量有害有毒化学品的泄漏后，应及时采取隔离措施，采取适当防护后及清理外运，委托环保部门处理或采取有效的隔离措施，及时通知委托环保部门处理、监测，以求对环境的污染降低到最低限度。

第三节　建筑施工生产安全事故应急处置措施

一、意外伤害事故应急处置

采用机械设施搬运时发生伤害，立即停用起重机械，如有人员被压在倒塌的设备下面，要立即采取可靠措施将伤员移出设备，根据人员伤害的情况，进行现场救护的同时，拨打120急救电话送医院抢救。注意对不明伤害部位和伤害程度严重的，不要盲目进行抢救，以免引起更严重的伤害。并通知应急救援领导小组。采用人工搬运时发生伤害应移开搬运的物件，根据人员伤害的情况，进行现场救护的同时，拨打120急救电话送医院抢救。

外伤出血后，根据伤口的部位、轻重程度，可分别或同时采取指压止血法、加压包扎法或止血带止血法。如有骨折则采用木板等物予以固定。

（1）包扎动作轻、快、准、牢，对暴露的伤口，尽可能用无菌敷料覆盖伤口，再行包扎。包扎不可过紧、过松，以防滑脱或压迫血管、神经，影响远端血运。

（2）骨折固定时，本着先救命后治伤的原则，先进行呼吸心跳的急救，有大出血时，应先止血，再包扎。最后固定骨折部位。

（3）运送伤患者前应检查伤者头、胸、腹、背及四肢的伤势，并给予适应的处理，如所处环境危险，应尽快脱离，否则就地抢险，搬运时注意伤者体位，避免再损伤。

（4）现场处理后，尽快转送到附近医院。

（一）现场心、肺、脑复苏

施工现场出现电击、严重创伤、中暑、中毒等易引起心跳骤停的情况，及早抢救，对伤者复苏有重大意义。

1. 判断心跳骤停症状

（1）颈动脉搏动消失。

（2）意识丧失，呼之不应。

2. 现场心肺复苏

（1）呼救：一旦判断病人昏迷就要呼救，他人协助打急救电话或叫救护车，本人就地抢救。

（2）病人体位仰卧在硬地板或硬板床上。

3. 心肺复苏法

（1）打开气道，使病人颈部上抬使头后仰，保证呼吸畅通。

（2）人工呼吸，口对口吹气，每次 800～1000ml，注意胸部是否起落，每次吹 12～16 次。

（3）心外按摩，建立人工循环用拳击心前区，拳距前胸 20～30cm，向前胸猛击两下，有时即可恢复心跳。

4. 胸外挤压

（1）部位：胸骨中下 1/3 交接处，下压 3～5cm，频率 80～100/分。

（2）双人操作：吹气与按压比为 1∶5，每 4～5 分钟检查一次颈动脉搏动及自主呼吸是否恢复。

（3）单人操作：每次按压 15 次，吹气 2 次，每 4～5 分钟检查一次颈动脉搏动及自主呼吸是否恢复。

（4）按压注意事项：

① 按压必须平稳有规律地进行，不能中断。

② 不能离开胸膛，不能猛压猛松，以免改变按压位置，或引起肋骨骨折。

③ 双肩应压胸前正上方，平臂要与胸垂直，按压时身体不要前后摇摆，胸部按压部位必须正确，否则不仅按压无效，反有危险。

（二）电击伤与中暑

1. 电击伤

（1）诊断

① 看电源种类、电压、触电时刻及当时情况。

② 表现为电击性休克、抽搐、昏迷、青紫、心律不齐、心跳停止。

③ 并发症：伴有外伤、骨折、脊髓受损者可见肢体瘫痪。

（2）抢救

① 立即切断电源，用绝缘不导电的物体使患者脱离电源。

② 呼吸心跳停止时，立即进行口对口人工呼吸及胸外按压术。

③ 对局部烧伤进行消毒包扎处理。

④ 呼吸急救中心处理。

2. 中暑

（1）诊断：因长时间的日光曝晒，或在高温环境下工作，出现大汗头晕、无力、口渴、眼花、心慌、四肢麻木、体温略升高，血压下降等症状。

（2）抢救：发现中暑病人都应立即将其移到阴凉通风处。

① 轻度中暑：给予含盐冷饮，服十滴水或藿香正气水，休息后即可恢复。

② 高热型：重点是物理降温，用 26～29℃温水或 50％酒精全身擦浴，用电风扇吹风，头部大血管放置冰袋，静脉点滴生理盐水＋氯丙嗪。

③ 痉挛型：重点补充钠、静点 5％GNS 或 3％NS，抽搐者用 10％氯醛 10～20ml。症状缓解后尽快送医院就医。

二、火灾、爆炸事故应急处置

施工现场由于施工作业人员多，可燃物多，电气设备多，动火作业多，员工消防安全意识不强，极易发生火灾事故，为此加强施工现场防火管理，强化对员工消防安全教育，提高员工的消防安全意识，落实各项防火措施，是减少施工现场火灾事故的有效途径和方法。

（一）预防措施

（1）严格执行《消防法》《机关、团体、企业、事业单位消防安全管理规定》《工作场所安全使用化学危险物品规定》《易燃易爆化学危险物品消防安全监督管理办法》等国家、部、省、市消防安全管理法规。

（2）必须严格执行公司各项防火管理制度。

（3）严格按照公司《现场管理标准化》搭建临时建筑。

（4）落实项目现场各级消防安全责任制，组建、培训义务消防队，加强对员工上岗前消防安全教育和演练，提高员工的消防安全意识，掌握防火、灭火、避难、危险品转移等各种安全疏散知识和应对方法，把火灾事故损失降低到最低水平。

（5）施工现场动火作业，必须办理动火审批手续，落实动火作业"八不、四要、一清理"的防火措施，方准动火。

（6）施工现场存放易燃易爆化学危险物品，必须经公司保卫部门审批同意后方准存放，严格控制存放数量，并落实消防安全措施。

（7）按规定配备消防器材，消防水与施工同步，进入每个施工层。

（8）电线、电器设备的架设安装要符合技术规范，并由持有电工证的电工架设和安装，严禁乱拉乱接电线。

（9）可燃杂物要及时清理，消防通道要保持畅通无阻。

（10）施工现场要设立吸烟区，禁止在吸烟区外随处流动吸烟和乱丢烟头。

（二）现场应急措施

（1）施工现场万一发生火灾事故，火灾发现人应立即示警和通知项目现场负责人，并立即使用施工现场配备的消防器材扑灭初起之火，项目现场负责人接到报警后，要立即组织项目义务消防队进行灭火，并安排人员疏散，转移贵重财物到安全地方，拨 119 电话报警、接警，同时通知公司领导和安质部。

（2）早期警告。事件发生时及时向现场施工人员传递火灾发生信息和位置。

（3）火灾、爆炸发生时，及时报告并报警，进行现场人员的疏散，避免发生人员聚集、恐慌情绪等不安全因素。

（4）立即切断电源、气源，正确使用灭火器材进行灭火救人，初级以上火情要报火警 119。如有人员伤亡，现场负责人应立即拨打 120 急救电话，并由经过培训的工作人员对触电人员进行救治，并通知应急救援领导小组。

（5）当事故现场火灾危及人身烧伤，应立即把伤者隔离火源，并把火扑灭，轻度烧伤可包扎处理，中、重度烧伤马上送医院治疗，并进行医学观察。

（6）在灭火时要根据燃烧物质、燃烧特点、火场的具体情况，正确使用消防器材。

① 施工现场发生火灾，绝大多数都是由于烧焊作业或遗留火种引燃竹木等固体可燃物而引起的，对于这类火灾，可用冷却灭火方法，将水或泡沫灭火剂或干粉灭火剂（ABC型）直接喷射在燃烧的物体上，使燃烧物的温度降低至燃点以下或与空气隔绝，使燃烧中断，达到灭火的效果。

② 如遇电器设备火灾，应立即关闭电源，用窒息灭火法，用不导电的灭火剂，如二氧化碳灭火器、干粉灭火器（ABC 型或 BC 型均可，下同）等，直接喷射在燃烧着的电器设备上，阻止与空气接触，中断燃烧，达到灭火的效果。

③ 如遇油类火灾，同样可用窒息灭火方法，用泡沫灭火器，二氧化碳灭火器，干粉灭火器等，直接喷在燃烧着的物体上，阻止与空气接触，中断燃烧，达到灭火的效果。严禁用水扑救。

④ 如焊渣引燃贵重仪器设备、档案、文档，可用窒息灭火方法用二氧化碳等气体灭火器直接喷射在燃烧物上，或用毛毡、衣服、干麻袋等覆盖，中断燃烧，达到灭火的效果，严禁用水、泡沫灭火器，干粉灭火器等进行扑救。

三、触电事故应急处置

（一）预防措施

（1）施工现场临时用电须编制专项施工方案，并经验收合格后使用。施工期间按照公司标准化要求定期检查。

（2）电工持特种工作证上岗，严格按安全操作规程进行作业。

（3）施工现场严禁乱拉乱接电线，非电工不得进行电气作业。

（4）电气设备和线路的绝缘必须良好，裸露的带电导体应安装在碰不着的处所，否则必须设置安装遮拦和明显的警示标志。

（5）施工现场用电设备实行"一机、一闸、一漏、一箱"，三级漏电保护。

（6）用电设备的金属外壳，必须按规定采取保护性接地或接零的措施。

（7）宿舍内、地下室照明均采用 36V 低压电。

（8）发生大量蒸汽、气体、粉尘的工作场所，要使用密闭式电气设备。

（9）施工现场每天由电工对用电情况进行维护和安全用电检查及时发现和排除安全隐患，确保安全用电。

（二）现场应急措施

（1）消除不安全因素，将出事的电源开关拉掉，防止事故扩大，避免更大的人身伤害及财产损失。

（2）注意保护现场，因抢救触电者或防止事故扩大，需要移动现场物件时，应做出标志、拍照、详细记录和绘图事故现场图。

（3）事故发生后应急小组在抢救触电者、保护事故现场的同时，立即报公司领导、项目部按规定向上级有关部门报告。

（4）项目部得知事故发生后，应立即赶赴事故现场，开展上述应急措施，注意检查事故现场是否处于安全状态，防止事故的扩大。

（5）配合公司有关部门开展事故调查工作。

（三）触电者的抢救

应尽快使触电者脱离电源。人触电后，可能由于疼或失去知觉（昏迷）等原因而紧抓导电体，不能自行摆脱电源。这时，应使触电者尽快脱离电源，切断通过人体的电流。据电压不同，应采用不同的办法。

1. 低压触电解脱法

（1）附近有开关，应尽快断开电源。

（2）离电源开关较远，不能立即断开时，救护人可以使用干燥的绝缘物品（如干燥的衣服、手套、绳子、木棒、竹竿或其他不导电物体）作为工具，使触电者与电源分开。

（3）如果触电者因抽筋紧握导电物时，可以使用干燥的木柄斧头、木把锄头或胶柄钢丝钳等绝缘工具砍断带电导体。

（4）用上述方法解救时，救护人宜站在干燥的木板、绝缘垫上或穿绝缘鞋进行抢救，而且宜用一只手进行操作，防止自己触电。此外，还要注意防止断电后触电人从高处坠落。

2. 高压触电解救法

（1）立即通知有关部门停电。

（2）戴上绝缘手套，穿上绝缘鞋靴，用相应电压等级的绝缘工具断开开关。

（3）对症施救，当触电者脱离电源后，应争分夺秒紧急救护，在送医院抢救的途中还应根据下列不同情况采用不同的救护方法。

① 如果触电者伤势不重，神志尚清醒，但有些心慌、四肢发麻、全身无力或者触电过程中曾一度昏迷，应使触电者安静休息，严密观察，并尽快送医院治疗。

② 如果触电者伤势较重，已失去知觉，但心脏跳动和呼吸尚存的，应使触电者舒适、安静地卧下，保持空气流通，并迅速送医院治疗，在送院途中要随时注意观察，如发现触电者呼吸停止，应立即进行人工呼吸抢救工作。

③ 如果触电者伤势特别严重，呼吸、脉搏和心脏跳动都停止，出现假死现象，应立即采用人工呼吸法和胸外心脏压挤法进行紧急救护。否则触电人将失去得到救治的可能。在医生未到现场救护之前或将伤者送医院的途中也不可中断人工呼吸。

3. 常用的两种触电急救方法

（1）口对口人工呼吸法，人工呼吸法是触电急救行之有效的科学方法，对于尚有心跳而呼吸停止或不正常的触电者宜用此法，施行人工呼吸前，应迅速将触电者身上妨碍呼吸的衣服领口，紧身衣服、裤带等解开，并将口腔内的食物、假牙、血块、黏液等取出，使呼吸道通畅，救护人员一手将伤者下颌托起，使其头尽量后仰，另一只手捏住伤者的鼻孔，深吸一口气，对伤者的口用力吹气，然后立即离开伤者口，同时松开捏鼻孔的手。吹气力量要适中，次数以每分钟 16～18 次为宜。

（2）胸外心脏按压法，对于尚有心跳而呼吸不正常的触电者宜用此法，将触电者仰卧在地上或硬板床上，救护人员跪或站于触电者一侧，面对触电者，将右手掌置于触电者胸内下段及剑突部，左手置于右手之上，以上身的重量用力把胸骨下段向后压向脊柱，随后将手腕放松，每分钟挤压 60～80 次。

如果触电者呼吸和心跳都停止，上述两方法须同时进行，只有一人救护时，可以先吸气 2～3 次，再挤压 10～15 次，交替进行，并适当提高挤压和吹气的速度。若有二人救护，则一个侧跪做人工呼吸，另一人跨跪做胸外心脏按压。

四、基础工程生产安全事故应急处置

基础工程在按照安全控制进行后，往往有可能发生土方坍塌及坑壁下滑等安全事故，会造成人员伤亡和机械设备损坏。为能减少事故发生，最大限度地快速进行授权，特制订此应急处置措施。

（一）预防措施

（1）施工前，应当组织相关人员进行现场勘察，单独编制土方工程施工专项的施工方案。对于深基坑施工方案应当组织专家论证审查。

（2）技术人员应编制安全技术交底单（书），组织相关施工管理人员、作业班组及人员进行学习和交底，履行签字手续。

（3）人工挖土时应保持 2～3m 的操作间距。

（4）机械挖土时不得损毁支护设施，机械作业范围不得有其他作业活动。

（5）坑（沟）边堆物、行走车辆应与坑（沟）边保持 1m 以上安全距离，堆物高度一般不宜超过 1.5m。

（6）沿坑边四周应设置防护栏，搭设供人员上下的梯道，夜晚应设红灯示警。

（7）沿坑边应设截排水沟，采用井点降水法时应注意地面沉降情况。

（8）当施工现场的监控人员发现土方或建筑物有裂纹或发生异常声音时，应立即报告给应急救援领导小组组长，并立即下令停止作业，并组织施工人员快速撤离到安全地点。

（二）现场应急措施

（1）当土方或建筑物发生坍塌后，造成人员被埋、被压的情况下，应急救援领导小组全员上岗。除应立即逐级报告给主管部门之外，应保护好现场，在确认不会再次发生同类事故的前提下，立即组织人员进行抢救受伤人员。

（2）当少部分土方坍塌时，现场抢救组专业救护人员要用铁锹进行撮土挖掘，并注意不要伤及被埋人员；当建筑物整体倒塌，造成特大事故时，由市应急救援领导小组统一领导和指挥，各有关部门协调作战，保证抢险工作有条不紊地进行。要采用起重机、挖掘机进行抢救，现场要有指挥并监护，防止机械伤及被埋或被压人员。

（3）被抢救出来的伤员，要由现场医疗室医生或急救组急救中心救护人员进行抢救，用担架把伤员抬到救护车上，对伤势严重的人员要立即进行吸氧和输液，到医院后组织医务人员全力救治伤员。

（4）当核实所有人员均获救后，将受伤人员的位置进行拍照或录像，禁止无关人员进入事故现场，等待事故调查组进行调查处理。

（5）对在土方坍塌和建筑物坍塌死亡的人员，由企业及市善后处理组负责对死亡人员的家属进行安抚，对伤残人员予以安置和对财产予以理赔等善后处理工作。

五、恶劣天气应急处置

恶劣天气发生时，按现场处置方案开展各项应急处理工作，迅速正确查明相关人员、设备情况并快速做出记录，报告恶劣天气现场应急领导小组办公室和有关负责人。因恶劣天气发生设备事故时，组长应组织人员立即进行事故处理并上报，根据具体情况决定是否启动相关应急预案。现场值班人员当天如遇天气影响（如大雾、暴雨、台风等）导致交通中断，无法正常交接班时，交班人员应继续坚守岗位，直至交通恢复，待接班人员赶到后再进行交接班，具体情况由值班人员负责安排。

（一）雷雨、暴雨天气应急处置

凡气象台发布特大暴雨、风暴或台风等紧急警报，应急预案领导小组全体人员进入紧急应急状态。小组成员应指挥各施工班组做好"防台防汛"准备，如准备好沙袋、加固临时建筑的窗门及各类机械设备的入库措施。同时小组领导应向公司领导报告"防台防汛"情况，听从统一调度指挥。

（1）除特殊情况外，雨天气禁止进行室外一般工作，巡视室外设备时必须两人进行，按规定穿好雨衣、绝缘靴，并距避雷针、避雷器5m以外。

（2）检查防汛物资准备情况，时刻做好抗险准备。

（3）雷雨天气过后，要及时检查避雷器动作情况。

（4）做好检查各设备室、房屋的门、窗的关闭情况；检查设备箱门的关闭情况，检查房屋的漏雨情况。

（5）检查设备防雨罩的紧固情况。

（6）检查雨水泵控制方式是否为自动及雨水泵排水情况，定期开启电缆隧道排水泵进行排水。

（7）远离导致雷电袭击的危险地域，如有伤员，及时送往医院抢救。

（二）大雾天气应急处置

（1）遇有大雾等特殊天气，负责人负责安排当班人员进行特殊巡视，检查设备情况。

（2）大雾预报时，当班人员要进行有针对的安排等，做好异常情况处理准备。

（3）遇到大雾引起的事故，要对保护动作范围内的设备仔细检查，查明事故原因，不发生遗漏。

（4）大雾天气停止吊装施工作业。

（5）大雾等值班人员遇到大雾引起的事故，要查明事故原因，不发生遗漏。同时，要注意地面湿滑，防止摔倒造成骨折等意外伤害。

（三）大风、台风天气应急处置

根据大风、台风等灾害发生性质、可能造成的危害和影响范围，将台风预警状态分为四级：一级、二级、三级和四级，依次用红色、橙色、黄色和蓝色标示，一级为最高级别。

1. 出现下列情况之一为一级预警

（1）政府气象、防汛抗旱指挥部等相关部门发布台风、洪涝等灾害一级预警；

（2）本省受热带气旋影响，平均风力12～14级或以上；

（3）全省大范围待续降雨量达300mm以上及遇到20年一遇及以上的洪涝灾害；

（4）项目部应急领导小组视台风、洪涝等灾害预警情况、可能危害程度、救灾能力和社会影响等综合因素，研究发布一级预警。

2. 出现下列情况之一为二级预警

（1）政府气象、防汛抗旱指挥部等相关部门发布台风、洪涝等灾害二级预警；

（2）受热带气旋影响，平均风力可达10～12级；

（3）全市大范围待续降雨量达200mm以上，及遇到10年一遇及以上的洪涝灾害；

（4）项目部应急领导小组视台风、洪涝等灾害预警情况、可能危害程度、救灾能力和社会影响等综合因素，研究发布二级预警。

3. 出现下列情况之一为三级预警

（1）政府气象、防汛抗旱指挥部等相关部门发布台风、洪水等灾害三级预警；

（2）受热带气旋影响，平均风力可达8～9级；

（3）全市大范围持续降雨达100mm以上，或遇到5年一遇及以上的洪涝灾害；

（4）项目部应急领导小组视台风、洪涝等灾害预警情况、可能危害程度、救灾能力和社会影响等综合因素，研究发布三级预警。

4. 出现下列情况之一为四级预警

（1）政府气象、防汛抗旱指挥部等相关部门发布台风、洪涝等灾害四级预警；

（2）项目部应急领导小组视台风、洪涝等灾害预警情况、可能危害程度、救灾能力和社会影响等综合因素，研究发布四级预警。

5. 大风、台风天气应急处置

（1）当风力达到 6 级以上预警时应启动防风预案，当值人员做好防风检查工作；应停止所有起重作业。并做好塔式、门式起重机的加固工作。塔式起重机应与其附属建筑物进行刚性连接，同时在顶部从四个方向用缆风绳拉住。按照应急预案或成功经验采取有效的措施与周围可靠建筑物连接，如超过 20m，应每隔 10m 增加一道，缆风绳装上手动葫芦作紧固用，缆风绳采用 ϕ15 钢丝绳，与地面夹角在 45°～60°范围之间，具体地点根据塔起重机、井架位置及场地情况确定；

（2）当风力达到 8 级以上预警时，大型起重机应放倒至水平状态，防止倾倒及重大机械设备安全事故发生；所有活动房均应有加固措施；

（3）当风力大于 10 级时，所有人员不得留在活动房及办公楼内，必须往砖房内撤离；

（4）当台风达到 12 级以上时，自升式塔式起重机、平臂起重机控制器应挂零档，扒杆摆至顺风方向，吊钩应收起，靠塔身放置，门式起重机应停靠轨道中间位置，轮轨装上限位装置，并进行专项检查；地面履带式起重机及其他起重设备的扒杆放下地面，用垫块支承好；其他起重、运输设备等应集中停放到安全场所，避免被台风刮倒或被其他物体破坏；

（5）各项检查工作要在台风来临之前、起风后、风停后进行。每项检查工作要详细填写检查结果。风停检查完毕后，还要对检查结果进行总结；

（6）遇有 5 级及以上大风时，停止大面积吊装作业。

6. 台风天气值班人员在处理事故时注意事项

（1）依据分工各负其责，组织、协调各有关项目部及时采取相应措施，控制并消除危险源。

（2）组织应急救援队伍营救受害员工和其他相关人员，撤离、安置受威胁的人员；主动与所在地政府及有关部门联系沟通，通报有关信息、完成相关工作；初步检查受损情况，及时汇总上报公司及业主，并在组织开展抢修工作的同时，向财产承保保险公司与保险经纪公司报案。

（四）高温天气应急处置

当气象台发出高温警示报告时，应急预案领导小组应及时关心职工的工作与生活状况，调整作息时间，严禁加班加点的超负荷施工。积极主动热心关怀施工人员的身体，做好夏季工作期间的作息制度，使工人有足够的休息时间。要发放防暑降温用品和落实急救措施，以防万一。另外，积极改善企业工人的劳动条件、住宿的通风降温设施，做好工人劳动保护与安全生产技术措施。

1. 预防措施

（1）合理安排工作时间和休息休假，保证职工有充分的休息时间。盛暑期间严格限制加班加点，并应尽可能精简会议及其他活动，在高温时段尽可能少占用职工的业余时间；

（2）对工作环境恶劣的工种，一般可采取勤换班的方法缩短一次连续工作时间，适当增加轮休次数。另外工作量的安排宜早晚多，中午少，轮流作业；

（3）中午午休时间应适当延长；

（4）高温作业人员在入夏前应进行预防性体检；

（5）尽可能使职工远离热源或加大隔热处理；

（6）入夏前及高温季节均应组织进行专项检查，重点解决防暑降温所必需的设备、器材、药品和清凉饮料，如绿豆汤、茶叶等降温用品，对中暑人员进行物理降温，抬至通风地带进行"冷"处理，重者马上送医院治疗。落实防暑降温措施，保证生产场所有良好的防暑通风条件；

（7）不可忽视高温设备引发的火灾事故的应对处理。

2. 中暑施救方法

（1）轻度患者

公司员工在正常作业时出现头昏、乏力、目眩现象时，应立即停止作业，防止出现二次事故。其他周边员工应将症状人员安排到阴凉、通风良好的区域休息，供应其凉水、药品、湿毛巾等，并通知医务员。

（2）严重患者（昏倒、休克、身体严重缺水等）

项目部员工出现中暑时，作业周边人员应立即通知部门领导，并及时将事故人员转移至阴凉通风区域，观察其症状，以便于医疗人员来临时掌握第一手医治资料。立即组织救援人员在第一时间将中暑患者转移到最近的医院进行观察、治疗，并上报公司。

（五）管理性措施

（1）坚持安全第一的思想，管理人员和班组长必须以身作则，把具体工作落实到每一个工作人员中。

（2）保证安全生产的计划、落实生产责任，确保防止灾害性天气的多项具体措施。

（3）定期于季节性检查相结合，防止各类事故的发生，对事故安全隐患和苗子，认真分析原因，提出和落实改进方案。

（4）落实天气预报上墙公布制度。设有专人负责每天将上海中心气象台的预报内容填写好，遇台风暴雨应由警示。

（5）所有机械设备、电气箱做好用电安全检查工作，做好防汛防台的多项设备保护工作。

（6）架空电缆，过路电缆需认真检查，确保抗风抗暴雨能力，以防损害人身安全和危及财产。

（7）做好宿舍、仓库、办公室的抗灾能力，对存在安全隐患的住房及时做好修理和预防措施。对存在安全苗子的危房需马上做好转移与安置工作。

（8）对已完工的箱涵接头井盖需采取必要防范设施，对施工中的箱涵基坑应备足水泵，作好暴雨排水准备。

六、倒塌事故应急处置

施工现场一旦发生外架起重机倒塌及模板坍塌事故，将会造成人员伤亡和直接经济损失，事故发生后，如有人员伤亡，现场负责人及时拨打120叫救护车，通知应急救援领导小组。并判断现场坑道及土质情况，在避免再次塌方的情况下，组织现场人员进行抢救。

（1）启动施工现场生产安全事故应急预案。

（2）不论任何人一旦发现有外架、起重机等施工设备倒塌及模板坍塌的可能性，应立即呼叫在场全体人员进行撤离，并在安全状态下进行救援，同时拨打或要求其他人员拨打应急电话，报告事故情况，寻求应急救援。当造成人身伤害事故后，应同时采取两方面的措施，一方面立即清理坍塌部位，抢救伤员并密切注意伤员情况，防止二次受伤；另一方面对坍塌部位附近采取临时支撑措施防止因二次伤害抢救者或加重事故后果，排险和抢救应由有经验的人统一指挥进行。

（3）现场人员应迅速通知项目经理或施工员，并打电话及时向公司应急抢救领导小组领导报告事故的发生情况，请求公司应急抢救领导小组的支援。

（4）根据现场情况，若有人员受伤，应立即拨打120急救电话，向急救中心求救。应务必讲清受伤人数、地点和人员受伤情况，并派人到主要路口引导急救车尽快赶到事故现场。同时，现场急救人员在急救车到来以前，应对受伤人员进行急救。项目部配备应急急救药箱1个，药箱存放在现场办公室。

（5）在没有人员受伤的情况下，现场负责人应根据实际情况研究补救措施，在确保人员生命的前提下，组织恢复正常施工秩序。

（6）现场安全员应对脚手架、龙门架、塔式起重机倒塌等施工设备倒塌及模板坍塌事故进行原因分析，制订相应的改正措施，认真填写伤亡事故报表、事故调查等有关处理报告，并上报公司应急抢救领导小组。

（一）模板、脚手架及拆除工程意外事故应急处置

1. 模板、脚手架及拆除工程失稳的应急处置

模板、脚手架及拆除工程在相关作业时，应有专门的管理人员或安全专职人员对其进行观测，观测的内容有相关架体的变形与垂直度、板面的沉降、支护及附着点是否牢固、施工人员操作是否满足相关操作规程。当观测数据超过警戒值或目测架体变形有可能导致失稳破坏时，应采取如下应急措施：

（1）立即停止相关操作，把与之相关的施工人员从操作面疏散到安全地带或从安全通道疏散到地面上。

（2）立即把在架体内值班的人员或架体有可能坍塌影响到的范围内的所有人员疏散到安全地带，并划出危险区域，拉起警戒线，由保安负责，不准其他人员靠近。

（3）现场值班的项目最高级别的负责人马上报告给应急小组组长及相关负责人，主要说明有可能失稳的部位、当前情况、已经采取的应急措施。

（4）应急领导人赶到现场后，应快速了解现场的实际情况，检查人员是否全部疏散到了安全地带，检查已经采取的应急措施是否合理有效。

2. 模板、脚手架及拆除工程坍塌的应急措施

发生坍塌事故时，事故发现人员应高声呼救，所在现场值班的最高级别管理人员应立即按以下程序进行应急处理：

（1）立即停止相应的操作，把与之相关或可能发生联带的施工人员从操作面上有组织的疏散到安全部位或从安全通道疏散到地面上。

（2）立即把有可能再次坍塌影响到的范围内的地面人员疏散到安全地带，并划出危险区域，拉起警戒线，由保安负责不准人员靠近。

（3）在坍塌后的安全区域立即组织抢救从操作面上掉下来的施工人员。

（4）立即指挥通信组人员通知应急小组组长，主要说明坍塌部位、坍塌面积、有无伤亡、目前采取的应急措施、是否需要派救护车、消防车或警力支援到现场实施抢救。

（5）立即通知现场医生赶到出事地点，如需要可直接拨打 120 等求救电话。

（6）清点现场人数，确定被埋、被压人员的数量和位置。

险情控制及人员抢救措施如下：

（1）应急小组组长在接到紧急情况报告后，如能在最短时间赶往现场则应给报告者下一步的应急指示，并当即赶到现场进行指挥；否则应授权给现场最高负责人或能及时赶往现场的项目最高负责人承担起应急救援职责。

（2）应急领导人赶到现场后，应快速了解现场的实际情况，检查人员是否全部疏散到了安全地带，检查已经采取的应急措施是否合理和有效；并召开紧急会议，确定下一步的救援措施，根据现场的实际情况确定是否向上一级主管部门报告。

（3）技术支持组根据事故情况尽快确定抢险技术措施，抢险组及时将参加抢险人员召集到事故现场，后勤保障组立即组织将救援物资设备调往事故现场。技术支持组将抢险技术措施准确无误地向抢险人员进行交底，抢险组根据技术措施组织抢险人员进入事故现场进行抢救。

（4）如果存在继续坍塌的可能，由组长决定是否撤离救援现场，如果坍塌有不断发生扩大的情况，组长应立即通知所有救援人员终止救援，迅速撤离到安全区域。

（5）在确定坍塌没有继续扩大的可能后，根据确定的被埋人员的位置和被埋的方式立即投入救援：

① 首先自上而下清理被埋压者上方的松散的模板、木枋、钢管、混凝土及其他有可能掉下伤人的小型物体。

② 然后把被压或被埋人员扒出。

（6）人员救出后，由现场医生对伤者进行处理，对轻伤人员在现场采取可行的应急抢救，如现场包扎止血等措施，防止受伤人员流血过多造成死亡事故发生；重伤人员由医疗救护组送外抢救。

（7）模板、脚手架及拆除工程坍塌事故所造成的伤害主要是机械性窒息引起呼吸功能衰竭和颅脑损伤所致中枢神经系统功能衰竭，因此紧急工作组成员必须熟练掌握止血包扎、骨折固定、伤员搬运及心肺复苏等急救知识与技术等。

（8）其他组员采取有效措施，防止事故扩大，控制事故影响。

（9）警戒保卫组应在事故现场周围建立警戒区域实施交通管制，维护现场治安秩序。

（二）土方（基坑）工程事故应急处置

1. 边坡失稳、基坑支护位移应急处置

基坑开挖时，应按基坑变形观测的方案进行，附近建筑物倾斜超过警戒值时、基坑底面隆起达到 150mm 以上时、支护锚杆杆体位移突然增大、突降大雨或暴雨导致基坑有可能失稳或坍塌时，应立即启动应急预案，采取如下应急措施：

（1）负责观测的技术员马上把结果报告给项目经理和项目技术负责人，立即停止正在基坑进行土方平整和在同一区域施工的其他作业，人员撤离出基坑；

（2）项目技术负责人组织在施工现场的专职安全员、施工员马上赶到现场，检查基坑

外围的电讯和供水等管线；

（3）基坑四周用警戒线围起来，专门安排人员进行看护，无关人员不得进入；

（4）安排人员，采用1：2的水泥砂浆对基坑顶面的所有裂缝进行封闭处理；

（5）处理过程中继续观测基坑的变形，每4小时观测一次，直到变形稳定为止；处理完毕，支护桩变形稳定后，经总监、支护设计负责人验收确认后方可恢复施工。

2. 基坑边坡坍塌应急处置

（1）人员抢救：

① 项目经理事先负责成立抢险队，落实人员名单。抢险队长负责组织现场抢险队实施抢险救人；

② 根据支护结构的特性，当发生支护坍塌时，会有锚杆发生断裂、支护桩倾斜的过程。所以当事故发生时，事故发现人员应立即高声呼叫，基坑内施工人员往基坑中部集中，任何人不得抢道乱跑；

③ 人员集中后，要求大家不要乱跑乱动，要安静，不要喧哗；要求各个班组长负责集中所管班组的人员并清点人数，安抚自己班组的人员的情绪，如有人员失踪，要责成其询问知情人员，确定出失踪人员的大概位置；

④ 基坑内负责人临时从施工人员中抽出一部分人员对出事部位进行警戒，每20m安排一个人，在坍塌部位的10m以内范围不准人员进入；

⑤ 项目经理或授权的应急领导人赶到现场后，确认有人被埋压，应马上召集各应急小组负责人开会，在最短时间内了解现场情况，宣布启动应急救援预案。各应急小组迅速行动，立即展开救援。项目办公室负责人负责拨打120急救电话或联系定点医院。由事先成立的护送组护送伤员去医院，项目办公室负责人负责安排车辆及财务支持。

（2）地下管线破坏：现场如发生地下燃气管线破坏，由现场事先明确的负责人紧急联系燃气集团公司请求技术支援；同时紧急联系当地居委会疏散群众；责令停止现场一切有火作业。如发生地下供水管线破坏，由现场事先明确的负责人紧急联系自来水集团公司请求技术支援；项目经理指派专人监控因水源泄漏而产生的次生灾害；生产经理组织排水，抢险队长应了解现场排水泵存放地点及完好情况；如发生地下热力管线破坏，由现场事先明确的负责人紧急联系热力集团公司请求技术支援；如发生电力电信管线破坏，由现场事先明确的负责人紧急联系电力、电信集团公司请求技术支援。

（3）建筑物受损：填堵坍塌部位、严防建筑物进一步受损，专家组紧急制订填堵方案；生产副经理组织抢险人员调运填堵。抢险人员应熟知编织袋、土源、夯实机具的存放地点；技术负责人指派专人对建筑物基础及墙体进行监测并将监测数据及时报专家组。居民安置问题，专家组负责对建筑物进行受损评估；项目设备负责人负责联系安置用房；项目设备负责人负责指派安置责任人联系居委会请求协助。

3. 基坑严重变形应急处置

（1）遇燃气泄漏，由现场事先明确的负责人紧急联系当地居委会疏散群众；责令停止现场一切有火作业。

（2）如危及供水管线，由现场事先明确的负责人紧急联系自来水集团公司请求技术支援；项目经理指派专人监控因水源泄漏而产生的次生灾害；生产副经理组织排水工作，抢险队长应熟知排水泵存放地点及完好情况。

（3）如危及热力管线，由现场事先明确的负责人紧急联系热力集团公司请求技术支援。

（4）如危及电力、电信线路，由现场事先明确的负责人紧急联系电力、电信集团公司请求技术支援。

（5）危及邻近建筑物：组织迅速回填，如正值土方挖运期间，由土方挖运单位负责立即回填（在分包合同中约定）；已经完成的基坑，请求外援，或者请求市抢险队救援。专家组负责对建筑物进行受损评估；项目经理负责联系居民安置用房，并指派安置责任人联系居委会请求协助。

4. 技术支持组应急措施

基坑坍塌时有可能危及邻近建筑物的安全，由技术负责人派人对建筑物进行察看，并派变形监测员进行变形观测。由技术负责人派技术员在基坑支护设计人的指导下对基坑进行不间断的观测，主要是观测已经坍塌的部分的变形情况和发展情况，以便给项目应急救援小组领导提供科学的客观数据；如有问题应马上向技术负责人报告，并执行既定措施：回填，灌注砂石或混凝土，紧急加固维护。

5. 后勤保障组应急措施

由后勤保卫组长指派人员检查基坑周围的电信、水管线路，如水管破裂，要在最短的时间内关闭水闸，恢复通信；指派项目的保安队长或其他保安人员负责对现场进行警戒，防止无关人员靠近或进入现场。

6. 抢险救援组应急措施

由项目抢险组组长派一个 10 人小组把基坑周边上的钢筋和模板移到基坑安全处靠大门的场地临时堆放，由塔式起重机配合运输；在对坍塌部位进行清理时，先用砂包把基坑与坍塌部分支护桩进行反压；砂包压好后，再进行清理；清理时，先清理露在外面的锚杆、锚索，锚杆采用机械切割；应防止锚杆、锚索切断后摆动伤人。

7. 医疗救治组应急措施

当接到有人被掩埋的电话时，应在最短的时间内赶到现场，进行救治；如果坍塌稳定后，由项目安全主管、施工员组织抢救队投入抢险救治，先移除压在上面的大宗物体，扒开覆在其身上的土石方等杂物，解救出被困人员，或送医院进行治疗。

（三）机械倒塌事故应急处置

（1）现场起重机械倒塌事故可能引发的灾害事故有人员砸伤、线缆破坏、交通阻断、临近原有建筑物受损等重大灾害性后果，均可能导致现场的秩序混乱和次生事故的发生。必须制订应急处置工作预案，使事故损失降到最低。

（2）针对可能发生的灾害采取的应急措施有：人员抢救、现场险情紧急评估及处置、电力电信电缆抢险、交通紧急疏导、涉及居民的安置、后勤补给等。

（3）应急资源的配置

① 现场事先应该成立抢险队和伤病员护送组，落实人员名单，做好培训演练工作，发生险情时抢险队长立即组织现场抢险队实施抢险救人。项目办公室负责人负责拨打 120 急救电话或定点医院电话，并安排妥当车辆及医疗费用等事宜，由护送组护送伤员去医院。

② 现场项目经理、安全副经理、生产副经理、技术负责人及安全员等共同负责紧急

评估现场情况，制订紧急处置措施，由生产副经理立即组织实施，安排专人对危险区域警戒，防止继发事故，技术负责人负责紧急联系专家组组长，请求专家组组长通知其他专家赶赴现场做出评估和拆除方案。同时安全负责人请求公司专业支援或请求市抢险救援队支援。

③ 起重机械的倒塌可能影响到周边架空线路的安全，发现有影响到架空线路的情况由现场事先明确的负责人立即电话报告电力、电信公司请求技术支援。

④ 起重机械的倒塌如果影响到周边社会道路的安全通行，由现场事先明确的负责人紧急联系交警对周边交通的疏导，也可以派有关人员在交通路口协助疏导，减小对社会道路的影响。

⑤ 起重机械的倒塌可能破坏周边原有建筑物，导致建筑物受损，现场行政负责人负责联系对居民的安置，并请求居委会的援助，专家组对受损建筑进行评估。

⑥ 项目设备负责人负责抢险人员的生活后勤保障和抢险物资的供应，所需的应急物资为担架、急救药箱、救援车辆、临电线路修复工具等。

（四）应急过程中避免二次伤害的措施

（1）当发生土方坍塌初始阶段，无法判定其坍塌的范围和程度，所以在坍塌没有稳定前，不得从坍塌部位附近的通道或其他地方疏散人员，要等坍塌事故基本稳定不再扩展时方可组织施救和人员疏散，避免在施救和疏散过程中造成对人员的二次伤害事故。

（2）坍塌事故发生后，现场保卫组必须要做好警戒工作，凡是坍塌所影响的范围均要有专人看护，除了经允许的救援人员能进出外，所有非经允许的闲杂人员均不得靠近或进入。

（3）组织救援时，要采取以人为本的方针，要不惜一切代价先救人；要注意动作幅度不能太大，避免伤及受害者的身体；在救援被重物压住的人员时，采取一次成功的办法，避免在搬运过程中重物断裂或捆绑不牢滑落等情形造成二次伤害的发生；受伤人员身体内如穿有钢筋等异物，救援人员不能擅自拨出，要在医生指导下处理，避免擅自处理引起大出血等导致二次伤害的发生。

（4）在割除变形的钢筋或钢管时，要注意有些弯曲变形的钢筋或钢管在割开时会反弹，人员不能站在反弹的方向进行切割，避免钢筋或钢管断开时突然的反弹力伤人引起二次伤害。

（5）要对抢救出来的受伤人员进行及时的救治，并且要根据不同的受伤情况采用正确的方法进行救护，避免由于方法不正确或拖延时间造成受伤人员的二次伤害。

（五）应急心理辅导

（1）在基坑坍塌时，基坑内的管理人员要不停的高声喊话，快速往基坑中间集中人员，避免施工人员在慌乱中乱窜乱跑，劝其集中后能平静的等待救援。

（2）在基坑坍塌稳定后，对基坑内人员往外疏散时，管理人员要先对被疏散人员进行心理上的安慰，向被困者说明救援工作马上开始，要求其安静下来等待救援，避免其在慌乱中大喊大叫或用力挣扎，造成体力的消耗或加重自己的伤势。

（3）如果被埋、被压人员短时间内无法救出，对被埋、被压者进行心理安慰，使其心情平静，便于救援者采取合理和有效的措施进行救援。

（4）对在事故中造成身体致残人员做好心理抚慰工作，使其树立生活的信心和勇气，以便其有良好的心态接受医生的治疗。

（5）对有亲友在项目伤亡的人员，要调动其工作，由公司安排在其他项目工作或劝其休息一段时间，避免其在同一项目上工作有心理阴影，从而情绪低落引发意外事故。

（六）应急结束与恢复

当事故已得到控制，不再扩大发展，伤员已得到相应的救护，现场险情已排除，现场经检测没有危险，现场救援工作视为结束，此时可以由指挥部发布指令，解除紧急状态，并通知相关单位或周边社区，事故危险已解除。项目部应配合政府有关部门进行现场取证、事故调查和事故原因分析，写出事故报告，拟定纠正预防措施并组织实施。

应急结束后，经批准，项目部应组织现场清理，尽快恢复生产，并做好善后处理工作。

七、机械伤害事故应急处置

（1）发生机械伤害后，现场施工负责人应立即报告项目部应急救援小组（工地现场指挥部）及局应急救援指挥部，应急指挥部应立即拨打120救护中心与医院取得联系（医院在附近的直接送往医院），应详细说明事故地点、严重程度，并派人到路口接应。在医护人员没有来到之前，应检查受伤者的伤势，心跳及呼吸情况，视不同情况采取不同的急救措施。

（2）对被机械伤害的伤员，应迅速小心地使伤员脱离伤源，必要时，拆卸机器，移出受伤的肢体。遇有创伤性出血的伤员，应迅速包扎止血，使伤员保持头低脚高的卧位，并注意保暖。正确的现场止血处理措施：一般伤口小的止血，先用生理盐水冲洗伤口，涂上红汞水，然后盖上消毒纱布，用绷带较紧的包扎，来增强压力而达到止血，止血带止血，选择弹性好的橡皮管，橡皮带或三角巾、毛巾，带状布条等，上肢出血结扎在上臂上 1/2 处（靠近心脏位置）。下肢出血结扎在大脚上 1/3 处，结扎时，在止血带与皮肤之间垫上消毒纱布棉垫，每隔 25~40 分钟放松一次，每次放松 0.5~1 分钟。

（3）对发生休克的伤员，应首先进行抢救。遇有呼吸、心跳停止者，可采取人工呼吸或胸外心脏按压法，使其恢复正常。

（4）也可将其上肢固定在身侧，下肢与下肢缚在一起。

（5）对伤口出血的伤员，应让其以头低脚高的姿势躺卧，使用消毒纱布或清洁织物覆盖伤口上，用绷带较紧地包扎，以压迫止血，或者选择弹性好的橡皮管、橡皮带或三角巾、毛巾、带状布巾等。对上肢出血者，捆绑在其上臂 1/2 处，对下肢出血者，捆绑在其在腿上 2/3 处，并每隔 25~40 分钟放松一次，每次放松 0.5~1 分钟。

（6）对剧痛难忍者，应让其服用止痛剂和镇痛剂。

（7）采取上述急救措施之后，要根据病情轻重，动用最快的交通工具或其他措施，及时把伤者送往邻近医院抢救，运送途中应尽量减少颠簸，同时密切注意伤者的呼吸、脉搏、血压及伤口的情况。

（8）消防不安全因素，如机械处于危险状态，应立即采用措施进行稳定，防止事故扩大，避免更大的人身伤害及财产损失。

（9）在不影响安全的前提下，切断机构的电源。

（10）注意保护现场，因抢救伤员和防止事故扩大，需要移动现场物件时，应做出标志，拍照，详细记录和绘制事故现场图。事故发生后项目现场的抢救伤员，保护现场的同时，应立即向公司领导、项目部报告。项目部得知事故发生后，应立即赶赴事故现场，落实上述应急措施，注意检查事故现场是否处于安全状态，防止事故的扩大，并按规定向上级有关部门报告，并配合公司有关部门开展事故调查工作。

（一）搅拌机械（混凝土搅拌机、砂浆拌和机）伤害

1. 伤害原因

（1）料斗提升过程中，人进入或头、手伸入料斗与导轨架之间，被料斗轧死或致残；

（2）人在进入搅拌筒或料斗与导轨架之间清理过程中，由于电源未切断，他人误操作造成伤害；

（3）料斗提升绳断裂引起料斗坠落伤人；

（4）在机器运转过程中将手或木棒等伸入搅拌筒造成伤害。

2. 防治措施

（1）搅拌机操作必须定人定机；

（2）搅拌机在运转过程中或未切断电源前，严禁进入导轨架；

（3）料斗升起时，严禁在其下方工作或穿行；

（4）进入筒内清理前，必须切断电源，并有专人在外监护或卸下熔断器并锁好电箱；

（5）作业后，应将料斗降落到料斗坑。清理料斗坑时，必须用链条或安全钩扣牢料斗。

（二）木工机械（圆盘锯、平刨）伤害

1. 一般要求

使用圆盘锯、平刨时，常发生手指割伤事故。木料过湿或有节疤、铁钉、锯片磨钝，锯片缺齿过多等原因均可造成事故。

2. 圆盘锯伤害防治措施

（1）非本工种人员严禁操作木工机械；

（2）被锯木料厚度，以锯片能露出木料1～2cm为限；

（3）送料时不得将木料左右晃动或抬高，遇到木节要缓缓送料；

（4）操作人员不得面对锯片旋转的离心力方向操作，手不得跨越锯片。锯上方应加设防护板；

（5）锯片相邻缺齿超过2个、有裂纹等缺陷时应及时更换。

3. 平刨伤害防治措施

（1）刨料时，手应按在料的上面，手指必须离开刨口5cm，严禁用手在木料后端送料或跨越刨口进行刨削；

（2）被刨木料的厚度小于3cm、长度小于40cm时，应用压板或压棍推进；

（3）被刨木料如有破裂或硬节等缺陷时，必须处理后再施刨；刨旧料前，必须将钉子、杂物清理干净；

（4）机械运转时，不得将手伸进安全挡板内侧去移动挡板或拆除安全挡板进行刨削。

（三）钢筋加工机械伤害

1. 伤害原因

（1）由于刀片损坏或磨钝，钢筋未握紧，造成摆动伤人；

（2）运转过程中直接用手清除切刀附近的断头和杂物时致伤；

（3）弯曲钢筋半径内站人被打击。

2. 防治措施

（1）非钢筋机械操作人员严禁操作；

（2）钢筋加工时，严禁加工直径超过本机规定的钢筋；

（3）切断机刀片安装应正确、牢固；

（4）切断时，应在活动刀片退回时进料，必须握紧钢筋，手与刀口距离不得少于15cm。如切断短料时，应用套管或夹具将钢筋短头压住或夹住，不得直接用手送料；

（5）运转中，严禁用手直接清除切刀附近的断头和杂物；

（6）严禁在弯曲钢筋的作业半径内站人；

（7）使用钢筋调直机在调直块未固定、防护罩未盖好前不得送料。当钢筋送入后，手与轮间必须保持一定距离。

（四）卷扬机伤害

1. 伤害原因

（1）由于操作失误，人被卷入滚筒造成骨折或死亡；

（2）由于无过路保护，人跨越钢丝绳，钢丝绳断裂伤人；

（3）制动失灵、卷筒与减速箱脱离或钢丝绳断裂，造成重物或吊钩坠落伤人。

2. 防治措施

（1）坚持持证上岗，严格遵守操作规程，严禁无证人员开机；

（2）卷扬机的基座安装必须平稳牢固；

（3）操作前，必须检查制动器、联轴器各零部件的松紧完好情况；

（4）严禁任何人跨越钢丝绳；

（5）操作工应穿紧身衣、裤，不得留长发。

（五）起重机具（千斤顶、葫芦）伤害

1. 伤害原因

（1）千斤顶放置在松软的地面上，载荷重心与千斤顶轴线不一致，顶升过程中，由于基底偏沉或载荷水平位移而发生千斤顶偏歪、倾斜，引发伤害事故；

（2）葫芦由于固定不牢靠，超载或悬挂方法不当坠落伤人；

（3）产品质量低劣或操作失误引发事故。

2. 防治措施

（1）千斤顶的额定起重量应大于设备的实际重量；

（2）千斤顶应放在平整、坚实的作业面上并在底座下铺坚硬的垫木或钢板；

（3）不允许用吊钩钩尖吊挂载荷；

（4）操作起重机具时，人应站在重物的侧面，并随时注意重物的变化情况；严禁任何人在重物下行走或停留，以免重物倒塌、坠落。

（六）起重机械（汽车式起重机、轮胎式起重机、井字架、龙门架）伤害

1. 伤害原因

（1）无证操作引发事故；

（2）超负荷吊装或斜拉失去稳定平衡，造成倒塔事故；

（3）由于斜吊，重物离开地面后迅速向钢丝绳竖直方向剧烈摆动，造成恶性打击事故；

（4）在受到大风侵袭时，因夹轨钳未锚牢，下旋式塔机出轨或倒塔；

（5）砖头、钢筋、钢管等散装物品绑扎不牢，吊运过程中造成物体打击事故；

（6）铰点联接处销轴上的开口销不符合要求或不全，引起销轴脱落事故，造成折臂或倒塔；螺栓松动、零部件长期失修造成事故；

（7）保险装置失灵造成事故；

（8）指挥人员发出信号（手势）不清或不正规，司机误操作，导致事故的发生；

（9）由于接地装置不符合要求，遭雷击或电气设备漏电引发触电事故；

（10）吊钩或钢丝绳断裂，重物坠落伤人；

（11）塔式起重机安装位置与高压线间的距离小于安全距离且未加防护，吊钩、索具或钢筋等金属物件碰撞高压线引发事故；

（12）搭设井字架时，不拉设临时缆风绳，基础、地锚设置及缆风绳（或附墙）不符合要求，造成倒塌事故；

（13）违章乘坐井字架、龙门架的吊篮，坠落伤亡。

2. 防治措施

（1）所有从事起重作业的人员，必须经过专业培训，取得操作证后方可上机操作，严禁无证人员操作；

（2）起重机司机必须熟悉自己操作机的安全技术操作规程和注意事项；

（3）严格执行"十不吊"；

（4）吊物未停稳前不应靠近或用手抓住吊物，以免撞击或惯性作用将人甩出；

（5）不得在吊物下行走和逗留；

（6）起重机械的安全限位装置必须齐全有效；

（7）操作起重机械前应仔细检查制动器的间隙和磨损情况、钢丝绳的断丝情况、联轴节螺栓的紧固情况，确保万无一失；

（8）井字架搭设达 11m 高时，必须设临时缆风绳，待固定缆风绳安装后方可拆除临时缆风绳，使用过程中严禁拆除缆风绳；

（9）井字架、龙门架吊篮严禁载人；

（10）严禁超重，严禁斜吊物件；

（11）吊钩或钢丝绳断裂，重物坠落伤人；

（12）机架必须有可靠的接地；

（13）在吊篮升降过程中，严禁将头、手伸入井字架内；

（14）在装拆起重机械时，必须穿戴好个人防护用品，不得穿硬底及塑料底鞋，悬空作业必须系好安全带；拆装作业中的工具及零部件的接传应可靠，严禁向下抛掷；

（15）严禁酒后从事起重作业。

八、电焊、气焊、电渣焊作业应急处置

目前施工现场使用电焊、气焊、电渣焊作业较多，主要是以钢筋接驳、避雷针安装、金属构件安装、切割等作业使用居多。电焊、气焊、电渣焊其焊点温度通常可达 3600～6000℃，在焊接时有大量火花高温焊渣飞溅，其焊接过的构件温度也很高，如落在可燃物上，容易引起可燃物燃烧和火灾，因此加强电焊、气焊、电渣焊防火管理，抓好防火措施的落实，尤为重要。

（一）电焊、气焊、电渣焊设备使用要求

（1）必须使用经技术监督部门检验合格的设备；

（2）电焊机、电渣焊机接地要牢固；

（3）电焊线的绝缘层老化或破损，气焊气管老化或破损不得使用；

（4）电焊钳的绝缘隔热层必须良好；

（5）乙炔气瓶必须要隔开 5m 安全距离，与明火要隔开 10m 安全距离，气瓶不得露天曝晒，碰撞；

（6）焊工在作业时必须穿戴好防护用品。

（二）电焊、气焊、电渣焊作业防火措施

（1）焊、割作业必须由持有焊工证的焊工操作。

（2）严格执行"三级"临时动火审批制度。

① 三级动火，即可能发生一般火灾事故的，由本单位安质部提出意见，经本单位的消防安全责任人审批。

② 二级动火，即可能发生重大火灾事故的，由动火单位安质部和保卫部门提出意见，消防安全责任人加具意见，报公司安质部共同审核，经公司消防安全责任人审批。

③ 一级动火，即可能发生特大火灾事故的，由公司安质部提出意见，消防安全责任人加具意见，经集团公司安质部共同审核，报集团公司消防安全责任人审批，并报市消防部门备案。如有疑难问题，还需邀请区、市劳动、公安、消防等部门的专业人员共同研究审核。

（3）由烧焊动火作业人填写施工现场一级动火审批表，经本单位消防安全责任人审批，经批准后，领取动火作业证后，方能动火作业，动火作业必须落实如下防火措施。

① 防火、灭火措施不落实不动火；

② 周围的易燃杂物未消除不动火；

③ 附近难以移动的易燃结构未采取安全防范措施不动火；

④ 盛装过油类等易燃液体的容器、管道、未经洗刷干净、排除残存的油质不动火；

⑤ 盛装过气体会受热膨胀并有爆炸危险的容器和管道不动火；

⑥ 储存有易燃、易爆物品的车间、仓库和场所，未经排除易燃易爆危险的不动火；

⑦ 在高处进行焊接或切割作业时，下面的可燃物品未清理或未采取安全防护措施的不动火；

⑧ 没有配备相应的灭火器材不动火；

⑨ 动火前要指定作业范围的消防安全负责人；

⑩ 作业范围消防安全负责人和动火人员必须经常注意动火情况，发现不安全苗头时要立即停止动火；

⑪ 发生火灾、爆炸事故时，要及时补救；

⑫ 动火人中要严格执行安全操作规程；

⑬ 动火人员和作业范围的消防安全负责人在动火后，要彻底清理现场火种后才能离开现场。

（三）电焊、气焊、电渣焊火警、火灾应急措施

电焊、气焊、电渣焊作业过程，如引起火警、火灾事故应采取以下应急措施：

（1）万一发生火警、火灾事故，火警、火灾发现人应立即示警和通知现场负责人或安全员，并立即使用施工现场配备的消防器材扑灭初起之火，现场负责人接到报警后，要立即组织项目义务消防队进行灭火，并安排人员疏散，转移贵重财物到安全地方，拨119电话报警、接警，同时通知公司领导和项目部。

（2）在灭火时要根据燃烧物质、燃烧特点、火场的具体情况正确使用消防器材。

① 如焊渣引燃竹木等固体可燃物而引起的，对于这类火灾，可用冷却灭火方法将水或泡沫灭火剂或干粉灭火剂（ABC型）直接喷射在燃烧着的物体上，使燃烧物的温度降低至燃点发下或与空气隔绝，使燃烧中断，达到灭火的效果。

② 如焊渣引燃电器设备，应立即关闭电源，用窒息灭火法，用不导电的灭火剂，如二氧化碳灭火器、干粉灭火器（ABC型或BC型均可，下同）等，直接喷射在燃烧着的电器设备上，阻止与空气接触，中断燃烧，达到灭火的效果。

③ 如焊渣引燃油类，同样可用窒息灭火方法，用泡沫灭火器，二氧化碳灭火器，干粉灭火器等，直接喷身在燃烧着的物体上，阻止与空气接触，中断燃烧，达到灭火的效果。严禁用水扑救。

④ 如焊渣引燃贵重仪器设备，可用窒息灭火方法用二氧化碳等气体灭火器直接喷射在燃烧物上，或用毛毡、衣服、干麻袋等覆盖，中断燃烧，达到灭火的效果，严禁用水、泡沫灭火器，干粉灭火器等进行扑救。

（3）当事故现场火灾危及人身烧伤，即紧急把伤者隔离火源，并把火扑灭，轻度烧伤可即包扎处理，中、重度烧伤马上送医院治疗，并进行医学观察。

九、高处坠落事故应急处置

为了有效地预防和控制高处坠落事故发生，降低项目部伤亡事故的发生率，保护职工的生命安全，应及时采取本应急措施。

安全生产领导小组负责日常工作，安全员坚持天天对施工现场检查，安全小组每周组

织一次全面检查，随时发现问题及时整改，有效地做好预防工作。

物资做好充分准备，如保险带、钢管扣件、安全网、毛竹片等，确保随时投入使用。

(一) 预防高处坠落事故的技术措施

(1) 项目经理对本项目的安全生产全面负责。项目经理部应结合施工组织设计，根据建筑工程特点编制预防高处坠落事故的专项施工方案，并组织实施。

(2) 所有高处作业人员应接受高处作业安全知识的教育；特种高处作业人员应持证上岗，上岗前应依据有关规定进行专门的安全技术签字交底。采用新工艺、新技术、新材料和新设备的，应按规定对作业人员进行相关安全技术签字交底。

(3) 高处作业人员应经过体检，合格后方可上岗。项目部应为作业人员提供合格的安全帽、安全带等必备的安全防护用具，作业人员应按规定正确佩戴和使用。

(4) 项目部应按类别，有针对性地将各类安全警示标志悬挂于施工现场各相关部位，夜间应设红灯示警。

(5) 高处作业前，由项目分管负责人组织有关部门对安全防护设施进行验收，经验收合格签字后，方可作业。安全防护设施应做到定型化、工具化，防护栏杆以黄黑（或红白）相间的条纹标示，盖件等以黄（或红）色标示。需要临时拆除或变动安全设施的，应经项目分管负责人审批签字，并组织有关部门验收，经验收合格签字后，方可实施。

(6) 物料提升机应按规定由其产权单位编制安装拆卸施工方案，产权单位分管负责人审批签字，并负责安装和拆卸；使用前与施工单位共同进行验收，经验收合格签字后，方可作业。物料提升机应有完好的停层装置，各层联络要有明确的信号和楼层标记。物料提升机上料口应装设有联锁装置的安全门，同时采用断绳保护装置或安全停靠装置。通道口走道板应满铺并固定牢固，两侧边均应设置符合要求的防护栏杆和挡脚板，并用密目安全网封闭两侧。物料提升机严禁乘人。

(7) 施工外用电梯应按有关规定由其产权单位编制安全拆卸施工方案，产权单位分管负责人审批签字，并负责安装和拆卸；使用前和使用单位进行共同验收，经验收合格签字后，方可作业。施工外用电梯各种限位应灵敏可靠，楼层门应采取防止人员和物料坠落措施，电梯上下运行行程内应保障无障碍物。电梯轿厢内乘人、载物时，严禁超载，载荷应均匀分布，防止偏重。

(8) 移动式操作平台应按相关规定编制施工方案，项目分管负责人审批签字并组织有关部门验收，经验收合格签字后，方可作业。移动式操作平台立杆应保持垂直，上部适当向内收紧，平台作业面不得超出底脚。立杆底部和平台立面应分别设置扫地杆、剪刀撑或斜撑，平台应用坚实木板满铺，并设置防护栏杆和登高扶梯。

(9) 各类作业平台和卸料平台应按相关规定编制施工方案，项目分管负责人审批签字并组织有关部门验收，经验收合格签字后，方可作业。架体应保持稳固，不得与施工脚手架连接。作业平台上严禁超载。

(10) 脚手架应按相关规定编制施工方案，施工单位分管负责人审批签字，项目分管负责人组织有关部门验收，经验收合格签字后，方可作业。作业层脚手架的脚手板应铺设严密，下部应用安全平网兜底。脚手架外侧应用密目式安全网做全封闭，不得留有空隙。

密目式安全网应可靠固定在架体上。作业层脚手架与建筑物之间的空隙大于 15cm 时应作全封闭，防止人员和物料坠落。作业人员上下应有专用通道，不得攀爬架体。

（11）模板工程应按相关规定编制施工方案，施工单位分管负责人审批签字；项目分管负责人组织有关部门验收，经验收合格签字后，方可作业。模板工程在绑扎钢筋、粉刷模板、支拆模板时应保证作业人员有可靠立足点，作业面应按规定设置安全保护设施。模板及其支撑体系的施工荷载应均匀堆置，并不得超过设计计算要求。

（12）吊篮应按相关规定由其产权单位编制施工方案，产权单位分管负责人审批签字，并与施工单位在使用前进行验收，经验收合格签字后，方可作业。吊篮产权单位应做好日常例保和记录。吊篮悬挂机构的结构件应选用钢材或其他适合的金属结构材料制造，其结构应具有足够的强度和刚度。作业人员应按规定佩戴安全带；安全带应挂设在单独设置的安全绳上，严禁安全绳与吊篮连接。

（13）施工单位对电梯井门应按定型化、工具化的要求设计制作，其高度应在 1.5～1.8m 的范围内。电梯井内不超过 10m 应设置一道安全平网；安装拆卸电梯井内安全平网时，作业人员应按规定佩戴安全带。

（14）项目部进行屋面卷材防水层施工时，屋面周围应设置符合要求的防护栏杆。屋面上的孔洞应加盖封严，短边尺寸大于 15m 时，孔洞周边也应设置符合要求的防护栏杆，底部加设安全平网。在坡度较大的屋面施工时，应采取专门的安全措施。

（15）根据施工的实际需要本项目安装台塔式起重机、台人货梯、台井架。在安拆时必须由有资质的安装队伍安拆，安装工必须持证上岗，安装前进行安全技术交底。安装完毕，项目部分管负责人同公司及有关部门进行验收，验收合格后方可使用。

（二）高处坠落事故的控制和处理

（1）高处坠落事故发生以后，施工人员应及时撤离事故现场，并及时通知项目部安全生产领导小组。

（2）安全生产领导小组接到报告后，小组成员应及时到位，统一指挥，全力以赴投入抢救、抢修，并及时向上级有关部门汇报。当有人员伤亡发生时，应立即通知当地的社会医疗机构，并组织项目部的抢救人员进行必要的自救。

（3）在事故发生区域设置警戒线，除抢救人员可以进出外，禁止任何无关人员进入事故发生区域，防止事故进一步扩大。

（4）上级主管部门领导到达事故现场后，应将事故发生的情况以及现场自救的情况作详细地汇报，以便制定更加快速有效的抢险方案，减少因事故带来的损失。

（5）高处坠落事故的处理应遵循"四不放过原则"。

（三）资料整理

（1）事故处理完毕后，安全生产领导小组应将事故发生的原因、经过、事故的处理过程、结果形成详细的书面材料报上级主管部门。

（2）项目部应认真分析事故发生的原因，及时整改，加强预防，更有效地控制坍塌事故的发生。

（3）项目部应将处理事故的各种资料进行认真的汇总整理。

十、食物中毒应急处置

(一)预防措施

(1)严格执行《中华人民共和国传染病防治法》《四川省卫生厅、四川省建设厅关于进一步加强建筑工地食堂卫生管理工作的通知》《预防食物中毒指引》等国家省市的法律、法规要求。

(2)严格执行公司上级对工地现场、宿舍、厨房、厕所、浴室的搭建临时建筑规定制度。

(3)必须严格执行公司关于各项卫生管理的要求,落实项目现场各级的卫生防病管理制度,制定卫生防病小组成员。

(4)落实项目现场厨房炊事员要办健康证、食品卫生培训上岗证和办理卫生许可证,炊事员操作时必须穿白色工作服、戴工作帽、口罩。

(5)厨房要认真做到食品生、熟器皿要分开,蔬菜加工要做到"一拣、二浸、三洗、四切、五漂水"。

(6)严格执行食品卫生法,煮熟的食物严禁用塑料用具盛装并一定要加防蝇纱盖。

(7)工地项目必须要加强对民工搞好个人卫生和宿舍内外环境卫生管理宣传教育工作,定期、定时清理、疏通积水和生活垃圾。

(8)落实做好厕所、浴室的清洁,每天定时清扫并喷洒消毒药物,确保清洁卫生。

(9)食堂每餐均从饭菜中留取样品,并保持两天。

(10)应急必备药物

① 内服药物:十滴水、藿香正气丸、黄连素、强力霉素。

② 外药物:正金油、驱风油。

③ 急救担架。

(二)现场应急措施

(1)施工现场一旦发生食物中毒事故,首先发现人应立即通知施工现场负责人,并立即运行应急小组人员,马上进入应急运行工作,组织救治患者上送医院或拨打120救护车救治,同时通知公司领导,上报县级以上卫生监督部门。

(2)发现施工现场人员出现集体腹泻、呕吐、发热等可疑食物中毒或传染病症状时应立即将病人送医院救治或拨打120救护车救治;并维护、保护事发现场,马上向上级单位汇报和上报卫生防疫监督所或现场所在地区的卫生防疫部门。

(3)项目部所管辖范围的工作场所出现中毒事故,应马上做好现场维护和相关接触人员的隔离、医学观察、环境消毒等工作,同时协助卫生监督部门和上级领导做好调查处理、跟踪患者救治最新的动态发展等工作。

十一、煤气中毒应急处置

(一)预防及预警

(1)防煤气中毒:设备负责人到煤气站购置液化气并安装防漏气喉箍,在使用燃气周边安装燃气报警器；采暖炉操作间设置通风口并保持通风口畅通。安全员进行日常巡视，查看以上相关防护措施的有效性，如发现不符合立即整改。

（2）煤气中毒预警：如有少量煤气泄漏，炊事员报告安全负责人找到漏气原因立即维修或送煤气站更换；如采暖炉操作间或食堂操作间燃气报警器发生报警声响，炊事员和采暖炉操作工立即报告项目经理，项目经理启动项目级应急预案，紧急疏散周边人员，安排专人进行维修或更换；有人感觉头晕乏力，现场发现人立即报告项目经理，项目经理发布蓝色预警，疏散周边人员，组织应急组织机构各成员及应急救援抢险队对煤气中毒人员进行紧急救治或送往附近医疗机构。

（二）处置措施

（1）生活区一旦发现有人煤气中毒昏迷，不要盲目进入现场施救，以免导致多人中毒的严重后果。

（2）发现人应迅速向项目报告情况，同时救护者要保持镇静，首先用湿毛巾掩住口鼻，然后迅速打开门窗，空气流通后，方可进入现场抢救。

（3）抢救时要立即将中毒者移至空气新鲜处，保持呼吸道通畅，并注意防止冻伤中毒者。

（4）中度及重度中毒者应积极进行抢救治疗，如果病人呼吸和心跳都已停止要立即进行人工呼吸和胸外心脏按压抢救治疗，同时拨打120、999急救电话求救或送定点医院（带有高压氧舱的医院）急救。

十二、有毒有害气体中毒应急处置

（一）预防及预警

隧洞等有限空间内安装轴流风机、设置自然通风口并保持畅通，每日进入有限空间作业前进行气体检测。安全副经理每周至少组织安全员、施工员检查两次，安全员每天巡视，检查内容为通风设施的有效性、应急救援物资的配备及有效性。每年安全管理部至少组织一次有限空间作业培训，项目至少每季度组织一次有限空间作业培训。

根据气体检测数据，当检测数值接近超标时，检测人员及时上报安全员，安全员启动蓝色预警，安排现场施工人员查看通风设施和通风口，及时检修。当发现现场作业人员呼吸困难，现场发现人立即上报安全负责人，安全负责人启动橙色预警，安全员立即疏散现场作业人员；当发现现场作业人员休克，现场发现人立即上报项目经理，项目经理启动红色预警组织项目应急组织机构成员和应急抢险队对窒息中毒人员进行急救或联系附近医疗机构。

（二）处置措施

（1）作业现场一旦有人中毒、窒息晕倒时，监护人员立即进行事故报警，然后指挥人员即刻赶往出事地点，同时通知救援队伍迅速到位。

（2）发生气体中毒事故由现场监视人员及时报告给现场项目经理。由现场项目经理、安全副经理、生产副经理、技术负责人共同制定紧急处置措施。项目经理负责拨打120急救电话或联系定点医院。

（3）现场安全负责人负责组织有关人员设置警戒区。指派监视人员负责事故现场警戒，防止人员误入发生二次伤害事故，保护现场，防止事态扩大，且便于事后协助有关部门调查。项目经理指派检测人员，负责检测现场有毒有害气体浓度。

（4）由事先成立的救援队负责抢救，迅速开启轴流风机进行强制通风，降低有害气体浓度。同时备好口罩、毛巾、大绳及安全带等物，由救援队长迅速组织人员紧急撤离危险区。备好输氧设备、清水等，当伤员脱离危险区后，由救援队员立即采取急救措施。然后由护送组将受伤人员转送医院或通知医院赶赴现场进行紧急救护。项目经理负责车辆的使用和调度以及财务支持，并负责安排专人陪护和家属接待工作。

（5）现场安全负责人紧急联系相关部门请求技术支援，密切配合专业救援队伍，排除有毒气体，恢复现场施工条件。

（6）事故处理结束后，应及时组织事故调查分析，填写《应急准备与响应报告书》，总结验证预案和程序的实施效果，采取纠正预防措施，提高突发事件的应急反应和处理能力。

（7）后勤保障：项目设备负责人负责紧急调配应急物资，项目经理组织应急组织机构成员及应急抢险小组对中毒者进行急救或送往医院。所需的物资为：急救药箱、担架、饮用水、救援车、口罩、毛巾、三脚架、正压式呼吸器、气体检测仪、轴流风机等。

十三、有限空间气体爆炸应急处置

（一）预防及预警

（1）有限空间作业前对环境进行检测，如检测到易燃气体立即进行通风设施的检查和故障检修，现场配备防爆型照明灯具、安全出口警示灯等应急疏散辅助设施。

（2）预警：根据检测数据，若检测到易燃气体超标，检测人员立即报告安全负责人，安全负责人启动蓝色预警，组织作业人员查看通风设施故障并解决；如发生爆炸导致部分建筑物坍塌或损坏，现场发现人立即报告项目经理，项目经理组织施工作业人员查看通风设施存在问题并排除；如发生爆炸导致的人员伤亡，现场发现人立即报告项目经理，项目经理组织应急组织机构各成员及应急抢险小组对受伤人员进行急救或送往附近医疗机构。

（二）处置措施

（1）作业现场一旦发生气体爆炸事故应及时报告给现场项目经理，项目安全负责人负责拨打公安消防电话请求紧急救援，项目经理负责拨打120急救电话或联系定点医院，救援队长负责组织爆炸现场人员紧急撤离，安全负责人安排有关人员设置事故警戒区，以防止发生二次伤害和保护现场。

（2）项目经理指派专人负责爆炸现场周边人员疏导以及道路疏通，保证救援工作中交通不受阻。另指派专人到路口引导消防队和医院急救人员，由事先成立的救援队负责协助公安消防进行抢救，轻伤者由救援队进行简单处置或由护送组护送伤员去医院。重伤者，直接交由 120 医生进行救护。项目经理负责安排车辆及财务支持。

十四、交通事故预防应急处置

（一）预防措施

（1）严禁执行《中华人民共和国道路交通管理条例》《城市和公路交通管理规则》《机动车管理办法》《中华人民共和国交通管理处罚程序规定》《四川省道路运输管理条例》《关于新旧汽车报废更新的规定》《防火管理条例》。

（2）严格执行公司《汽车管理制度》。

（3）加强对机动车驾驶员进行学习有关道路交通秩序的法律法规。

（4）对工人进行教育，严禁闯红灯。

（5）上下班途中禁止打闹。

（二）应急措施

（1）项目部万一发生交通事故，现场人员第一时间立即打电话报 122 交通处理中心，同时打/保险公司理赔小组，以及通知公司交通安全部门。

（2）若事故造成人员伤害，及时送医院治疗。

（3）查清事故责任人，对项目部违反规定的相关责任人进行处理。

（4）若民工上下班途中出现交通事故，根据事故严重程度，及时送医院救治。

（5）依据事故责任人，进行赔偿。

十五、停水、断电应急处置

水、电是现场施工的血液，停水、断电将导致施工活动基本停止。

（一）停水应急措施

（1）项目部安排专人负责与县自来水公司联系，遇停水情况，做到早知道、早安排。

（2）接自来水公司通知某段时间停水，短时间停水时可以启用备用水箱；若停水时间较长，可以请消防单位派消防车进行现场临时供水。

（3）如在未知情的情况突然停水，首先检查临时水管道。若管道破裂等供水管道问题，由临时水班组进行抢修。抢修需花费较多时间时，立即启用消防水，保证正常施工。

（二）断电应急措施

（1）项目部安排专人与供电局密切联系，确保对断电时间、断电期限提前知道，并启用应急措施，保证现场施工不受影响。

（2）如供电局进行线路整修停电，可以提前启用发电机，保证现场供电。

（3）若现场因线路、施工机具而导致的临时断电，立即通知值班电工检查线路并进行修复。

（4）在现场施工机具接电不合理、线路破损而导致断电的情况下，立即通知值班电工，排查安全隐患。找出原因后断掉不合理接电的机具，保证其他机具的正常运转。

（5）为排除施工机具接线不符合规范而导致停电的情况，项目部安排电工进行定期检查。对接线不符合规范的地方，立即整改，以免影响全局。

（三）临时电源故障应急措施

认真执行施工现场临时用电的操作规程要求，不乱拉乱搭设电线，如遇人员触电，立即终止施工作业，现场负责人负责组织抢救，并拨打 120、110 电话，按规定程序上报，启动应急救援处理方案；如遇电路故障导致火灾，现场负责人要即刻组织人员迅速进行灭火，并拨打报警电话 110、119 及救护电话 120。

十六、使用液化石油气应急处置

液化石油气主要成分是丙烷、丁烷、丁烯，在常温和常压的条件下是气态，但在降低温度或升高压力时，很容易从气态转变为液态。液化石油气是一种无色无味的易燃易爆气体，为了便于嗅别，在生产过程中添加了硫化物，所以我们嗅到的液化石油气有刺鼻气味。液化石油气闪点、燃点和自燃点都比较低，液化石油气具有挥发性、易燃易爆性、膨胀性、溶解性、麻醉性、静电聚集性等，如使用不当泄漏较多遇火源容易引起燃烧爆炸，造成人员伤亡和财物损失。目前公司管辖范围内使用液化石油气较多，主要以厨房、洗澡间使用居多，因此使用液化石油气一定要做好预防措施，避免对人体造成伤害和财物损失酿成事故。

（一）液化石油气使用要求及预防措施

（1）施工现场使用液化石油气，必须由使用人向施工现场消防安全责任人提出书面申请，经批准后方准使用。

（2）必须使用经技术监督部门检验合格的贮气瓶、减压阀、软管、炉具、热水器等燃气用具。

（3）贮气瓶必须放置在与明火隔绝的地方，不得露天曝晒。

（4）贮气瓶与炉具之间的安全距离不得少于 80cm。

（5）使用液化石油气时贮气瓶必须直立，使用完后，必须关上液化石油气炉或热水器开关和贮气瓶角阀。

（6）在同一厨房内禁止同时使用液化石油气炉、柴炉、煤油炉。

（7）禁止乱倒贮气瓶内的残液。

（8）禁止在宿舍内使用液化石油气。

（9）使用液化石油气炉时要有人照看，锅、煲、壶等不宜盛水过满，以免溢出熄灭火焰，造成气体泄漏聚集。

（10）必须经常检验贮气瓶等燃气炉具是否漏气或损坏，如漏气或损坏应及时维修或更换。

（二）液化石油气泄漏应急措施

（1）液化石油气发生泄漏而未着火时，应马上疏散人群。

（2）立即关上气瓶的角阀或管道煤气表前的总阀门。

（3）及早打开门窗，加强室内外空气的对流，降低室内空气中的燃气浓度。

（4）由于液化石油气比空气重，地表面积存较多，所以应采取向外扫地的方式，将沉降的液化石油气向室外驱散。

（5）如果室内有明火应立即熄灭。

（6）电器设备的开关不得开启或关闭。

（7）迅速查找液化石油气泄漏原因。

（8）如果气瓶漏气，可用湿毛巾、肥皂、黄泥等临时将漏气处堵住，把钢瓶挪到空旷处并通知煤气公司抢险队来处理，此时必须杜绝一切火源。

（三）液化石油气火灾应急措施

（1）液化石油气泄漏失火，必须尽快进行扑救。扑救越及时越易扑灭，损失也越小。扑救液化石油气要讲究方法，不然还可能把事故扩大。

（2）如液化石油气漏气着火，火势不大的，要马上疏散人员保持镇静，绝对不能惊慌失措，首先用干粉灭火器或二氧化碳灭火器将火扑灭，然后关上气瓶的角阀或管道气的总阀门。

（3）如液化石油气瓶角阀漏气着火，先用干粉灭火器将火扑灭，然后用毛巾或湿布垫着手关闭气瓶角阀。

（4）在扑救液化石油气火灾时，如果发现火焰发白并且伴有"吱吱"声响，瓶体出现颤抖摇晃时，这是爆炸前的征兆，应立即撤离危险区域，避免造成不应有的人员伤亡事故，同时打119电话报警。

（5）火灾现场或其附近还有其他气瓶时，应立即将其挪到远处，防止被燃爆。

（6）当事故现场火灾危及人身烧伤，即立即把伤者隔离火源，并把火扑灭，轻度烧伤可即包扎处理，中、重度烧伤者马上送医院治疗，并进行医学观察。

十七、空气重污染应急处置

（一）预防及预警

1. 预防

空气重污染天气条件下，原则是停止施工，如特殊原因必须施工，必须制订防止污染的现场处置方案，减少扬尘和粉尘，及时洒水降尘，做好临时存放土方的苫盖，土方运输车符合"六统一"要求，现场管理人员和作业人员佩戴口罩。日常进行环境污染条件下相关应急知识的培训。

2. 预警

依据空气质量预测结果，综合考虑空气污染程度和持续时间，将空气重污染预警分为4个级别，由轻到重依次为蓝色预警（预警四级）、黄色预警（预警三级）、橙色预警（预警二级）和红色预警（预警一级）。

（1）蓝色预警（预警Ⅳ级）：预测全市空气质量指数日均值＞200将持续1天，且未达到高级别预警条件时。

（2）黄色预警（预警Ⅲ级）：预测全市空气质量指数日均值＞200将持续2天及以上，且未达到高级别预警条件时。

（3）橙色预警（预警Ⅱ级）：预测全市空气质量指数日均值＞200将持续3天，且出现日均值＞300时。

（4）红色预警（预警Ⅰ级）：预测全市空气质量指数日均值＞200将持续4天及以上，且日均值＞300将持续2天及以上时；或预测全市空气质量指数日均值达到500及以上，且将持续1天及以上时。

（二）应急处置

1. 蓝色预警（预警Ⅳ级）

（1）健康防护措施

① 呼吸道、心脑血管疾病患者等易感人群减少室外作业。

② 各职能部室及项目加强对空气重污染应急、健康防护等方面科普知识的宣传。

（2）应急措施

① 尽量乘坐公共交通工具出行，减少机动车上路行驶；驻车时及时熄火，减少车辆原地怠速运行时间。

② 施工现场裸露土方、易飞扬物料堆放进行苫盖。

③ 加强洒水降尘，减少交通扬尘污染。

④ 拒绝露天烧烤。

2. 黄色预警（预警Ⅲ级）

（1）健康防护措施

① 呼吸道、心脑血管疾病患者等易感人群尽量留在室内。

② 一般人群减少户外运动和室外作业时间。

③ 各职能部室及项目加强对空气重污染应急健康防护等方面科普知识的宣传。

（2）应急措施

① 尽量乘坐公共交通工具出行，减少机动车上路行驶；驻车时及时熄火，减少车辆原地怠速运行时间。

② 施工现场裸露土方、易飞扬物料堆放进行苫盖，加大扬尘控制措施的监督检查。

③ 及时清理建筑垃圾、加大洒水降尘的频次。

④ 拒绝露天烧烤。

（3）强制性应急措施

① 加大洒水降尘频次。

② 停止土石方、建筑拆除、工地喷涂、护坡喷浆、切割等施工作业。

3. 橙色预警（预警Ⅱ级）

（1）健康防护措施

① 呼吸道、心脑血管疾病患者等易感人群尽量留在室内，避免室外活动。

② 一般人群应尽量避免室外活动，如不需进行室外活动可适当采取佩戴口罩等防护措施。

③ 各职能部室及项目加强对空气重污染应急、健康防护等方面科普知识的宣传，可组织专家开展健康防护咨询、讲解防护知识。

④ 密切观测员工是否出现呼吸类疾病，与附近医疗卫生机构保持联系，对发现的呼吸类疾病及时送往救治。

（2）建议性应急措施

① 尽量乘坐公共交通工具出行，减少机动车上路行驶；驻车时及时熄火，减少车辆原地怠速运行时间。

② 施工现场裸露土方、易飞扬物料堆放进行苫盖，加大扬尘控制措施的监督检查。

③ 及时清理建筑垃圾、加大洒水降尘的频次。

④ 减少油料、油漆、溶剂等含挥发性有机物的原材料及产品使用。

⑤ 员工可根据空气重污染情况实行错峰上下班。

（3）强制性应急措施

① 洒水降尘频次至少增加 1 次，减少扬尘污染。

② 停止土石方、建筑拆除、工地喷涂粉刷、护坡喷浆、切割等施工作业；施工现场裸露土方、易飞扬物料堆放进行苫盖，加大扬尘控制措施的监督检查。

③ 建筑垃圾和渣土运输车、混凝土罐车、砂石运输车等重型车辆禁止上路行驶。

④ 在工作日高峰时段区域限行交通管理措施基础上，国Ⅰ和国Ⅱ排放标准轻型汽油车禁止上路行驶。

⑤ 禁止燃放烟花爆竹和露天烧烤。

4. 红色预警（预警Ⅰ级）

（1）健康防护措施

① 呼吸道、心脑血管疾病患者等易感人群尽量留在室内，避免室外活动。

② 尽量避免室外活动，如室外活动可适当采取佩戴口罩等防护措施。

③ 各职能部室及项目加强对空气重污染应急、健康防护等方面科普知识的宣传，组织专家开展健康防护咨询、讲解防护知识。

④ 密切观测员工是否出现呼吸类疾病，与附近医疗卫生机构保持联系，对发现的呼吸类疾病及时送往救治。

（2）建议性应急措施

① 各职能部室及项目根据空气重污染情况和集团公司临时要求可实行弹性工作制。

② 原则上停止室外作业或大型活动。

③ 尽量乘坐公共交通工具出行，减少机动车上路行驶；驻车时及时熄火，减少车辆原地怠速运行时间。

④ 施工现场减少涂料、油漆、溶剂等含挥发性有机物的原材料及产品的使用。

⑤ 在原有基础上增加洒水频次。

⑥ 大气污染物排放单位在确保达标排放基础上，进一步提高大气污染治理设施的使用效率。

⑦ 员工可采取错峰上下班、调休和远程办公等弹性工作方式。

（3）强制性应急措施

① 按照预警信息及要求国Ⅰ和国Ⅱ排放标准轻型汽油车（含驾校教练车）禁止上路行驶；国Ⅲ及以上排放标准机动车实施机动车单双号行驶（纯电动汽车除外），其中本市用车在单双号行驶的基础上，再停驶车辆总数的 30%。

② 建筑垃圾和渣土运输车、混凝土罐车、砂石运输车等重型车辆禁止上路行驶（清洁能源除外）。

③ 施工现场停止室外施工作业。

④ 洒水降尘频次至少增加 1 次以上，减少扬尘污染。

⑤ 禁止燃放烟花爆竹和露天烧烤。

5. 后勤保障

现场设备负责人紧急调配应急物资，所需物资为：口罩、正压式呼吸器、洒水车、急救车等。

第九章　建筑施工生产安全事故后恢复工作

第一节　建筑施工生产安全事故后恢复计划

一、确立生产安全目标

坚持安全生产理念，强化安全意识。杜绝火灾事故、交通事故、压力容器、火工产品爆炸事故，机械设备重大事故。消灭责任性因工死亡事故，杜绝重伤事故发生，员工年负伤率、重伤率控制在最低限，安全生产零死亡。

二、生产安全恢复计划

（1）认真贯彻落实"安全第一、预防为主、综合治理"的基本方针，充分发挥主要负责人事安全生产第一负责人的职能，保证对安全生产工作的投入，进一步强化对安全生产工作的领导，增强对安全生产工作消防结合的意识，下大力做好本单位安全生产的各项工作，落实生产主体责任，大力推进安全生产全员参与逐级负责制、坚持每周一安全生产综合检查机制，建立安全生产排查安全隐患长效机制。

（2）月安全工作检查定在每周一，由各部门检查纠正；季度安全工作检查由总经理统一安排部署，生产班组负责人每天对班组安全进行检查并做好记录。

（3）安全目标分解到部门。

为实现以上安全目标，重点应抓好以下几方面的工作：

（1）通过多种形式引导职工立足本职岗位，深刻理解"安全第一、预防为主、综合治理"的基本方针，不断加大力度，广泛开展争当职位能手活动，开展无"三违"、无事故安全标兵等活动，使职工的技术、业务素质在实践中得到锻炼提高，持续围绕"五个一"开展"五赛"活动。

（2）"五个一"即：每日一题、每周一课、每月一考、每季一评、每年一赛。

（3）"五赛"即：

① 赛思想。要求职工加强政治理论学习，坚定对党、对企业的信念，增强主人翁责任感，不断提高思想政治觉悟。

② 赛进度。要求职工瞄准先进的进度指标，大力提高工作效率。

③ 赛技术。要求职工立足本职岗位，刻苦钻研技术能熟练掌握本岗位操作技能，具有操作过程中排出故障的能力，熟知应知应会的要求。

④ 赛质量。要求职工牢固树立"质量第一"的观念，提高优质工程效率，降低消耗，严把工程质量关。

⑤ 赛安全。要求职工严格执行操作规程，消灭违章操作，认真搞好设备的维修和保养，及时排除故障，消除不安全因素，熟知安全知识，按章操作，杜绝事故。

（4）通过强化安全宣传教育，使管理人员、职工认识到安全是自身最大的利益，职工生命高于一切，意识到安全生产是实现企业发展、职工富裕的基础，安全责任重于泰山，真正把安全工作放到第一位，自觉认真履行安全职责。

（5）加强现场管理，狠抓质量标准化工作，严格质量要求。在每天的班前会上对每个职工在上一个班的生产过程中，安全质量及操作上存在的问题，一一提出进行培训，让职工以理论知识指导生产实践。在作业现场，管理人员对职工的违章行为和不规范操作当场予以纠正，并按照章程规定进行规范指导；班组组长从职工的劳动纪律、工序操作、生产任务、安全技能上进行现场考核打分，按安全管理制度进行奖罚，以此调动职工工作的积极性。全面有效地提升作业人员操作技能，增强安全意识和管理意识，树立"我要安全"理念，强化"我会安全"技能，规范操作，主动排除各种安全隐患和问题，学习其他单位先进的安全管理方法和安全生产技术，努力实现安全生产状况的根本好转。

（6）员工培训

组织员工学习安全纪律、员工守则，进行安全教育，每个单位工程开工前，针对每个分项工程的具体情况，组织员工学习安全操作规程，特别是对电工、焊工、架子工、起重工、爆破工、各种机动车辆驾驶员及各种机械操作者等特殊工种员工，除进行一般的安全技术知识教育外，还必须进行本工种的安全技术教育，考试合格后方能上岗，保障持证上岗率达100%。

（7）安全警示标志

针对每个施工现场的具体情况，不同时段、不同地点设立必要的安全警示标志。道路及轨道交叉处有警示标志、信号装置；坑、沟、池、井等有盖板、围栏；危险的悬崖、边坡、深坑、洞、眼等有防护设施、警示标志，变配电设施及电线的架设，按当地电业主管部门的规定执行。

（8）防护用品及防护设施

项目经理部及各作业队必须配备足够的安全帽、安全绳、安全带、安全网等，并指导员工在什么场所、怎样的情况下正确使用什么样的防护用品、防护设施；项目经理部及各作业队驻地、炸药库必须配备一定数量的灭火器、消防沙等消防设施。

（9）应急物资、资金保障

项目经理部及各作业队必须配备至少一名专业安全检查员，并针对消防、防汛、坍塌、火灾等突发事故，配备足够的应急物资，同时财务部门预备专项资金以备调用。

三、生产安全管理措施

1. 实行目标管理，严格执行各级安全生产责任制考核

根据公司《管理文件》的要求，项目经理部制定各级人员安全生产责任制，各部门应全面落实安全生产责任制，层层签订安全生产责任书。同时，项目经理部应结合实际，制

定有针对性的实施细则，使安全目标责任层层细化与量化，落实到各职能部门、班组、重要岗位及特殊岗位个人。项目各职能部门每季度进行一次考核，协作队伍、班组每季度进行一次考核。考核内容将依据年初安全目标责任书中考评表为准。各级领导、各有关部门及协作队伍须对本职工作制定有关安全目标责任制考核表，定期层层考核，奖罚兑现。项目经理部安全生产管理领导小组成员要本着对本职工作、对全体员工高度负责的精神，坚持管生产必须管安全的原则，定期召开安全专题会议，组织参加安全检查，听取安全生产汇报，保证人、财、物的投入，做到安全工作与生产任务同计划、同布置、同检查、同总结、同评比，真正抓好安全生产工作。

2. 建立安全生产形势定期分析会制度

项目经理部坚持每周由专职安全员主持，协作队伍、班组召开安全生产形势分析会。每月由项目经理主持召开安全生产形势分析会，小结安全动态，总结经验教训。

3. 加强安全宣传、培训，着重对标准、规范的学习

安全工作的好坏与项目经理部各级人员是否掌握安全法规及安全知识密切相关，因而加强对安全法规及安全知识的学习培训工作是安全工作长效管理的重点内容之一。

（1）加强特殊工种岗位作业人员的培训、复审的检查管理，严禁无证上岗。

（2）对各工地进场人员进行安全"三级"教育，教育形式应多种多样，切实可行，并作好教育记录，经考试合格者方准上岗作业，教育率应达100%。

（3）组织专职安全管理人员及项目安全员学习《中华人民共和国安全生产法》《建设工程安全生产管理条例》，增强安全管理的法制观念，提高认识水平和业务水平。

（4）项目部要广泛利用施工安全简报、黑板报、宣传栏、标语等形式多样的安全教育方式，深入开展《建设工程安全生产管理条例》的宣传教育，定期组织各工种人员进行安全知识培训，并将宣传、培训记录用图片或书面资料的形式存档。

4. 加大安全监督检查力度，严格奖罚

严格执行"安全检查"制度。项目部将根据现场安全状态和业主综合考评的需要，采取定期检查与巡检相结合的方式，实行动态管理。强化安全隐患整改及跟踪反馈工作，对查出的安全隐患应按"三定"原则进行整改，并及时反馈，复查或两次检查不合格的工点严格按项目部有关文件执行处罚，追究有关人员责任，并强制停工整改直至整改合格。凡在项目部（以上）安全检查中被下发整改指令书不按期整改或检查不合格的班组，按照规定给予经济处罚，并责令如期整改；被业主检查罚款通报的班组，加倍处罚。其他奖罚规定遵照《项目部安全生产管理规定》执行。

5. 加强安全防护用品及设施的监督管理，逐步实现标准化、规范化、法制化

（1）实行安全防护用品及设施准入制度。凡进入各施工现场的安全防护用品及设施包括安全帽、安全网、安全带、安全绳、五芯电缆、铁壳开关箱、漏电保护器必须是符合国家有关规范、标准的合格产品；物资设备部门负责审核及办理准入手续。

（2）进入施工现场的大、小型机械设备应实行进场验收制度。禁止使用不合格机械设备。

（3）各施工现场应严格按标准要求挂设安全标志牌，并绘制各阶段的安全标志平面布置图。

6. 建立应急救援组织，完善应急救援预案

应急救援组织在单位内部专门从事应急救援工作，一旦发生生产安全事故，应急救援组织就能够迅速、有效地投入抢救工作，防止事故进一步扩大，最大限度地减少人员伤亡和财产损失。项目部成立重大安全事故应急处理工作领导小组，负责协调组织人员在事故发生时，及时进场处理，控制事态发展，把人员的伤害和财产的损失降到最低点。

7. 合理使用安全生产专项措施经费，切实做到专款专用

按照有关规定，项目部必须在工程开工前提出安全生产措施经费的计划，合理使用，切实做到专款专用。

第二节　建筑施工生产安全事故后进度管理应对措施

为实现工程恢复后对工期目标的要求，应配备一个由各专业工种组成的队伍进行施工，引进新工艺、新技术及先进施工机械设备，同时必须做到材料供应及时，劳动力及机械设备、周转材料充分满足施工要求，安排并处理好各工种之间协调与衔接关系。基本上做到关键工序提前做，一般工序同步做。在施工过程中，合理组织流水施工和立体交叉作业，充分利用网络计划中的时间参数，以安全为准则，质量为前提，进度为主线，确保工程按建设单位要求或提前完成竣工验收。

一、施工进度计划控制

建筑工程要恢复正常工作，必须保证工期。因此必须调进足够的机械设备、劳动力，按时运入足够的材料，做好施工安排，才有可能实现。

搞好施工前的准备工作：

（1）熟悉工程的进度情况，建设单位的资金来源与供应情况，为工程施工安排提供依据。

（2）做好图样会审，各专业有无交叉，做好记录，交监理部门、设计部门审定。

（3）有需要应重新编制施工图预算，为施工组织设计提供数据。

（4）依据工程图样、地质资料、施工合同、施工组织设计。

（5）编制材料、构件供应计划，为材料、构件定货采购提供依据。

（6）做好市场材料供应与运输条件的调查，确定材料供应方案与运输方式。

（7）建立组织能力强，技术高超，能打硬仗的管理机构，组织好工程的继续施工。

（8）选择一支工种齐全，技术水平高，又能吃苦耐劳，人员充足的施工队伍。施工中依据工程建设的需要组织三班或两班作业，加快工程进度。

（9）选择优质、高效、完好的机械设备。

二、加强施工过程管理

（1）组织施工管理人员熟悉图纸、样板及有关技术资料，提前研究解决施工中存在的问题，解决土建、水暖、电气工程及分包工程发生交叉矛盾。避免施工时发生交叉碰撞，影响施工进度。

（2）主要分部分项工程，采用分段流水、立体交叉、平行作业，最大限度的利用空间、时间，减少停工窝工时间。

（3）在施工组织设计的指导下，科学组织、精心编制施工进度计划，制订相应的技术措施，精心组织施工，做到日保周、周保月。当天的工作必须完成，计划只能提前，不能拖后。

（4）施工队伍、班组实行分部、分项工程承包责任制，包质量、包材料、包工期。工程提前完成受奖，工期拖后受罚，推动施工计划的加快进行。

（5）施工中，管理人员做到责任分工明确，必要时做到跟班作业。

（6）分项工程施工中做好施工技术安全交底。推行样板制、三检制，做好施工过程中的检查，做到一次成活，避免大量返工影响工期。

（7）工程中采用新技术、新材料、新工艺。提前做好试验，制订相应技术措施，保证工程质量，加快工程进度。

（8）每周召开一次生产调度会议，除本工程施工管理人员参加外，邀请建设单位、监理单位人员参加。优化进度计划，解决施工中存在的问题。

（9）搞好与建设单位、设计单位及监理单位三方关系，及时搞清资金供应情况，设计图样供应情况，特殊材料、设备供应情况以及施工过程中监理工作程序。工作中做到大家团结一致，相互信任，互相支持与帮助，共同促进工作。

（10）加强与各分包队伍的协调配合工作。在土建方面给予施工设备、脚手架等使用上的保证和劳动上的配合，并建立例会制度加以协调。

三、施工进度的保障措施

（一）技术措施

① 做好施工技术准备，制订切实可行的施工方案，科学合理地划分施工区段。

② 施工期间加强气象部门的联系，做到心中有数早预防，合理安排工作。

③ 科学合理地组织平面、立体交叉作业施工，形成各分部分项工程在时间上、工序上的充分利用与合理搭接。

④ 强化事前、事中、事后进度控制，根据工程先后逻辑顺序有序的采取预防措施，避免窝工。

⑤ 采用网络控制技术，采用立体交叉平行流水施工的方法，使各工种尽可能同时施工，形成流水作业段的良性循环，各工种密切配合，做到不窝工。

⑥ 粗钢筋连接：竖向钢筋采用电渣压力焊，水平钢筋采用闪光对焊连接技术，提高钢筋连接质量，加快工程进度。

⑦ 板采用胶合板，制成定型模板并统一编号，减少木模加工作业量，加快工程进度。

⑧ 现场技术人员主动与设计单位取得联系，商讨施工与设计的配合及技术难点的处理，尽可能减少因设计误差而造成的施工返工，从而保证计划工期的实现。

⑨ 加强技术管理力度，以适应施工进度的需要。已经核定的技术变更，应及时通知施工工长和施工班组；临时性的修改，要立即制定相应的技术处理措施；对可能影响施工

进度的变更，要主动向监理、业主及时反馈，商讨合理的处理措施。

⑩ 在不影响建筑使用功能，不增加业主投资的原则下，根据工期要求和实际施工情况，会同设计、业主、监理一道，采取灵活可行的技术措施，及时解决施工中的各种技术问题。

⑪ 应用新技术，新工艺缩短技术间歇时间，提高工效。采用切实可行的冬季施工措施，保证连续施工，确保工程进度。

（二）物资保证

① 按施工进度计划提前编制原材料、构配件加工计划，提前一定时间组织进场。

② 现场搭设材料仓库，仓储量能满足施工材料的要求，以保证随机事件发生满足材料供应充足，保证工程按计划进行。

③ 增加机械设备的一次投入量，利用技术间歇时间和业余时间检查围护、保养机械设备，使其完好率达到100%。

④ 选择机械性能好、机械效率高的机械设备，其使用率达到100%，减少机械设备维修时间，加快工程进度。

（三）资金保证

① 及时编制月、季施工进度计划和资金使用计划，每月底向建设单位提供资金使用计划和施工进度计划，以保证建设单位按期拨付工程款。

② 合理编织资金使用明细，分轻、重、缓、急安排资金合理使用。

③ 施工合同中明确规定各项经济责任和索赔条款，避免发生经济纠纷，影响工程进度及交付使用。

（四）管理保证

① 公司和分公司设分管领导一人，常驻现场，协助项目经理进行施工管理和施工协调。

② 在施工过程中与建设单位、设计单位、监理单位紧密配合，严格按照施工图及施工验收规范和施工组织设计组织施工，从管理上保证施工进度的实现。

③ 实施合同约束制，公司与项目经理签订工期合同。项目经理同项目管理人员及作业班组签订分项工期合同，实行目标分解，责任到人。项目经理全面负责进度实施，副经理和专业工长具体执行。责任和利益相结合，调动全体工作人员的工作热情和劳动积极性。把工期考核同职工的经济收入挂钩。并把工期作为年度考核项目经理业绩的重要指标。

④ 认真编制各阶段的施工作业计划，以总工期控制分段施工作业计划。采用网络技术，抓好关键线路的控制，及时调整影响工期的因素，把施工周期缩短在最佳范围内。

⑤ 每周召开一次协调会，邀请业主，监理工程师参加，检查上一周施工计划完成情况，布置下一周施工生产计划安排，找出存在的问题。进度检查必须务实，检查内容包括工程形象进度、材料供应情况及管理情况等，及时发现处理影响进度的因素，对于滞后的进度及时采取措施，组织力量限期赶上。切实避免因滞后累计，致使无法保证工期的现象发生。

⑥ 实施交叉作业，合理组织各工序的穿插。各工种之间相互支持，积极配合，努力为对方创造条件提供方便。

（五）施工进度安排保证

① 进行科学管理，合理组织人员、机具、材料，紧凑地组织穿插施工，力求从空间上赢得时间。

② 实行目标管理，分阶段严格控制施工进度。以总进度为基础，抓好关键线路控制。以计划为龙头，实行长计划短安排，每周安排进度计划，每周进行检查和考核，确保总工期的实现。

（六）机械设备配备保证

① 根据工程施工期紧的特点，配备足够的施工机具。设专职机电管理人员，加强对机具设备的管理。

② 加强对施工机具的日常保养维修，配备易损零部件，出现故障及时进行维修。

③ 做好机具设备运转记录，掌握施工机具运行情况，及时对施工机具进行保养维修。

④ 根据施工阶段的机具，所提需用量计划，再附加一定的备用品。

⑤ 施工大型设备如搅拌机等需要配备足够的易损零部件。

⑥ 现场设置施工机具、设备维修及抢修班组。

（七）材料供应保证

① 据工程施工周期短的特点，提前编制材料需用计划，要求及时准确。对大宗材料（钢材、水泥、木材、砂、石、砖等）应签订供货合同，落实货源，按计划及时进场。

② 根据施工进度安排，及时制订、核实每月材料需用计划，以满足材料的组织、加工的时间间隙，保证能按期进场使用。

③ 加强施工的预见性，所有材料的备料均应比现场施工进度提前一个月，进场时间应较实际进度提前3～7天。

④ 把好材料入场关，所有进场材料必须持证（出厂合格、检验试验报告、厂家生产资质证），在外观检查合格后，随机抽取试样进行质量检验，合格方可用于工程。

⑤ 加强对现场材料的管理，分品种、规格进行堆码。装饰材料必须妥善保管，若不能入库，必须搭棚遮盖防雨及防止其他污染、损坏。

⑥ 为满足工期，周转材料提出两套计划，按计划及时组织进场，分规格堆码，以满足施工生产的需要。

⑦ 对特殊材料、短缺材料应及早组织，可在公司范围内进行调剂。

⑧ 材料、机具、设备供应保证的应对措施

⑨ 各阶段施工半月前，现场材料组，尤其是采购人员需与甲方一起落实好厂家货源，采用"货比三家"，即比质、比价、比服务的原则进行定货，特别是钢材、水泥建议尽可能采用大厂材料，确保工程质量。为保证材料供应的稳定，材料供应商应保证落实三家以上，一旦出现短缺，可以有第二家或第三家供应商。

⑩ 砂石等地材受季节性变化经常影响正常施工，根据市场供需变化规律并客观的评

估国家级、市区级重点工程分布情况，地材需要时间和数量，项目应在地材丰产期内根据施工需用数量，尽可能储备多一些，以便顺利渡过地材低产期。

⑪ 现场材料、半成品的贮备量应比实际需用量多一些。

（八）劳动力组织保证

① 对劳动力实施动态管理，针对各施工阶段的需用情况，投入足够的劳动力，以保证施工的正常进行。工程工期安排紧，实施超常规施工，组织两班人员，实施两班作业。

② 选择技术好、作风硬的青年班组，充分发挥自有职工的生产积极性。

③ 采取公开招标形式，选择与本公司长期合作综合素质较好的施工劳务作业企业。

④ 开展劳动竞赛，比质量、比进度、比安全和文明施工，奖优罚劣，调动参赛职工的积极性。

（九）工种配合保证

① 项目经理部全面负责整个工程的质量和进度，并认真做好与专业工种之间的协调配合。

② 项目经理部的管理组织机构，由各专业工种的负责人参加，组成现场统一的管理机构，统一协调和制订施工进度计划网络。专业工种的施工网络计划要依照总体施工网络计划制订，专业工种管理工作应符合项目全面管理工作的要求。

③ 项目经理部应按专业的施工进度和工序顺序统筹安排进出场事宜，协调其交叉作业施工的工序搭接。

第三节　建筑施工生产安全事故后质量应对措施

一、建立质量保证体系

质量保证体系如图 9-1 所示。在项目施工过程中，加强项目实施全过程的质量管理，严格规范管理工作程序，以完善工程项目质量保证体系，最终实现质量管理目标。工程施工过程中应严格控制影响质量的六大因素。影响质量的六大因素是：人、机械、设备、材料、施工方法、检测技术、环境。因此项目经理部做到以下几点：

（1）提高全体人员的质量意识，技术素质，加强培训教育与考核。

（2）加强机械设备管理，使设备总体保持在最佳运行状态。

（3）把好采购关，应用新材料，着重原材料的管理。

（4）采用新工艺、新方法，使施工方法科学化、技术规范化。

（5）利用先进设备和方法，提高施工质量检测水平。

（一）质量保证体系的运行

（1）公司建立以总经理为负责人，总工程师为技术业务领导，由经营、生产、劳资副总经理及总经济师和总会计师参加的质量管理机构，对工程质量进行监督控制。

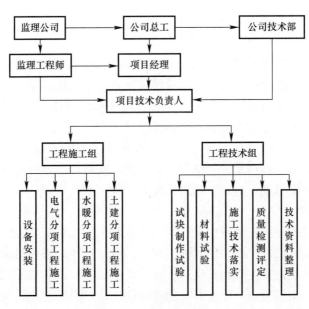

图 9-1　质量保证体系流程图

（2）公司以质安部门负责人为首组织相关职能部门人员成立质量检查小组，代表公司总经理和总工程师对工程质量进行动态跟踪控制，严把每道工序质量关。

（3）项目经理部在工程施工、加工制作过程中，对工程各施工项及成品由操作人员进行自检，由施工人员组织班组之间和上下工序之间进行互检，由专职质检人员对产品质量进行专检。

（二）接受各级主管部门领导、业主及监理工程师、设计师的指令

（1）对各级主管部门领导的指示意见，认真听取、总结消化，并通过优质、高速、安全地完成工程施工任务，为企业取得社会信誉和业主的信任，树立企业的良好形象。

（2）工程施工措施、分部分项工程的施工方案预先让监理和业主审核，在业主同意后方可组织实施。分项工程完成后，按规定提前以书面形式请业主及监理工程师和质监部门验收，符合要求后方可进行下道工序施工。接受业主、设计师、监理工程师的指令，并由业主、监理工程师监督检查工程施工全过程，是工程保质按期完成的前提和保障。

（3）严格按施工图和国家规范及有关施工操作规程组织施工，对于图纸中发现的疑问提交设计方或业主确认，并经设计方、业主方统一施工方法出具书面文件后方可组织实施。

（4）施工中出现问题，及时向业主、监理工程师、设计师或其代表汇报，并提出整改意见，经业主或设计师同意后实施。

（5）工地所有劳动力、施工设备、周转材料均要满足工程施工质量的要求。

（三）施工阶段性的质量控制措施

施工阶段性的质量控制措施主要分为三个阶段，并通过三个阶段来对本工程各分部分

项工程的施工进行有效的阶段性质量控制。

1. 事前控制阶段

（1）事前控制是在正式施工活动开始前进行的质量控制，事前控制是先导。事前控制，主要是建立完美的质量保证体系、质量管理体系，编制质量保证计划，制定现场的各种管理制度，完善计量及质量检测技术和手段。对工程项目施工所需的原材料、半成品、构配件进行质量检查和控制，并编制相应的检验计划。

（2）进行设计交底，图纸会审等工作，并根据本工程特点确定施工流程、工艺及方法。对本工程将要采用的新技术、新结构、新工艺、新材料均要审核其技术审定书及运用范围。检查现场的测量标准，建筑物的定位线及高程水准点等。

2. 事中控制阶段

（1）事中控制是指在施工过程中进行的质量控制。主要有完善工序质量控制，把影响工序质量的因素都纳入管理范围。及时检查和审核质量统计分析资料和质量控制图表，抓住影响质量的关键问题进行处理和解决。

（2）严格工序间交换检查，作好各项隐蔽验收工作，加强交检制度的落实，对达不到质量要求的前道工序决不交给下道工序施工，直到质量符合要求为止。

（3）对完成的分部分项工程，按相应的质量评定标准和办法进行检查、验收。

（4）核对设计变更和修改图纸。

（5）如施工中出现特殊情况，隐蔽工程未经验收而擅自封闭、掩盖或使用无合格证的工程材料，或擅自变更替换工程材料等，监理工程师有权向项目经理下达停工令。

3. 事后控制阶段

（1）事后控制是指对施工过的产品进行质量控制，是弥补。按规定的质量评定标准和办法，对完成的单位工程、单项工程进行检查验收。

（2）整理所有的技术资料，并编目、建档。在保修阶段，对工程进行维修。

（四）技术管理措施

（1）认真贯彻各项技术管理制度，开工前落实各级人员岗位责任制，确保所有操作者上岗均经过培训和应知应会考核，持证上岗率达 100％，从根本上保证工程项目所需的操作者的素质。

（2）开展技术攻关、消除质量通病，在质量上实施全过程的管理和控制，确保每道工序均处于受控状态。坚持编写质量计划和技术交底制度，在每一道工序施工前，各分部分项工程施工前由项目工程师对施工员进行技术交底，再由施工员对施工人员进行技术、质量、安全等进行详细交底，要求交底通俗易懂，并明确每位施工人员知道做哪儿、怎样做、达到什么才算符合要求，怎样施工安全等。

（3）坚持方案在先，样板开路，项目部根据各分部分项工程的特色，必须先编制出分部分项较全面详细的施工方案，并经监理审批后做出样板，样板经业主和监理验收达到三方满意后方可展开施工。

（4）坚持挂牌施工，落实质量责任制，在实施过程中，项目部将根据工程特点把各个分部分项按施工难度和工艺要求划分若干条块，将相关专业队组的人员进行筛分，然后在平面图上圈定各个部位的操作者，自上而下基本保持一定的定位，这样既可方便现场管理，又可保持质量的可追溯性，使质量管理动态条块分明。

（5）建立分级负责制。从作业工人到各作业班长，从专职质检员到项目经理部的各职能部门都明确制定相应的质屋管理责任，明确作业班组长为质量第一责任人，并制定项目部质量管理奖罚措施。

（6）加强施工技术复核工作，施工技术交底后，由各专业施工人员负责对所在分项工程进行全面技术复核，由项目工程师抽查复核。

（7）加强技术资料的管理，施工现场设专业技术资料员，负责填写施工日记，负责对各类工程技术资料的编制、收集、密封，并分门归类存档，技术资料要求建立及时、齐全、准确、真实，并由项目工程师定期复核。

二、施工质量检验体系

（一）建立施工质量检验体系（详见后面质量控制措施）。

（二）施工质量检验体系的运行

（1）工程施工的质检员必须持证上岗。

（2）公司质量管理部门应组织有关部门对工程质量进行定期检查，分析鉴定质量事故并提出处理意见。

（3）项目部坚持执行施工过程中的自检、互检、专职检相结合的三检制。

（4）项目总工程师负责对本工程的轴线、标高、特殊过程的技术问题在工长施工完成后进行技术复核。

（5）对以检验发现不合格的施工项目、原材料、外购物资等由质检员立即填写"不合格品报告单"，并进行标识，不合格产品在未处理前不得使用或转序施工。

（6）在最终检验后，项目部应采取保护产品质量措施，以免在交付前造成人为损坏和污染。

（7）项目总工程师负责监督文件和资料控制、检验和试验状态及其设备控制、质量记录控制、内部质量审核、纠正预防措施等要素的具体实施。

（8）施工员及各班组长认真进行施工自查、互查，对违反技术、质量操作规程的作业行业应及时制止、纠正。

（9）质检员独立、客观开展质检工作，对质量检验不合格品有权禁止放行。

（10）测量员发现因测量数据不准造成质量事故时，应及时通知主管领导，并采取纠正措施。

（11）试验计量员参与调查处理因试验计量失准导致的质量事故。

三、专项工程质量控制的具体措施

1. 模板工程

（1）模板施工前，必须进行设计，保证模板结构的强度、刚度与稳定性。配板合理，装拆方便。

（2）模板选择，种类与规格必须符合设计要求。

（3）模板制作加工要精细，尺寸准确、方正，板边顺直。

（4）支模时，立柱下的地面要夯实。梁下立柱底面须垫大方。立柱纵横立柱，按设计要求进行拉结，确保立柱不下沉，支架结构的稳定。柱下加对头楔，随时调整模板的高度。

（5）梁板模板安装，要按轴线、标高线找正，确保结构位置标高准确。模板安装做到尺寸准确，接缝严密。安装误差满足施工规范要求。确保结构、尺寸、标高准确，不漏浆。梁柱侧模支顶牢固，防止倾斜与胀模。

（6）混凝土施工中，下部设专人看护，发现问题及时采取补救措施。

（7）模板加工前刷隔离剂，便于模板拆除，混凝土结构表面整洁。

2. 钢筋工程

（1）进场的钢材除了有出厂合格证和试验单外，须进行二次试验，合格后方可用于施工。

（2）应用新技术代换钢材，须经设计部门核定同意方可用于工程上，代用钢材必须有试验单，二次试验合格后方准用于施工。

（3）进场的钢材有锈蚀、油泥必须清净，保证钢筋的使用要求。

（4）钢筋加工，按设计图样操作规程下料、焊接和弯折。

（5）钢筋绑扎要按设计要求进行，梁、板上划线，按线绑扎。绑扎牢固，上部筋用铁马凳支起，确保钢筋的设计位置。

（6）安装时梁下，两层筋中间加短钢筋垫起，板筋下垫砂浆块，确保钢筋的位置，不漏筋。

3. 混凝土工程

（1）原材料进场检验要合格，进场的水泥要有出厂合格证、试验单。砂子、石子、试验材质必须合格。

（2）混凝土配合比，由市检测站提供，随时测定砂、石的含水率，及时调整混凝土的施工配合比。施工中经常检查混凝土的和易性、坍落度，保证混凝土的拌合质量。

（3）楼板混凝土施工时，施工人员不得将料斗放在模板上或人站在上层钢筋上操作。混凝土振捣时不得碰撞钢筋，确保钢筋位置准确，不漏筋。

（4）强度等级不同的混凝土，要向操作人员说清楚，料斗上做明显的标识，防止弄错。

（5）混凝土振捣时，采用快插慢拨的方法，做到振捣均匀，不漏振，也不过振。防止混凝土出现蜂窝、麻面、孔洞。

（6）每浇筑一段，随时用振捣器振实，拍平，保证上表面的平整。

4. 砌筑工程

（1）砖进场后检查砖的质量，规格尺寸、翘曲、裂纹等必须符合设计要求，按规定送试，合格后方可用于施工。

（2）砂浆配比由市检测站下达，随时检查砂子的含水率，制订施工配比。砂浆中掺粉煤灰，试验必须合格。

（3）投料采用电子秤计量。确保配比准确。

（4）拌合的砂浆 3h 以内用完，不得使用过夜砂浆。

（5）砖砌筑前提前一天浇水，严禁干砖上墙，确保砌体的质量。

5. 门窗安装

（1）门窗进场要有出厂合格证，安装前进行全面检查，种类规格、附件、保护膜必须符合设计要求。

（2）抄平测量找出洞口位置，修正好洞口，按操作规程安装，临时固定，用发泡填框与墙间缝隙，加密封膏，安装五金配件，清理表面。每项都必须按操作规程进行。事先做样板检查合格后，再大面铺开，确保安装质量。

6. 顶棚、墙面抹灰

（1）顶棚：抄平找出顶棚水平线，清净基层，刮素水泥浆，做找平层与面层，找平层用木抹子抹，刮板刮平面层用木抹子抹，刮板刮平，铁抹子压光。抹灰时从四边向中间抹，确保顶棚抹灰面平整线条顺直。

（2）墙面抹灰，清净基层，吊垂直贴饼充筋，做找平层，再做面层，操作方法同顶棚。做好门窗护角，做到墙面平整墙而垂直。门窗、窗台板、散热器做好保护，教育操作人员，尊重别人的劳动成果，减少损失。

（3）砂浆按体积比配料，设专人管理，确保抹灰砂浆质量，防止随便加水泥引起抹面开裂。

7. 内墙贴面砖

（1）面砖进场要有出厂合格证、试验单。进场后开箱检查，种类、规格、颜色、吸水率必须符合设计要求。

（2）水泥要有出厂化验单，砂子试验必须合格。砂浆配比执行体积比设专人管理。

（3）由上到下吊垂直线，抄平找出墙面的四角，洞边的边线和洞口的水平线。从上到下做墙面的找平层。

（4）分层弹线由下到上摆砖，刮水泥砂浆贴面砖。敲实附线，拨正。做到表面平整，灰缝顺直粘贴牢固。

（5）面砖用前必须用水浸泡两天，阴干，防止日晒砖面脱落。

四、成品保护

（1）制定成品保护制度，做好交接检工作，对施工中损坏的部门，执行罚款处理。

（2）装饰阶段，设专人看管，防止损坏。

（3）对已完的工程，采取一些必要的防护措施加以保护。

五、内业档案管理

（1）收集整理好建设单位提供的设计图样，地质资料，设计变更等技术资料，整理归档。

（2）施工中，不断收集施工资料，设计变更，技术经济签证，抄测记录，隐蔽工程检查记录，质量检查记录，材料试验单，试块试压报告等，分类装袋保管。

（3）工程竣工后，将全部资料整理，装订成册，交建设单位归档。

第四节　建筑施工生产安全事故后成本管理应对措施

一、成本管理应对方法

（一）增强成本控制意识

成本控制也是管理过程中很重要的一部分，它不仅可以使项目经理的管理工作开展更为顺利，还可以让企业获得更多的经济利益。所以，在实际施工中，管理人员就要不断的让成本控制的意识根植在施工人员和管理人员的脑海中。

首先在思想上，企业要对成本控制给予足够的重视，完善相关的规章制度、建立奖惩制度，使成本控制有章可循。另外，企业还要树立现代成本控制理念，代替传统的管理模式、经营理念，例如，通过企业内部改革来降低成本，从而提高企业的整体效益，提倡"节俭为主，超支惩罚"的制度，将成本控制与员工的年终考核和工作效绩挂钩，使建筑企业和项目经理部的成本管理发挥最大的作用。

项目管理人员也要与其他部门的工作人员共同协作，加强施工成本的控制。在控制成本时，为了防止成本超出预算，就要时时对成本进行核算，这样就可以及时的发现问题并且解决问题。成本管理人员以及施工人员自身的专业素养对成本控制也有着不可忽略的影响，所以，在施工期间，企业应当加强对他们的培训以达到加强他们控制成本观念的目的。

（二）明确成本控制原则

成本控制必须遵循五大原则：目标管理、成本全面控制、成本最低化、动态控制以及责、权、力结合。由于建筑工程的施工特点的影响，其成本控制也有着周期较长、不确定性因素多、复杂性大的特点。因为这些特点的存在，施工单位明确成本控制的原则以及完善成本控制管理的体系就非常有必要，这样才可以让施工单位对建筑工程施工的成本控制在一个比较合格的范围内。

（三）制定合理的成本控制目标

由于建筑工程施工的周期较长，在这个过程中如果没有一个目标作为一个标杆则可能会使建筑工程在施工过程中出现较为复杂的问题。

在生产安全事故后的施工恢复开始前，企业可以先给成本控制制定一个总目标，相关的工作人员再根据具体情况制定一个个分目标。施工过程中，每一项经济活动都要计入成本控制之中，严格执行已制订的成本计划，达到降低成本的目的。在这个过程中，相关的工作人员要先保证将每一个步骤的分目标完成，那么整个企业成本控制的总目标就可以完成。如果因为现场环境的变化，施工设计也发生了改变，则可以相应的调整各个子目标的管理工作。这样不仅可以加快施工的进度，还可以保证实际成本与目标成本的差距在很小的范围之内。

（四）人工费控制

制定科学的人工费预算目标，以便可以较为准确的对费用进行管理。根据类别制定定额用工，让人工费用控制有凭据，提高施工人员的专业水平、工作效率。选择好分包队伍，使人工费报价低于企业与业主协商的相关项目价格。减少非生产人员的数量，同时也可以相应的减少临时用工数量，通过减少人工费来提高项目的总体效益。

（五）加强施工材料成本的控制

建筑工程材料成本所占的比重远远大于其他方面的成本，材料成本大约占总成本的70％。材料的质量直接影响施工项目的质量，同时材料费的管理对成本把控也有很重要的意义，所以，如果能够有效的控制材料成本，那么，总成本就基本被控制在合理的范围内。工程材料的控制最主要应该从以下两个方面着手：第一个方面就是要控制材料的价格。采购材料的相关部门应该时时关注这些施工材料的价格，并且在采买时，要多选几家进行价格的比对，在材料质量相同的情况下，应该选择价格较低的进行采买。如果工程项目规模较大，就要采用招标投标的方式进行采办材料，这种形式可以帮助施工企业获得价格较低而且质量较好的材料。第二个方面就是要控制材料的用量，在建筑工程施工中，并不是材料填筑的越多越好，而应该根据材料预算使用适量的材料。与此同时，为了避免材料的浪费，可以实行限额领取材料的制度，如果有多余的材料，要进行及时的回收再利用。

根据实际的施工状况制订材料的使用总计划，同时严格把控建筑材料的进购时间，太早就会提前支付工程款，增加贷款利息还会有出现二次搬运费的风险；对于易受潮的建筑材料，存放时间过长会有不能使用的风险，重复进货又会增加费用。若材料进购过晚又会影响到项目的进度，出现工期拖延，增加赶工的费用以及相关的罚款费。加强对材料的管理，减少材料的保管损耗。同时充分利用边角料，做好包装品和余料的价值回收工作，加快材料的周转速度以达到提高其周转期的目的。对于分包，对材料损耗率进行评估、预测，建筑材料包干使用。

（六）机械费用的控制

机械在建筑工程施工中的作用不可忽视，但是，机械的使用也会产生一定的成本。其主要的成本费用是由台班数量以及它的单价来决定的，因此，相关工作人员就要建立完善的机械管理制度，对机械的维修、破损进行有效的控制。在机械使用过程中，要合理的安排其进行工作，也要加强其租用的管理制度，避免机械设备出现闲置的现象，这样就能提高现场机械设备的利用率。机械设备在使用过程中，必然会出现损坏，所以，管理人员要派专门的人员对其进行定期的维护、保养，以减少因机械设备维修而产生的费用。

（七）优化成本管理系统

根据预算报表成本控制的指标来对整个工程中影响成本控制的因素进行具体的分析。加强对成本控制差异较多的成本项目进行分析。成本控制的方案不是一成不变的，在实际操作中，管理人员也要根据突发的情况来改变成本控制的方案。建立完善的成本管理系统，能够有效的督促各个部门认真落实成本管理的措施。

二、成本管理应对措施

（一）加强材料管理

（1）贯彻执行工程分包工作程序和采购工作程序；对外购、外协物资的承包方的质量、保证能力进行调查，审核初评和复评。对物资采购的过程实行质量控制，确保采购的材料、产品符合质量要求。保证分供方能长期、稳定供应质量优良，价格合理的原材料与产品。

（2）贯彻执行运输、储存、包装、防护交付工作程序，确保产品符合设计规定的质量要求，保证产品不损坏，不丢失，不变质，保证质量的特性，达到完好的交付产品的目的。

（3）严格执行材料进场发放制度。不合格的材料不准进场。须做二次试验的材料，必须试验合格后，方可使用。材料发放，要按施工任务单和材料预算单供料，严禁超预算供应。

（4）严格执行产品标识和可追溯性工作程序，对产品进行标识。确保对产品质量的形成过程中实施追溯。对采购的物资、材料部门，应根据对工程质量是否有影响予以区别对待。尤其是对钢材、水泥、木材等重要物资，到场后必须进行追溯性标识，做好记录，以防错用或不合格产品流入，造成损失。

（5）材料进场后，按施工总平面图布置，材料管理规定分类堆放整齐，做好质量检查与验收工作，杜绝材料质差、量差的发生，造成浪费。

（6）门窗、混凝土预制构件，装饰板材进场要按要求检查质量，核对数量，分类堆放保管好，防止质差、量差的发生与损坏，造成返工浪费。

（二）做好机械设备管理工作

（1）依据施工组织设计的要求，配置足够数量、性能优良的机械设备，完工后及时退场，降低租赁使用费用。

（2）机械要实行专机专用，做好日常的保养与维修，保证机械施工期间的正常运行。

（3）施工用的脚手板、脚手架木等周转工具按计划进场，合理安排使用，拆卸后要堆放整齐，按规定保管，减少施工中损坏与丢失。完工后及时退场，降低租赁费用。

（三）加强施工过程管理

（1）施工中，贯彻过程控制工作程序。

（2）施工前，进行图纸会审，做好记录，提出清单，由设计单位出具核定单或设计变更。

（3）施工中出现设计变更，材料、构件代用，在办理好书面签证后，再行施工，避免给结算带来麻烦。

（4）认真选择施工队伍，要求做到数量充足，工种齐全，技术水平与素质高，听从指挥，确保施工任务按期完成。降低人工费与管理费。

（5）做好分项工程的施工技术交底，推行样板制，严格质量检查，达到一次验收合格，避免返工损失浪费。

（6）合理安排施工作业计划和季节施工，避免停工、窝工现象发生，影响施工进度。

（7）各项施工做好安全交底，施工中做好安全检查，防止违章作业，防止安全事故的发生，杜绝重大人身伤亡事故的发生。

（四）合理选择施工方法

（1）强化工程测量放线工作，准确控制建筑物、构筑物、轴线位置与标高。为施工提供可靠的数据。初测后，项目技术负责人必须进行复测。最后经监理机构、建设单位验收合格，方可开工，防止意外事故发生。

（2）土方工程，合理选择机械，开行路线，挖运方式和放坡大小，减少土方的开挖量。做好土方挖填平衡工作，减少土方的运输费用。

（3）混凝土与砌筑工程，严格执行检测站提供的混凝土，砂浆配合比。随时测定砂、石的含水率，调整配比，节省水泥。

（4）加强试块的养护试压工作，依据砂浆、混凝土试块的抗压强度，调节配比，在保证质量的条件下，降低水泥用量。

（5）严格控制墙面平整度与垂直度，现浇楼板的平整度，减少砂浆的抹灰厚度，减少材料的用量。

（6）圈梁模板采用硕架支模，重复使用，节约木材。

（7）混凝土地面采用随打随抹一次压光，提高质量，节约水泥。

（8）施工中，做到工完场清，及时清理落地灰、碎砖、砂、石等，用于工程的适当部位，减少损失、浪费。

（五）应用新材料、新技术、新工艺

（1）模板推行组合钢模，竹胶合板，制成定型模板，周转使用节约木材。

（2）混凝土施工中，楼板、梁中掺早强减水剂，提高混凝土的早期强度，加快模板周转。

（3）砌筑砂浆中，掺粉煤灰，节约石灰与水泥用量。

（4）楼板钢筋推行冷轧带肋钢筋，节约钢材。

（5）粗钢筋连接推行电渣压力焊及闪光对焊。

（6）模板推选定型化的竹模板和清水混凝土结构。

（7）给水排水工程推行塑料管，降低工程造价。

（8）模板涂长效隔离剂，一次涂刷多次使用，降低模板损耗和隔离剂用量。

（9）应用计算机和信息化技术，管理更多领域，节约人工费开支。

（六）成品保护

（1）合理安排各专业、分项工程的施工顺序，避免专业、工序间的交叉与干扰。

（2）教育职工尊重别人的劳动，爱惜已完成的施工成果，施工小心从事。

（3）做好分项工程的交接检工作，推行谁损坏，谁修好的原则。一项工程完成后，立即检查，核定执行。

（4）门窗、窗台板、卫生器具安装后，做好防护工作，加防护板，堵严，防止损坏与堵塞。

（5）装饰阶段，分层、分段设专人看管，发生问题立即纠正，防止大面积损坏、修补的发生。

（七）经济活动分析

每月进行一次材料供应和施工活动经济分析。每个分部工程完成后，做一次成本经济活动分析。找出问题，提出改进方案，在未来的工作中进行整改，杜绝浪费损失，降低工程造价。

第十章 建筑施工生产安全应急预案与事故案例分析

第一节 建筑施工生产安全应急预案案例

一、××建筑施工企业的综合应急预案

目 录

8 应急预案管理

9 奖惩

10 附件

正 文

1 总则

1.1 编制目的

建立统一、规范、有序、高效的应急指挥体系，提高应对突发事故的应急处置和救援能力，最大限度地阻止事故影响进一步扩大和减少人员伤亡、财产损失。保障员工的生命安全，维护社会稳定，保证企业生产活动有序、健康开展，特制定本预案。

1.2 编制依据

《中华人民共和国建筑法》；

《中华人民共和国安全生产法》；

《中华人民共和国突发事件应对法》；

《建设工程安全生产管理条例》；

《生产安全事故应急条例》；

《生产安全事故报告和调查处理条例》；

《生产经营单位安全生产事故应急预案编制导则》；

《突发事件应急演练指南》。

1.3 适用范围

本预案适用企业及所属各单位施工过程中发生的、可能发生的各类安全生产事故，如坍塌、高处坠落、触电、物体打击、起重伤害、火灾、爆炸、机械设备伤害等。以及各类突发事件，如地震、洪水、台风等自然灾害；传染病、食物中毒等影响健康的事件及其他不可抗拒的人员和财产损失的事件。

1.4 应急预案体系

企业安全生产事故应急预案体系由企业综合应急预案、各单位应急预案和各项目部应急预案组成。

企业综合应急预案由企业安全管理部门负责组织编制和修订，经企业主管领导批准后发布实施。

各单位应急预案由本单位安全主管部门负责编制和修订，由单位主要负责人批准后发布实施，报所属上级单位安全管理部门备案。

各项目部应急预案由各项目针对本单位存在的重大危险源和不安全因素及可能发生的安全生产事故进行编制和修订，由该项目主要负责人批准发布后，报送上一级安全主管部门备案。

1.5 应急工作原则

1.5.1 以人为本，安全第一。把保障公司员工的生命和财产安全、预防和减少安全生产事故作为首要任务，切实加强应急救援人员的安全防护。

1.5.2 统一领导，分级负责。在应急领导小组的领导和协调下，各单位按照各自的职责和权限，负责有关安全生产事故的应急管理工作。

1.5.3 快速反应，资源整合。各单位要建立预警和处置突发事件的快速反应机制，加强应急队伍建设和应急物资储备管理。确保安全生产事故发现、报告、指挥、处置等环节的紧密衔接，及时应对。

1.5.4 依靠科学，依法规范。充分发挥专家作用，实行科学决策，采用先进的救援装备和技术，增强应急救援能力。依照规范制定预案，依照程序实施预案，确保应急预案科学、可行。

1.5.5 预防为主，平战结合。贯彻落实"安全第一，预防为主"的方针，坚持事故应急与预防工作相结合。做好预防、预测、预警和预报工作，做好常态的风险评估、物资装备、队伍建设、完善装备、预案演练等工作。

2 应急组织机构及职责

2.1 应急组织体系

2.1.1 企业应急组织体系由企业、各单位、项目部等有关部门和人员组成。

2.1.2 企业应急组织机构由企业安全生产事故应急处理领导小组统一领导。

2.1.3 各单位及项目部应建立应急管理组织体系，成立以单位负责人为组长的应急领导小组，项目部还应根据各项目特点建立应急救援队伍。

2.2 应急组织机构及职责

2.2.1 组织机构

企业成立安全生产事故应急领导小组。

组长：企业总经理。

副组长：企业主管安全副总经理、总工程师。

成员：企业副总经理、各部门负责人。

各单位及施工项目部应建立应急管理组织体系，成立以本级单位负责人为组长的应急管理机构，负责本单位应急管理工作的开展。

2.2.2 应急领导小组职责

1）负责企业较大及以上安全生产事故的应急领导、指挥、组织和协调。

2）负责迅速组织有关人员、专家赶赴事故现场，指挥抢险救援工作。

3）负责应急处置过程中重大问题的决策，重大方案、措施的审批。

4）仅依靠本企业的力量无法应对事故时，请示上级和请求地方政府的社会援助。

5）配合上级和事故所在地地方政府有关部门进行事故的调查和处理工作。

2.2.3 企业各职能部门应急职责

1）安全生产部负责组织制定应急预案，并根据情况进行完善；实施协调全企业应急响应工作。

2）办公室负责对外宣传工作，减少因事故发生对企业造成的不利影响。

3）财务管理部负责企业应急资金的管理，做好赔偿和保险工作。

4）人力资源部负责组织应急救援队伍，并负责组织应急知识培训。

3 预警及信息报告

3.1 危险源监控

各单位负责对本单位的重大危险源进行监控和检查。各单位建立 24 小时值班制度，夜间由行政值班和生产调度负责，对危险源进行检查。每月由应急救援指挥领导小组结合生产安全工作，检查应急救援工作及危险源情况。发现问题及时整改。

3.2 预警行动

各级单位要按照规定分级确定预警和响应的条件、程序，接到可能导致安全生产事故的信息后，根据其严重程度启动相应的应急预案。

3.3 信息报告与处置

发生安全生产事故后，所在单位或项目部要立即启动现场处置预案。迅速控制危险源，组织抢救遇险人员；根据事故危害程度，组织现场人员撤离或者采取可能的应急措施后撤离；采取必要措施，防止事故危害扩大和次生、衍生灾害发生；维护事故现场秩序，保护事故现场和相关证据。

并按规定逐级上报相关部门。事故现场有关人员应当立即向本单位负责人报告；单位负责人接到报告后，应当于 1 小时内向事故发生地县级以上人民政府应急管理部门和负有安全生产监督管理职责的有关部门报告。报告内容包括事故发生单位、事故发生时间和地点、事故类别、事故的简要经过，伤亡人数、事故原因、危害程度、需要有关部门和单位协助事故抢救和处理的有关事宜、联系人、联系方式等。

事故发生单位负责人接到报告后，还要立即报告上级单位应急领导小组负责人。各单位应急领导小组接到事故报告后，判定事故等级后 1 小时内逐级上报至企业安全生产管理部门。发生较大或者特别重大的安全生产事故必须立即上报企业应急领导小组组长。

4 应急响应

4.1 响应分级

按照安全生产事故中的人员伤亡和经济损失严重程度，应急响应分为Ⅰ级响应、Ⅱ级响应和Ⅲ级响应。

启动Ⅰ级响应：死亡 1 人以上，或重伤 3 人以上，或经济损失达 100 万元以上事故，启动企业及事故发生单位应急救援预案。

启动Ⅱ级响应：未发生死亡事故，有重伤且重伤 3 人以下，或经济损失在 10 万元以上 100 万元以下事故，启动事故发生单位应急预案。

启动Ⅳ级响应：发生可以控制的异常事件或容易被控制的事件，造成三人以下轻伤，或经济损失在 10 万元以下，启动项目部的应急预案。

4.2 响应程序

4.2.1 应急指挥

企业应急领导处理小组立即根据可能造成或已经造成的人员伤亡和财产损失程度，按照生产安全事故应急救援预案的要求立即赶到事故现场，组织事故抢救。

4.2.2 现场应急处置措施

参与事故抢救的部门和单位应当服从统一指挥，加强协同联动，采取有效的应急救援措施，并根据事故救援的需要采取警戒、疏散等措施，防止事故扩大和次生灾害的发生，减少人员伤亡和财产损失。具体措施如下：

1) 设置警戒，对具有危险因素的事故现场周围的道路、出入口等进行暂时封闭，设立警戒标志或者人工隔离，防止与事故抢救无关的人员进入危险区域而受到伤害。

2) 疏散人员，将事故现场危险区域的从业人员和群众及时转移安置到其他安全场所，防止聚集在事故现场及其周边的人员受到进一步的伤害。

3) 事故抢救过程中应当采取必要措施，避免或者减少对环境造成的危害。

4) 现场勘察之前，维持现场的原始状态。在事故调查组未进入事故现场前，根据事故现场的具体情况和周围环境，划定保护区的范围，布置警戒，并派专人看护现场，禁止随意触摸或者移动事故现场的任何物品。

5) 因抢救人员、防止事故扩大以及疏通交通等原因需要移动事故现场物件的，经过事故单位负责人或者组织事故调查的有关部门的同意后，在尽量减少对现场破坏的前提下，做出标志和绘制现场简图后可以移动，但是要对该过程作出书面记录，妥善保存现场重要痕迹、物证。

4.3　应急结束

当安全生产事故现场得到有效控制，伤亡人员全部救出或转移，设备、设施处于受控状态，环境监测达标，由应急领导小组组长下达指令，宣布应急结束。

5　信息公开

企业办公室负责对事故的处理、控制、进展、升级等情况进行信息收集，并对事故轻重情况进行整理，有针对性定期和不定期的发布事故信息和有关事故抢险救援的宣传报导。所有对外发布的报道，须由办公室报请企业应急领导小组审定后方可在媒体上发布。

6　后期处置

应急救援结束后，必须做好善后工作。由企业人力资源部、财务管理部、监察审计部和安全生产部负责依法进行善后处理赔偿，妥善处理受害人员及其家属的善后事宜，保障受伤害人员及其家属的合法权益，并做好物资补偿、善后恢复、污染物收集处理、救灾费用测算、保险理赔等工作。

应急领导小组组长组织召开企业内部事故分析会，查清事故原因，落实事故责任，提出对责任者处理意见，制定相应安全防范整改措施，指定主管部门配合上级部门开展事故调查。

7　保障措施

7.1　通信与信息保障

企业安全管理部门负责企业的应急救援工作的交流与协作。

项目部必须将110、119、120等电话号码、项目部应急领导小组成员的手机号码、当地安全监督部门电话号码，明示于工地显要位置。工地抢险指挥及安全员应熟知这些号码。

7.2　应急队伍保障

各施工现场应建立专业或兼职的救援队伍，配备相应的应急救援设备和个体防护设备，定期进行相关培训和演练，不断提升其应急救援能力。

7.3　应急物资装备保障

应急资源的准备是应急救援工作的重要保障，项目部应根据潜在事件性质和后果分析，配备应急救援中所需的消防手段、救援机械和设备、交通工具、医疗设备和药品、生活保障物资。应急物资和装备由各单位及各项目负责购买和储备，并做好详细记录。

7.4　经费保障

应急救援经费由公司拨出专款，主要用于初期应急救援物资的配置和人员的培训演练以及后续的保障。资金监管由项目部应急救援小组统一管理，确保应急经费及时到位。

7.5 技术保障

项目部为保障事故预防及处理的科学性，可以根据本工程的特点引进相关专业的专家，依托技术专家的特长，贯穿抢险全过程，为抢险救援提供相应的技术保障。

8 应急预案管理

8.1 应急预案培训

应急预案和应急计划确立后，按计划组织公司总部、施工项目部的全体人员进行有效的培训，从而具备完成其应急任务所需的知识和技能。

8.1.1 应急预案每年进行一次培训；

8.1.2 新加入的人员及时培训；

主要培训以下内容：

1）灭火器的使用以及灭火步骤的训练；

2）施工安全防护、作业区内安全警示设置、个人的防护措施、施工用电常识、在建工程的交通安全、机械设备的安全使用；

3）对危险源的突显特性辩识；

4）事故报警；

5）紧急情况下人员的安全疏散；

6）现场抢救的基本知识。

8.2 应急预案演练

应急预案和应急计划确立后，经过有效的培训，应当至少每半年组织一次生产安全事故应急预案演练，施工项目部根据工程工期长短举行与工程进度相适应的专项演练，施工作业人员变动较大时增加演练次数。每次演练结束，及时作出总结，并将演练情况报送所在地县级以上地方人民政府负有安全生产监督管理职责的部门。

8.3 应急预案修订

公司和项目部对应急预案每年至少进行一次评审，针对施工的变化及预案演练中暴露的缺陷，不断更新和改进应急预案。当出现以下情形之一时，各单位应当及时修订相关预案：

1）制定预案所依据的法律、法规、规章、标准发生重大变化；

2）应急指挥机构及其职责发生调整；

3）安全生产面临的风险发生重大变化；

4）重要应急资源发生重大变化；

5）在预案演练或者应急救援中发现需要修订预案的重大问题。

8.4 应急预案实施

本预案自印发之日起执行。

9 奖惩

对在事故应急管理、处置、救援工作中做出显著成绩的单位和个人，公司给予表扬、奖励。

对不依法履行安全生产责任、存在事故隐患不及时采取治理措施、违反本预案的规定的有关责任人追究责任。

10 附件

二、某项目火灾事故专项应急预案

1　编制目的

为使发生火灾时能采取最有效的方法抢救被困人员或自救，同时尽可能不使火势蔓延，最大限度减小经济损失，特制定本预案。

2　应急领导小组组织机构

指挥部成立应急救援领导小组，与综合应急预案中人员分工相同。

3　应急领导小组职责

3.1　组织机构职责

组长：在现场应急救援工作中全面负责，为应急救援指挥。

副组长：现场组织、指挥应急求援工作，为救援现场人力、物力、财力资源的总调度。

成员：直接参与或配合地方专业抢险队伍进行抢险救援。

3.2　相关人员职责

办公室负责人：负责接收事故报警信息，并在事故应急期间向事故应急者提供他们所需的信息，负责各应急小组之间的通讯联系，设置专线电话。组织本部门人员做好内、外联络和沟通。负责在事故发生后保护现场，做好现场记录（照片、录像或绘制草图等）。在事故应急过程中组织对受伤人员的疏散，对现场员工进行思想教育，稳定队伍。

设备部部长：保证所需物资供给、配备。

工程管理部部长：组织本部门人员制定应急救援技术方案和负责现场指导、监督方案的实施运行。

安全环保部长：组织本部门人员监督现场抢险人员安全并提供安全技术指导及保障工作。

财务部部长：提供资金支持。

4　应急事故和情况的识别（表 10-1）

应急事故和情况的识别　　　　　　　　　　　　　　　　　　表 10-1

作业活动	序号	危险源	可能发生的危害事故	风险评估				风险等级	控制措施	责任部门
				L	E	C	D			
电气焊作业	1	气瓶违规存放	火灾、爆炸等	3	6	7	126	中	专项方案、教育培训、检查验收	安全环保部
	2	气瓶泄露	火灾	1	5	40	200	中	经常对气瓶进行检查	安全环保部
	3	易燃易爆及危险化学品的存放不符合要求	火灾、爆炸等	1	10	15	150	中	专项方案、检查验收、教育培训	安全环保部
消防管理	4	无消防措施、制度或消防设施	火灾等	1	5	40	200	中	专项方案、制订应急预案	安全环保部
	5	灭火器配置不合理	火灾等	3	2	40	240	中	执行控制程序、检查验收	安全环保部
	6	动火作业管理制度不符合要求	火灾等	1	5	10	50	低	专项方案	安全环保部
其它	7	电闸箱/电线短路/设备故障	火灾	1	2	10	20	低	严格执行安全操作规程，配备灭火器	设备部
	8	宿舍、办公区冬季取暖	火灾或触电	3	1	10	30	低	加强安全用电管理	安全环保部设备部
	9	锅炉使用不符合要求	火灾	1	2	100	200	中	特种作业人员必须持证上岗，严格执行锅炉使用安全操作规程	安全环保部

5 应急管理

高度重视火灾应急预案工作的重要性。

认真切实的做好安全生产事故火灾应急预案编制工作。

结合本项目实际定期或不定期组织预案演练。充分发挥应急预案在事故预防和应急处置中的作用，保证安全生产形势的平稳发展。

6 应急程序和原则

发生火灾时，现场最高负责人马上组织疏散人员离开现场。立即报警拨打消防中心火警电话（119、110），报告内容为：单位名称、所在区域、周围显著标志性建筑物、主要路线、人员姓名、主要特征、地址、火源、着火部位、火势情况及程度。待对方放下电话后再挂机。同时迅速报告经理部及指挥部应急领导小组，组织有关人员携带消防器具赶赴现场进行扑救。

在向领导汇报的同时，派出人员到主要路口等待引导消防车辆。并组织救助人员、扑灭火灾。

7 应急响应

7.1 应急措施

组织扑救火灾。当基地或施工现场发生火灾后，除及时报警外，经理部领导小组要立即组织义务消防队员和员工进行扑救，扑救火灾时按照"先控制、后灭火；救人重于救火；先重点后一般"的灭火战术原则。并派人及时切断电源，接通消防水泵电源，组织抢救伤亡人员，隔离火灾危险源和重要物资，充分利用施工现场中的消防设施器材进行灭火。

协助消防员灭火。在自救的基础上，当专业消防队到达火灾现场后，火灾事故应急领导小组要简要的向消防队负责人说明火灾情况，并全力支持消防队员灭火，要听从消防队员的指挥，齐心协力，共同灭火。

伤员身上燃烧的衣物一时难以脱下时，可让伤员躺在地上滚动，或用水洒扑灭火焰。为防止有人被困，发生窒息伤害，抢救被困人员时，需准备湿毛巾，蒙住口或鼻，防止有毒有害气体吸入肺中，造成窒息伤害。被烧人员救出后应采取简单的救护方法急救，如用净水冲洗一下被烧部位，将污物冲净。再用干净纱布简单包扎，同时联系急救车抢救。

保护现场。当火灾发生时和扑灭完毕后，领导小组要派人保护好现场，维护好现场秩序，等待对事故原因及责任人的调查。同时应立即采取善后工作，及时清理，将火灾造成的垃圾分类处理并采取其他有效措施，从而将火灾事故对环境造成的污染降低到最低限度。

火灾事故调查处置。按照事故（事件）报告分析处理制度规定，经理部火灾事故应急准备和响应领导小组在调查和审查事故情况报告出来以后，作出有关处理决定，重新落实防范措施。并报指挥部应急领导小组和上级主管部门。

7.2 应急物资

常备物资：消毒用品、急救物品（绷带、无菌敷料）及各种常用小夹板、担架、止血袋、氧气袋、灭火器等救火物资。

7.3　注意事项

贵重的、重要的档案资料等，一旦着火不可用水扑救。

那些密度轻于水的易燃液体着火后不宜用水扑救，因为着火的易燃体会漂在水面上，到处流淌，反而造成火势蔓延。

高压电器设备失火不能用水来扑救，一是水能导电容易造成电器设备短路烧毁，二是容易发生高压电流沿水柱传到消防器材上，使消防人员造成伤亡。

硫酸、硝酸、盐酸遇火不能用水扑救，因为这三种强酸遇火后发生强烈的发热反应，引起强酸四处飞溅，甚至发生爆炸。

金属钾、钠、锂和易燃的锰粉等着火，千万不可用水扑救，因为它们会与水发生化学反应，生成大量可燃性—氢气，不但火上浇油，而且极易发生爆炸。

8　应急状态的解除

当事态得到有效控制，危险得到消除时，安全环保等部门验证现场，当安全隐患消除后，解除现场警戒。警戒解除后，应由急救援助队伍负责恢复现场。主要清理临时设施、救援过程中产生的废弃物、恢复现场办公、生活等基本功能。

9　培训要求和演练

9.1　培训要求

在应急预案中分配应急职能岗位时要结合有关人员以往的经验、培训以及日常工作。因此担任应急反应组织某一职位的资格要符合管理部门分派的职位特点并接受一定的培训。

培训内容包括报警、疏散、防护、急救和抢险。例如：灭火器的使用以及灭火步骤的训练；个人防护措施；对潜在事故的辨识；事故报警；紧急情况下人员的安全疏散等。

培训要有针对性、定期性、真实性、全员性，通过培训，提高全员的应急能力。

9.2　专项应急预案演练

应急预案演练每半年一次。

通过演练测试预案的有效性，检验应急设备、设施的实效性，确保应急人员熟悉他们职责和任务，通过演练修订预案的不实之处。

对应急救援人员进行培训，合格者才能上岗。

每月对应急救援人员的手机开通情况进行不定期抽查两次，一般安排在凌晨2点左右，以检验报警总机与反应机构的反应人员联络是否畅通。

三、某项目高处坠落现场处置方案

1　项目概况

×××工程，总建筑面积约××万 m²；建筑高度××m。

本项目位于×××。

2　事故类别及危险性分析

2.1　高处坠落事故

项目主要分部分项工程为脚手架工程、钢筋工程、模板工程、混凝土工程、起重吊装工程、砖砌体工程，存在较多高处作业。在高处作业时，洞口、作业平台四周缺少防护设施或防护设施有缺陷，下方没有架设安全护网，高处作业人员没有系安全带、违章作业。

2.2　高处坠落事故伤害程度

发生高处坠落后，可引起人员轻伤、重伤，甚至人身死亡事故。

2.3　可能发生高处坠落事故的危险部位或工序

2.3.1　四口坠落（预留口、通道口等）。

2.3.2　临边坠落（基坑临边、支架临边等）。

2.3.3　脚手架上坠落。

2.3.4　悬空高处作业坠落。

2.3.5　拆除作业中发生的坠落。

2.3.6　梯子上作业坠落。

2.3.7　其他高处作业坠落。

3　现场应急处置方案

3.1　救护高处坠落受伤人员的流程

3.1.1　当发生人员轻伤时，现场人员应采取防止受伤人员大量失血、休克、昏迷等紧急救护措施，并将受伤人员脱离危险地段，拨打 120 医疗急救电话，并向应急救援指挥部报告。

3.1.2　遇有创伤性出血的伤员，应迅速包扎止血，使伤员保持在头低脚高的卧位，并注意保暖。

3.1.3　如果受害者处于昏迷状态但呼吸心跳未停止，应立即进行口对口人工呼吸，同时进行胸外心脏按压，一般以口对口吹气为最佳。昏迷者应平卧，面部转向一侧，维持呼吸道通畅，以防舌根下坠或分泌物、呕吐物吸入，发生喉阻塞。

3.1.4　如受害者心跳已停止，应先进行胸外心脏按压。

3.1.5　发现伤者手足骨折，不要盲目搬运伤者。应在骨折部位用夹板把受伤位置临时固定，使断端不再移位或刺伤肌肉、神经或血管。

3.1.6　以上救护过程在 120 医疗急救人员到达现场后结束，工作人员应配合 120 医疗急救人员进行救治。

3.1.7　现场救护措施完成后，如 120 救护车没有到，应立即将伤者用担架抬上现场面包车送医院救治。

现场应急救护高处坠落受伤人员流程见图 10-1。

3.2　事故报告流程

3.2.1　施工队队长立即向项目经理汇报人员高处坠落伤害情况以及现场采取的急救措施情况。

3.2.2　高处坠落伤害事件扩大时，由项目经理向上级主管单位汇报事故信息，如发生死亡、重大死亡事故，应当立即报告建设集团安全环保部、业主安全环保部、当地政府主管安全监督部门。

3.2.3　事件报告要求：事件信息准确完整、事件内容描述清晰；事件报告内容主要包括：事件发生时间、事件发生地点、事故性质、先期处理情况等。

事故报告流程见图 10-2。

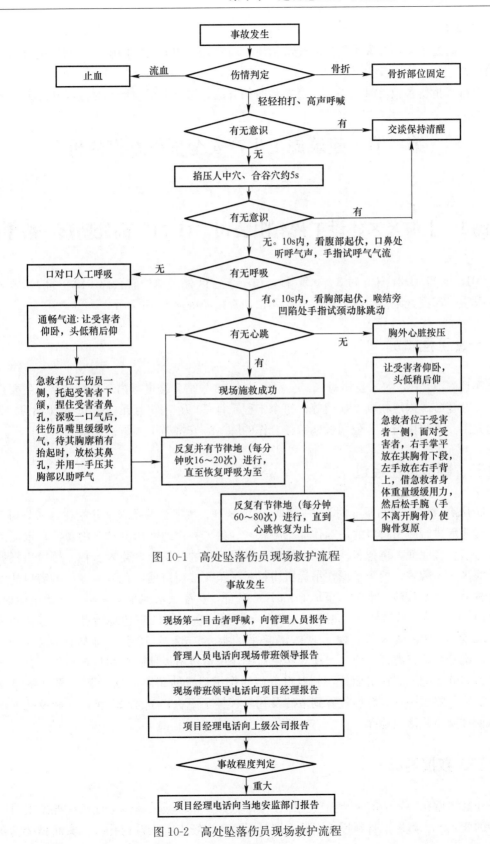

图 10-1 高处坠落伤员现场救护流程

图 10-2 高处坠落伤员现场救护流程

4 注意事项

发生高处坠落，在人员得到安全救治后，应对现场相关区域的临边、洞口进行举一反三的检查，防止再次发生。

进行骨折伤害救治时，必须注意救治时的方法，防止由于救治不对造成的二次伤害。

第二节 建筑施工生产安全事故案例分析

案例1 上海××建设工程有限公司"11.21"高处坠落一般事故

2018年11月21日9时33分20秒，位于嘉定区外冈镇沪宜公路6133号的××公司内，发生一起高处坠落事故，造成1人死亡，直接经济损失65万元。

一、工程概况

2018年11月，××公司对××公司内的1、2号宿舍楼进行内部翻新装修，主要包括水电、贴瓷砖、内墙粉刷、换门等，整个工程预计70万～80万元，计划在2018年12月底前完工。工程由与××公司长期劳务合作的陈××安排施工人员进行施工。

二、事故发生经过

2018年11月21日早6时许，荀××、廉××、魏××及孔××开始在××公司1号宿舍楼北面进行施工材料的吊运作业。廉××、魏××在地面用劳动车将黄沙、水泥运送到1号宿舍楼北面，再把黄沙、水泥绑好挂在吊运机的挂钩上，荀××在5楼窗口根据地面上廉××、魏××的指示操作吊运机将材料吊至4楼窗口处，孔××在4楼窗口徒手接吊运机吊上来的黄沙、水泥。至早上9时30分许，黄沙、水泥吊运完毕，开始吊运地砖。9时31分37秒，吊钩放下，廉××、魏××将第一次吊运的三包地砖绑好一起挂到吊钩上；32分02秒，廉××、魏××作出起吊的指示；32分12秒，地砖吊起，廉××、魏××推着劳动车离开；荀××在5楼窗口操作吊运机吊运地砖至四楼窗口处，孔××在四楼窗口伸手把地砖往里面拉，并对在5楼操作吊运机的荀××喊"降"，荀××就操作吊运机往下降了一点，然后就看到地砖及孔××掉了下去；33分20秒，地砖及孔××先后从四楼窗口坠落至地面。

三、救援情况

荀××见孔××坠落至地面后立即往楼下跑并一路呼救，其他工友及正准备搬第二车地砖的廉××、魏××听到呼救声后立即赶至坠落现场查看，看到孔××头北脚南躺在地上，头上在流血，人已经没有了意识，工地上工友拨打了"120"急救电话，"120"救护人员到场后确认孔××已死亡。公安部门出具的居民死亡确认书确认孔××死亡原因为高坠。

四、事故发生原因

（一）直接原因

孔××安全意识缺乏。对吊钩上三包地砖的重量未足够重视，未意识到存在的风险，站在四楼窗口处的黄沙上面伸手取吊上来的地砖时操作不当，被重达 84kg 的地砖带落，是导致事故发生的直接原因。

（二）间接原因

（1）安全生产教育和培训缺失。施工作业人员缺乏有针对性的安全教育培训和安全交底，安全意识淡薄，安全知识缺乏，是导致事故发生的间接原因之一。

（2）施工现场安全管理缺失。施工作业安全生产责任制未建立并落实，未对吊运作业制定相应的安全生产管理制度和操作规程，吊运现场未明确安全监护人员，现场安全生产管理缺失，是导致事故发生的间接原因之二。

（3）施工现场安全防护设施不到位。存在高处坠落危险的施工场所未设置相应的安全防护设施，作业现场无明显的警告、警示、禁止标志，存在安全隐患，是导致事故发生的间接原因之三。

（4）安全隐患排查治理工作不到位。未认真履行生产安全事故安全隐患排查治理责任，生产安全事故安全隐患排查治理工作开展不到位，未能及时发现和消除施工过程中存在的安全隐患，是导致事故发生的间接原因之四。

五、事故教训

（一）建筑施工企业应严格遵守国家安全生产法律、法规和标准，建立、健全并严格落实安全生产责任制；要细化安全生产规章制度及各岗位安全操作规程，教育和督促员工严格执行。

（二）建筑施工企业应加强对管理人员和施工作业人员的安全生产教育和培训，加强现场安全交底，保证施工作业人员具备必要的安全生产知识，落实必要的安全防护措施。

（三）建筑施工企业应要完善施工现场的安全防护设施及警告、警示、禁止标志；认真履行生产安全事故安全隐患排查治理责任，举一反三，深入开展事故安全隐患排查治理工作，加强对施工工程的全过程管理，及时发现和消除施工过程中存在的事故安全隐患，预防和避免类似事故的再次发生。

案例2　大连市旅顺口区××工地"10·8"模板坍塌重大事故

2011年10月8日13时40分左右，大连市旅顺口区××住宅楼工程在地下车库浇筑施工过程中，发生模板坍塌事故，造成 13 人死亡、4 人重伤，1 人轻伤，直接经济损失 1237.72 万元。

一、工程概况

工程位于大连市旅顺口区郭水路小孤山，总建筑面积 35 万 m² （含地下车库），总投资 1 亿元人民币。事故发生地点为三期 B1～B9、A62 号楼工程一标段工程 B-1 号住宅楼底部地下车库。该区域位于三期项目的西北部，是住宅楼地下室外延部分、层高 5.6m，采用现浇混凝土施工。本次施工应浇筑的混凝土面积 600m²，事故发生时，已完成 400m² 的顶板混凝土浇筑作业。

二、事故发生经过

2011 年 10 月 2 日，大连××集团有限公司一分公司木工班班长张××带领全班（50 人左右）人员，开始搭设××三期 1 轴～3 轴交 M～R 轴（模板坍塌区域）地下车库模板支架，10 月 4 日完成。

10 月 8 日 6 时上班后，按照项目生产负责人赵××的安排，7 时左右木工班长郭×× 安排 5 名工人，在模板下检查模板和堵漏工作；同时，混凝土班班长韩××带领 21 名工人在模板上进行混凝土浇筑施工。浇筑的顺序为剪力墙、柱帽，最后浇筑顶板。上午 10 时 30 分左右，有人发现浇筑区北侧剪力墙底部模板拉结螺栓被拉断，发生胀模，混凝土外流。韩××带领 8 人，会同已经在胀模处的 5 名木工班工人，共同清理混凝土和修复胀模。为修缮胀模模板，清运混凝土，韩××等人在模板支架间从胀模处向东，清理出两条可以通过独轮手推车的通道，拆除了支撑体系中的部分杆件，使用独轮手推车外运泄漏的混凝土。

与此同时，模板上部继续进行混凝土浇筑施工，13 时 40 分左右，当混凝土浇筑完成约 400m² 时，顶板作业的工人只感觉一震，已经浇筑完的 400 多平方米顶板混凝土瞬间整体坍塌，钢筋网下陷，正在地下室进行修复工作的 19 名工人中，有 18 人瞬间被支架和混凝土掩埋，1 名电工不在坍塌区域。

三、事故抢险救援

事故发生后，企业立即组织自救并向相关部门报告，同时向 110 指挥中心报警（接警时间为 13 时 59 分）。相关部门逐级向上级部门报告。接到事故报告后，国家安全生产监管总局和国家住房和城乡建设部派员到事故现场，指导抢救和善后处理工作。启动事故应急救援预案，成立了抢险救援指挥部，组成了由 6 位区领导牵头的事故救援组、医疗救治组、新闻报道组、事故调查组、善后处理组和后勤保障组等 6 个小组。调集了公安、消防和医护人员等共计 210 人参与救援。

现场自救人员在第一时间救出 2 人，专业救援队伍接警 12 分钟到达现场后，将 210 名公安、消防和医护人员分成 4 个小组，实施不间断救援，在市、区两级政府的指挥和相关企业积极配合下，截止 10 月 10 日 4 时 45 分，搜救出全部遇难和受伤人员。5 名伤者救出后及时用 120 急救车送往医院，得到有效治疗。

与此同时，善后处理工作紧张有序进行，在做好遗体安放工作的同时，组成了 60 人参加的 13 个工作小组对家属进行全程陪护和安抚，每个工作小组负责 1 户，139 名家属情绪稳定，没有发生过激行为。在充分尊重家属意见的前提下，截至 12 日 14 时，与全部遇难者家属达成协议。12 日 19 时 35 分，全部遇难者遗体火化完毕。13 日 11 时，全部家属离开，善后处理工作结束。

在当地政府的统筹安排和指挥下，在企业的积极配合下，应急救援和善后处理工作迅速有效，并召开新闻发布会，引导舆论导向。家属情绪稳定，当地社会秩序稳定。

四、事故发生的原因

（一）直接原因

由于浇筑剪力墙时发生胀模，现场工人为修复剪力墙胀模，清运泄漏混凝土，随意拆除支架体系中的部分杆件，使模板支架的整体稳定性和承载力大大降低。在修缮模板和清运混凝土过程中，没有停止混凝土浇筑作业，在混凝土浇筑和振捣等荷载作用下，支架体系承受不住上部荷载而失稳，导致整个新浇筑的地下室顶板坍塌。

（二）间接原因

（1）施工现场安全管理混乱，违章指挥，违章作业。模板支护施工前未组织安全技术交底，未按规范和施工方案组织施工，仅凭经验搭设模板支架体系，未按要求设置剪刀撑、扫地杆和水平拉杆，北侧剪力墙对拉螺栓布置不合理；模板搭设和混凝土浇筑未向监理单位报验，擅自组织模板搭设和混凝土浇筑施工，导致模板支护模和混凝土浇筑中存在的问题未能及时发现和纠正；现场施工作业没有统一指挥协调，施工人员各行其是，随意施工，导致交叉作业中的安全隐患没能及时排除；剪力墙胀模后，生产负责人赵××未向监理人员报告，未到现场组织处理，未对现场处理胀模工作提出具体安全要求；工人修缮模板和清运混凝土过程中，拆除了支撑体系中的部分杆件，从胀模处向东清理出两条独轮手推车通道，用于清运混凝土。在破坏了模板支撑体系的稳定性，降低了支架承载能力的情况下，未停止混凝土浇筑作业。是造成这起事故的主要原因。

（2）大连××集团一分公司××三期项目部负责人和安全管理人员工作严重失职。项目经理陈××未到位履职，由不具有注册建造师资格的赵××负责现场生产管理；模板专项施工方案由不具有专业技术知识的安全员利用软件编制，该方案也未经项目部负责人、技术负责人和安全部门负责人审核；未设置专职安全员，兼职安全员不能认真履行安全员职责，对施工现场监督检查不到位，未能及时发现施工现场存在的安全隐患，是造成这起事故的重要原因。

（3）大连××集团公司，未认真贯彻落实《安全生产法》《建设工程安全生产管理条例》等法律法规，未建立建筑施工企业负责人及项目负责人施工现场带班制度；对××三期项目经理陈××未到职履责问题失察；对公司所属项目部监督检查不力，导致项目部安全制度不健全、安全措施不落实、职工教育培训不到位、不设专职安全员、安全管理不到位等问题不能及时发现、及时整改，是造成这起事故的重要原因。

（4）大连××监理有限公司未认真贯彻落实《安全生产法》《建设工程安全生产管理条例》等法律法规，对施工项目监督检查不力，发现施工单位未按施工方案施工时未加以制止；对施工单位 B-1 号地下车库模板支护未报验就擅自施工的违规行为，未履行监理单位的职责；现场监理人员未依法履行监理的义务和责任，对施工现场巡视不到位，看到模板支护施工时未到现场查看，也没有引起足够重视，使这次本该报验而未报验的模板支护和浇筑混凝土施工作业在没有监理人员在场监督的情况下进行，未能及时发现和制止施工现场存在的安全隐患。是造成这起事故的重要原因。

（5）建设行政主管部门监督检查不到位，对施工现场事故安全隐患排查治理不力，未能及时消除事故安全隐患。

五、事故防范和整改措施

（一）大连××集团有限公司要认真吸取事故教训，落实"安全第一，预防为主"的方针，举一反三，认真查找和解决安全管理工作中的漏洞，确保安全施工。并着力做好以下几项工作：

（1）解决好企业生产规模迅速扩大，安全技术管理如何与之相适应的问题。强化安全队伍建设，配备与生产规模相适应的安全生产机构和安全员，施工工地要按规定配备专职安全员；

（2）落实从业人员安全生产培训教育，从反"三违"入手，规范从业人员的安全生产行为，提高技术水平和安全防范意识，杜绝盲目施工和"三违"现象发生，形成人人都按规定要求进行管理和施工作业；

（3）全面落实企业安全生产主体责任。要建立层层安全生产责任制，责任落实到人。建立和完善安全生产技术管理制度，并监督落实到施工现场。特别要落实企业负责人、项目负责人现场带班制度，保证施工现场安全生产组织协调到位，确保安全生产管理制度落实到位；

（4）改革传统的管理模式，管理模式要与先进的生产工艺相适应。生产组织要符合国家相关规定，每个项目都要保证项目经理在现场指挥，杜绝安排非规定的项目经理在现场指挥；

（5）加强对施工现场管理，要严格按照规范编制施工组织设计和各项施工方案，做好作业前施工方案和安全技术措施交底。加强安全监督检查，要求并监督施工人员严格按照施工组织设计和施工方案进行施工。特别要加强模板支护和浇筑混凝土施工作业的管理，杜绝类似事故发生；

（6）公司现有在建工程必须全面停工进行整顿，立即开展一次安全隐患排查整治行动。对排查出来的安全隐患进行风险评估，制定具有针对性和可操作性的整改措施消除隐患。特别是要对模板工程及支撑体系进行重点排查，对所有模板工程及支撑体系专项施工方案重新进行审核和专家论证。

（二）大连××监理有限公司要认真贯彻落实《安全生产法》《建设工程安全生产管理条例》等法律法规，切实履行对所承包工程的监理职责，加强对监理人员的管理和监督检查，加强对施工过程中重点部位和薄弱环节的管理和监控；要加强对监理人员安全意识和责任意识的教育，增强监理人员的责任感，真正负起监理职责；要细化监理职责，强化考核，制定切实可行的措施，保证监理人员能及时发现和制止施工现场存在的安全隐患。

（三）大连市建设行政主管部门要立即对全市建筑施工现场组织开展一次安全生产专项检查，重点检查项目安全管理制度落实情况、项目经理履职情况、领导带班制度执行情况、模板支护和浇筑混凝土施工作业的安全管理情况，对存在严重事故安全隐患和问题的施工现场，该查封的必须查封，绝不姑息；要研究制定长效机制，确保安全生产法律法规和规章制度落实到位；要监督建筑施工企业和监理单位落实安全生产主体责任，建立健全安全生产责任制。加强对施工现场的监督检查，严肃查处建筑领域安全生产的违法违规行为。

（四）大连市人民政府要立即组织召开建设系统事故现场会，吸取事故教训，举一反三。要在总结分析"10·8"模板坍塌事故暴露出的问题基础上，制定深化打非治违及隐患排查治理的指导意见；要求相关部门把落实企业主体责任工作当成一件大事来抓，真正把企业主体责任落到实处；要从建设安全保障型城市的目标高度，做好安全风险评估，加强城市安全风险管理，加强安全监管机构和队伍建设，完善或设置行业安全监管机构，配备专业人员、设备和交通工具，推进安全生产管理工作规范化。

辽宁省大连市旅顺口区××工地"10·8"施工坍塌重大事故调查组

案例3　江西丰城发电厂"11·24"冷却塔施工平台坍塌特别重大事故

2016年11月24日，江西丰城发电厂三期扩建工程发生冷却塔施工平台坍塌特别重大事故，造成73人死亡、2人受伤，直接经济损失10197.2万元。

一、工程概况

江西丰城发电厂三期扩建工程建设规模为2×1000MW发电机组，总投资额为76.7亿元，属江西省电力建设重点工程。其中，建筑和安装部分主要包括7号、8号机组建筑安装工程，电厂成套设备以外的辅助设施建筑安装工程，7号、8号冷却塔和烟囱工程等，共分为A、B、C、D标段。

事发7号冷却塔属于江西丰城发电厂三期扩建工程D标段，是三期扩建工程中两座逆流式双曲线自然通风冷却塔其中一座，采用钢筋混凝土结构。两座冷却塔布置在主厂房北侧，整体呈东西向布置，塔中心间距197.1m。7号冷却塔位于东侧，设计塔高165m，塔底直径132.5m，喉部高度132m，喉部直径75.19m，筒壁厚度0.23~1.1m。

二、事故经过

2016年11月24日6时许，混凝土班组、钢筋班组先后完成第52节混凝土浇筑和第

53 节钢筋绑扎作业，离开作业面。5 个木工班组共 70 人先后上施工平台，分布在筒壁四周施工平台上拆除第 50 节模板并安装第 53 节模板。此外，与施工平台连接的平桥上有 2 名平桥操作人员和 1 名施工升降机操作人员，在 7 号冷却塔底部中央竖井、水池底板处有 19 名工人正在作业。

7 时 33 分，7 号冷却塔第 50～52 节筒壁混凝土从后期浇筑完成部位（西偏南 15°～16°，距平桥前桥端部偏南弧线距离约 28m 处）开始坍塌，沿圆周方向向两侧连续倾塌坠落，施工平台及平桥上的作业人员随同筒壁混凝土及模架体系一起坠落，在筒壁坍塌过程中，平桥晃动、倾斜后整体向东倒塌，事故持续时间 24 秒。

三、救援过程

2016 年 11 月 24 日 7 时 43 分，江西省丰城市公安局 110 指挥中心接到河北亿能公司现场施工人员报警，称丰城发电厂三期扩建工程发生坍塌事故。110 指挥中心立即将接警信息通知丰城市公安消防大队、120 急救中心、丰城市政府应急管理办公室等单位和部门。

救援指挥部调集 3370 余人参加现场救援处置，调用吊装、破拆、无人机、卫星移动通信等主要装备、车辆 640 余台套及 10 条搜救犬。救援指挥部通过卫星移动通信指挥车、微波图传、4G 单兵移动通信等设备将现场图像实时与国务院应急办、公安部、安全监管总局、江西省政府联通，确保了救援过程的精准研判、科学指挥。

救援指挥部按照"全面排查信息、快速确定埋压位置、合理划分救援区域、全力开展搜索营救"的救援方案，将事故现场划分为东 1 区、东 2 区、南 1 区、南 2 区、西区、北 1 区、北 2 区等 7 个区，每个区配置 2 个救援组轮换开展救援作业。按照"由浅入深、由易到难、先重点后一般"的原则，救援人员采取"剥洋葱"的方式，用挖掘机起吊废墟、牵引移除障碍物，每清理一层就用雷达生命探测仪和搜救犬各探测一次，全力搜救被埋压人员。

11 月 24 日 18 时、11 月 25 日 11 时，救援指挥部分别召开了新闻发布会，通报事故救援和善后处置工作情况。

截至 2016 年 11 月 25 日 12 时，事故现场搜索工作结束，在确认现场无被埋人员后，救援指挥部宣布现场救援行动结束。

丰城市 120 急救中心接报后立即派出第一批 3 辆救护车赶赴事故现场将伤员送往医院。丰城市人民医院开辟"绿色通道"，安排事故伤员直接入院检查、治疗，按照一级护理标准提供 24 小时专人护理服务。11 月 24 日 11 时，救援指挥部调集的南昌大学第一附属医院第一批医疗专家赶到丰城市指导救助伤员。

救援指挥部成立了善后处置组，下设 9 个工作服务小组，按照每名遇难者一个工作班子的服务对接工作机制，做好遇难者家属的情绪疏导、心理安抚、赔偿协商、生活保障等工作。截至 2016 年 11 月 30 日，事故各项善后事宜基本完成。

四、事故直接原因

经调查认定，事故的直接原因是施工单位在 7 号冷却塔第 50 节筒壁混凝土强度不足的情况下，违规拆除第 50 节模板，致使第 50 节筒壁混凝土失去模板支护，不足以承受上部荷载，从底部最薄弱处开始坍塌，造成第 50 节及以上筒壁混凝土和模架体系连续倾塌坠落。坠落物冲击与筒壁内侧连接的平桥附着拉索，导致平桥也整体倒塌。

五、事故防范措施建议

（一）增强安全生产红线意识，进一步强化建筑施工安全工作。各地区、各有关部门和各建筑业企业要进一步牢固树立新发展理念，坚持安全发展，坚守发展决不能以牺牲安全为代价这条不可逾越的红线，充分认识到建筑行业的高风险性，杜绝麻痹意识和侥幸心理，始终将安全生产置于一切工作的首位。各有关部门要督促企业严格按照有关法律法规和标准要求，设置安全生产管理机构，配足专职安全管理人员，按照施工实际需要配备项目部的技术管理力量，建立健全安全生产责任制，完善企业和施工现场作业安全管理规章制度。要督促企业在施工过程中加强过程管理和监督检查，监督作业队伍严格按照法规标准、图样和施工方案施工。

（二）完善电力建设安全监管机制，落实安全监管责任。各地区、各有关部门要将电力建设安全监管工作摆在更加突出的位置，督促工程建设、勘察设计、总承包、施工、监理等参建单位严格遵守法律法规要求，严格履行项目开工、质量安全监督、工程备案等手续。国家能源局及其派出机构要加强现场监督检查，严格执法，对发现的问题和安全隐患，责令企业及时整改，重大安全隐患排除前或在排除过程中无法保证安全的，一律责令停工，并通过资信管理手段对企业进行限制。针对电力项目审批权力和监管责任的脱节不利于加强电力建设工程安全生产监管的问题，研究理顺电力建设工程安全监管体制，明确电力建设工程行业监管、区域监管和地方属地监管职责。要进一步研究完善现行电力工程质量监督工作机制，加强对全国电力工程质量监督的归口管理，强化对电力质监总站的指导和监督检查，协调解决工作中存在的突出问题，防范电力质监机构职能弱化及履职不到位的现象。

（三）进一步健全法规制度，明确工程总承包模式中各方主体的安全职责。各相关行业主管部门要及时研究制定与工程总承包等发包模式相匹配的工程建设管理和安全管理制度，完善工程总承包相关的招标投标、施工许可（开工报告）、竣工验收等制度规定，为工程总承包的安全发展创造政策环境。要按照工程总承包企业对工程总承包项目的质量和安全全面负责，依照合同约定对建设单位负责，分包企业按照分包合同的约定对工程总承包企业负责的原则，进一步明确工程总承包模式下建设、总承包、分包施工等各方参建单位在工程质量安全、进度控制等方面的职责。要加强对工程总承包市场的管理，督促建设单位加强工程总承包项目的全过程管理，督促工程总承包企业遵守有关法律法规要求和履行合同义务，强化分包管理，严禁以包代管、违法分包和转包。

（四）规范建设管理和施工现场监理，切实发挥监理管控作用。各建设单位要认真执行工程定额工期，严禁在未经过科学评估和论证的情况下压缩工期，要保证安全生产投入，提供法规规定和合同约定的安全生产条件，要加强对工程总承包、监理单位履行安全生产责任情况的监督检查。各监理单位要完善相关监理制度，强化对派驻项目现场的监理人员特别是总监理工程师的考核和管理，确保和提高监理工作质量，切实发挥施工现场监理管控作用。项目监理机构要认真贯彻落实《建设工程监理规范》（GB 50319—2013）等相关标准，编制有针对性、可操作性的监理规划及细则，按规定程序和内容审查施工组织设计、专项施工方案等文件，严格落实建筑材料检验等制度，对关键工序和关键部位严格实施旁站监理。对监理过程中发现的质量安全隐患和问题，监理单位要及时责令施工单位整改并复查整改情况，拒不整改的按规定向建设单位和行业主管部门报告。

（五）夯实企业安全生产基础，提高工程总承包安全管理水平。各建筑业企业要准确把握工程总承包内涵，高度重视总承包工程安全生产管理的重要性，保障安全生产投入，完善规章规程，健全制度体系，加强全员安全教育培训，按照工程总承包企业对工程总承包项目质量和安全全面负责的原则，扎实做好各项安全生产基础工作。各建筑业企业特别是以勘察设计业务为主业的企业，要高度重视企业经营范围扩大、产业链延伸后所带来的安全生产新风险，要根据开展工程总承包业务的实际需要，及时调整和完善企业组织机构、专业设置和人员结构，形成集设计、采购和施工各阶段项目管理于一体，技术与管理密切结合，具有工程总承包能力的组织管理体系。要高度重视从事工程总承包业务的项目经理及施工技术、质量、安全管理等方面的人才队伍建设，完善企业总部职能部门、项目部的专业管理人才配备，加强项目管理人员的业务培训，为开展工程总承包业务提供人才支撑。

（六）全面推行安全风险分级管控制度，强化施工现场安全隐患排查治理。各建筑业企业要制定科学的安全风险辨识程序和方法，结合工程特点和施工工艺、设备，全方位、全过程辨识施工工艺、设备设施、现场环境、人员行为和管理体系等方面存在的安全风险，科学界定确定安全风险类别。要根据风险评估的结果，从组织、制度、技术、应急等方面，对安全风险分级、分层、分类、分专业进行有效管控，逐一落实企业、项目部、作业队伍和岗位的管控责任，尤其要强化对存有重大危险源的施工环节和部位的重点管控，在施工期间要专人现场带班管理。要健全完善施工现场安全隐患排查治理制度，明确和细化安全隐患排查的事项、内容和频次，并将责任逐一分解落实，特别是对起重机械、模板脚手架、深基坑等环节和部位应重点定期排查。施工企业应及时将重大安全隐患排查治理的有关情况向建设单位报告，建设单位应积极协调勘察、设计、施工、监理、检测等单位，并在资金、人员等方面积极配合做好重大安全隐患排查治理工作。

（七）加大安全科技创新及应用力度，提升施工安全本质水平。各建筑业企业要强化科技创新，加大科技研发和推广力度，利用现代信息化和高新技术，改造和转型升级企业，加快推进施工机械设备的更新换代，加快先进建造设备、智能设备、安全监控装置的研发、制造和推广应用，逐步淘汰、限制使用落后技术、工艺和设备，提高施工现场科技化、机械化水平，减少大量人工危险作业，从根本上减少传统登高爬下和手工作业方式带来的事故风险。特别是建筑业中央企业等骨干企业要加强技术积累与总结，积极制定企业标准，引领行业安全科技水平的提升。各相关行业主管部门要及时制定严重危及生产安全的工艺、设备淘汰目录，在行业中淘汰落后的技术、工艺、材料和设备。要加快推进创新成果向技术标准的转化进程，广泛吸纳成熟适用的科技成果，加快工程建设标准的制订、修订，以先进的技术标准推动创新成果的应用。

国务院江西丰城发电厂"11·24"冷却塔施工平台坍塌
特别重大事故调查组

案例4　福海街道深圳国际会展中心项目工地 "6·11" 高处坠落重伤事故

2018年6月11日，福海街道深圳国际会展中心项目工地发生一起高处坠落事故，造成1人重伤。

一、工程概况

事故工程为深圳国际会展中心（一期）施工总承包工程A3、A4展厅钢结构制作安装工程。2017年9月，××公司将事故工程施工分包给××公司，与之签订了《深圳国际会展中心（一期）施工总承包工程A3、A4展厅钢结构制作安装分包合同》，工程总造价约为2940万元。2017年9月份，××公司进入深圳国际会展中心项目工地进行钢结构施工作业。

二、事故经过

2018年6月11日6时30分许，××公司工人来到工地A3钢结构展厅东侧进行钢梁螺栓更换作业（普通螺栓更换成高强度螺栓）。6时40分许，作业人员分别在涉事钢梁的两端更换其螺栓，由于两人在涉事钢梁两端同时拆卸普通螺栓后未及时安装上高强螺栓，导致涉事钢梁固定不牢固突然坠落，坠落的钢梁同时将刘××（安全带扣在坠落的钢梁上）带下，坠落至安装于3楼处的水平安全网内。

三、事故救援

事故发生后，工人李××立即大声呼救，附近工人听到后马上跑到钢结构3楼位置将安全网内的刘××救出并用车将其送往沙井人民医院住院救治。

四、事故原因及性质

（一）直接原因

工人刘××未按要求使用安全带，与李××违章作业，未按照公司工程施工技术规定拆卸普通螺栓后未及时逐个替换安装高强螺栓，导致涉事钢梁固定不牢固发生坠落造成本起事故。

（二）间接原因

××公司项目负责人履行安全管理职责不到位，未认真督促、检查本单位的安全生产工作，未及时消除作业工人违章作业存在的生产安全事故安全隐患。

五、防范和整改措施

建筑施工企业应认真吸取本起事故的深刻教训，切实落实企业安全生产主体责任，进一步加强安全生产管理工作，做到如下要求：

（1）要进一步落实安全生产责任制，建立健全安全生产各项规章制度，制定和完善生产安全事故应急救援预案；

（2）加强对员工的安全教育和培训，提高员工的安全防范意识和安全操作技能；

（3）加强对作业现场的全面排查，确保作业人员正确佩戴、使用安全防护用品，对查出的安全隐患要及时整改；

（4）公司负责人应认真督促和检查本单位安全生产工作，加强作业现场监督管理，确保施工过程中安全管理措施落实。

福海街道深圳国际会展中心项目工地"6·11"高处坠落重伤事故调查组

案例5　浙江××建设工程有限公司"7.3"物体打击事故

2018年7月3日8时50分许，浙江××建设工程有限公司在××项目二期16幢施工中发生一起物体打击事故，造成1人死亡，直接经济损失150万元。

一、工程概况

××项目二期三标（16幢）工程位于淳安县千岛湖里杉柏4号地块，工程主要是16幢公寓的施工建设，工程时间420天，工程总价724万元。

二、事故经过

2018年7月3日8时50分，塔式起重机司机韩××在塔式起重机信号工徐××的指挥下，将公寓16幢14层外架上的一捆钢丝网片（60片）从北面移到东南面，钢丝网片吊到指定位置后，小工高××解开系钢丝网片的钢扣，并把钢扣挂在钢丝绳上，刚抽开一股钢丝绳，另一股钢丝绳仍压在钢丝网片下，塔式起重机司机在信号工没有发出指令的情况下，突然上提塔式起重机，导致一捆钢丝网片从十四层外架掉落，部分钢丝网片砸中底层钢筋棚外的钢筋工戴××。

三、救援过程

事故发生后，浙江××建设工程有限公司立即拨打110、120，2018年7月3日9时许，救援医生到达现场，并开展救护，9时50分许，戴××在县中医院抢救无效死亡。

四、事故原因

(一) 直接原因

塔式起重机司机韩××安全意识淡薄,违反操作规程,在塔式起重机信号工未发出指令的情况下擅自吊运,属违章操作,致使事故发生。

(二) 间接原因

(1) 浙江××建设工程有限公司现场安全管理不到位,未能及时发现并消除外架放铁丝网片的安全隐患。

(2) 浙江××建设工程有限公司,未能保证作业人员熟悉有关的安全生产规章制度和操作规程,掌握本岗位的安全操作技能。

五、整改措施

(1) 建筑施工企业要认真分析事故原因,切实履行安全生产职责,加强安全生产培训教育工作,提高施工人员安全意识;根据施工特点制定安全施工措施,保证各项安全施工措施落实到位;加强施工现场事故安全隐患排查治理工作,及时采取措施消除事故安全隐患,避免类似事故再次发生。

(2) 房地产开发有限公司要认真汲取事故教训,进一步落实施工现场的安全监管职责,加强施工现场的安全检查,督促施工单位严格按施工方案组织施工,对发现施工现场存在的安全隐患,要及时通知施工单位立即整改,防止安全事故发生。

(3) 淳安县住房和城乡建设局要严格履行行业监管职责,加强对辖区建筑施工场所监管,加大监督管理力度,督促企业落实安全隐患整改,严肃查处违法违章行为,确保建筑施工领域安全生产。

(4) 全县各工程施工企业要开展自查自纠,及时发现并消除自身存在的各类安全隐患;加强人员安全教育和管理工作,将全员安全培训落实到位,增强员工安全防范意识,督促员工严格执行安全操作规程和安全生产各项制度规定,杜绝违章作业、违规作业、冒险作业等情况发生。

浙江××建设工程有限公司"7·3"物体打击事故调查组

2018 年 8 月 22 日

案例 6　天津"6·29"较大触电事故

2018 年 6 月 29 日 7 时 30 分许,天津市宝坻区××项目二期项目发生一起触电事故,造成 3 名施工人员死亡、1 人受伤,直接经济损失(不含事故罚款)约为 355 万元。直接原因系：四名工人搬运的钢筋笼碰撞到无保护接零、重复接地及漏电保护器的配电箱导致钢筋笼带电是发生触电事故。

一、工程概况

项目坐落在天津宝坻××工业园区，总建筑面积 22.8 万 m^2，工程总投资 15 亿元人民币，框-剪结构，建筑层数为地下 1 层、地上 17 层。

二、事故发生经过

6 月 29 日 7 时 30 分许，××家园二、三期打桩作业工程队的四名施工人员在采用钢筋笼进行总配电箱防护作业过程中发生触电，造成 3 人死亡，1 人受伤。

三、事故原因

（一）直接原因

经询问目击者、现场勘验、技术鉴定及专家的技术分析，事故调查组认定：在进行配电箱防护作业过程中，四名工人搬运的钢筋笼碰撞到无保护接零、重复接地及漏电保护器的配电箱导致钢筋笼带电是发生触电事故的直接原因。

（二）间接原因

（1）施工项目违法发包，未依法履行建设工程基本建设程序，在未取得建筑工程施工许可证的情况下擅自开工建设。

（2）对施工现场缺乏检查巡查，未及时发现和消除发生事故配电箱存在的多项安全隐患问题。

（3）监理公司未建立健全管理体系，项目总监理工程师、驻场代表未到岗履职，现场监理人员仅总监代表一人且同时兼任建设单位的质量专业总监；未履行监理单位职责，在明知该工程未办理建筑工程施工许可证的情况下，没有制止施工单位的施工行为，未将这一情况上报给建设行政主管部门。

（4）总承包公司未依法履行总承包单位对施工现场的安全生产责任。对分包单位的安全管理缺失；未及时发现和消除发生事故配电箱存在的多项安全隐患问题。

（5）宝坻区城市管理综合执法部门未认真履行《天津市城市管理相对集中行政处罚权规定》（2007 年津政令第 111 号）等法规文件规定的法定职责，对发现的辖区内未取得建设工程规划许可的宝坻区××家园二期项目擅自进行开工建设的违法行为未采取切实有效的措施予以制止和依法查处，致使非法建设行为持续存在。

（6）宝坻区建设行政主管部门没有认真履行建筑市场监督管理职责，检查巡查不到位，打击非法建设不力，对××京××公司未取得施工许可证擅自施工的行为没有及时发现和制止；落实《印发的通知》（津宝党办发〔2018〕24 号）要求不到位，对全区房屋建筑和市政基础设施工程开展的专项检查不力，未及时发现和制止宝坻区××家园二期项目存在不按规定履行法定建设程序擅自开工、违法分包、出借资质等行为，致使非法违法建设行为持续至事故发生。

（7）天津宝坻××工业园区管委会落实《印发的通知》（津宝党办发〔2018〕24号）开展辖区建设工程领域专项整治工作不到位，未及时发现和制止××公司违法发包行为；超出《印发的通知》（津宝党办发〔2018〕23号）文件规定要求检查宝坻区××家园二期项目，虽下达立即停止施工的现场处理措施决定书，但未采取有效措施使该施工现场落实停止施工的指令，致使该施工项目持续施工至事故发生。

四、事故防范和整改措施建议

（一）严格落实行业监管职责，严厉打击非法违法建设行为。宝坻区委、区政府要痛定思痛，认真贯彻落实市委、市政府关于安全生产的决策部署和指示精神，严格落实"管行业必须管安全、管业务必须管安全、管生产经营必须管安全"的工作要求，坚决实行党政同责、一岗双责、齐抓共管、失职追责。宝坻区建设行政主管部门和城市管理综合执法部门要深刻吸取事故教训，加强对辖区内建设项目的日常检查巡查，对未经规划许可、未办理施工许可擅自进行建设的行为加大打击力度，采取切实有效的措施治理非法建设行为；宝坻区有关部门要进一步深化区委、区政府部署的安全生产百日行动专项整治，严厉打击建设领域违法分包、转包等行为，加大处罚和问责力度，采取有针对性的措施，及时查处非法违法建设行为，真正做到"铁面、铁规、铁腕、铁心"。

（二）认真落实属地监管职责，深入贯彻落实区委、区政府专项整治工作部署。宝坻××工业园区管委会要认真落实法定职责和区委、区政府安全生产工作部署，精心组织，周密安排，齐抓共管，采取切实可行的工作措施，加强检查巡查人员力量，深入开展辖区内建设领域专项整治；要加强与区建设、城市管理综合执法等行业领域主管部门的联系沟通，密切配合，信息共享，对于属地发现的非法违法行为要按照职责分工及时通报、移交给有关部门，形成联动机制，共同严厉打击各类非法违法建设行为。

（三）切实落实建设工程各方主体责任，依法依规开展项目建设施工。宝坻区××家园二期项目建设单位、施工单位、监理单位要认真吸取事故教训，严格执行《建设工程安全生产管理条例》等有关规定。建设单位要依法履行建设工程基本建设程序，及时办理相关行政审批、备案手续，不得对施工、工程监理等单位提出不符合建设工程安全生产法律、法规和强制性标准规定的要求。施工单位要认真履行施工现场安全生产管理责任，定期进行安全检查，及时消除本单位存在的生产安全事故安全隐患，自觉接受监理单位的监督检查。监理单位要加强日常安全检查巡查，及时发现安全隐患问题，及时督促建设单位、施工单位完成整改，对施工单位拒不整改或者不停止施工的，监理单位应当及时向建设行政主管部门报告。建设工程各方生产经营单位要切实落实企业主体责任，杜绝各类事故的发生。

来源：天津市安监局

案例 7   麻涌镇××"10·14"起重伤害事故

2016 年 10 月 14 日 16 时 30 分左右,位于东莞市麻涌镇大步村的××在建施工工地发生一起施工人员受压致死事故,造成 1 人死亡,直接经济损失约人民币 105 万元。

一、工程概况

××在建施工工地位于东莞市麻涌镇大步村,建筑面积 335707.44m², 建筑结构类型为框架-剪力墙结构,工程总造价 43641.96694 万元,开工日期是 2016 年 1 月 30 日,计划竣工日期是 2018 年 1 月 30 日。

二、事故发生经过

2016 年 10 月 14 日 14 时左右,××公司外架子班班长陈××安排该公司外架搭建工人到××在建施工工地 21 号楼搭建施工电梯防护棚。

16 点 30 分许,苏××在 21 号住宅楼施工电梯门前搭设防护棚,被突然下行的施工电梯拖进防护门间隙,胸部被夹住,后送医院不治身亡。

三、应急救援情况

候××发现后立即呼喊,施工电梯操作员听到声音后停止操作并到电梯门处查看情况,发现事故后马上使用工具救援,同时候××通知在 21 号楼背面工作的王××,由其上报事故情况,随后××公司相关人员马上赶到现场组织救援。约 10 分钟,苏××被救出,××公司现场已准备待命的车辆马上将其送往麻涌医院抢救治疗,于 2016 年 10 月 14 日 18 时左右苏××抢救无效死亡。

四、事故原因

(一)直接原因

苏××在搭设 21 号住宅楼施工电梯防护棚的时候没有按照国家规范的要求作业,违反安全操作规程进入到电梯防护栏里面冒险作业是导致事故发生的直接原因。

(二)相关单位职责履行情况

(1)××公司未落实安全生产主体责任。未对分包单位的安全生产工作统一协调、管理,未能协调事故区域交叉作业施工人员的安全,未能及时排查出生产安全事故安全隐患,导致事故的发生,对事故负有责任。

(2)××公司已落实安全生产主体责任。已拟订本单位外架子搭建的有关安全生产规章制度或操作规程,并对有关人员进行安全生产教育和培训,并进行考核合格,基本保证从业人员具备必要的安全生产知识，熟悉有关的安全生产规章制度和安全操作规程，掌握该岗位的安全操作技能。

（3）××房地产开发公司已落实安全管理责任。与施工单位签订专门的安全生产管理协议，在承包合同中约定各自的安全生产管理职责，由施工单位对施工区域进行全面的安全生产监督管理。

（4）××监理公司监管到位。监理公司作为工程监理方，按国家法律法规对工程实施监理，在事故发生后主动参与抢救，积极配合事故调查工作。

五、事故防范和整改措施

（1）加强施工电梯安全管理。建筑施工企业要严格落实施工电梯安全管理各项制度，建立安全技术档案，设立安全管理机构或配备安全管理人员进行电梯测试期间的安全监管检验，并设置相关安全生产警示标志区域，落实安全防范措施，严禁违章指挥、违章作业、违反劳动纪律的行为，消除各类安全隐患，确保人员和设备安全。

（2）加强施工现场的安全监管。建筑施工企业要加强施工现场外架钢构设施搭建作业人员的安全管理，制订相关安全监督管理制度，确保安全监管不留死角，及时了解本单位的安全生产状况，及时排查生产安全事故安全隐患。

案例8　重庆××工程有限公司"4·17"机械伤害事故

2018 年 4 月 17 日 19 时许，重庆××工程有限公司在某项目三标段稳定土拌合站作业现场，作业人员涂××站在稳定土拌和设备（型号 WBZ300）进料口驱动滚筒上，用钢钎清理锅体内的残渣时，指挥铲车操作员启动操作室搅拌主机控制开关，搅拌机启动后涂××不慎掉入运行中的搅拌机锅体内，当场死亡。直接经济损失 110 万余元。

一、工程概况

工程位于万州区高铁片区及万开棉花地-浦里段。工程内容主要包含路基土石方工程、道路工程（不含沥青混凝土路面）、防护工程、涵洞工程、排水工程等；合同工期：300天，计划开工时间为 2017 年 2 月 27 日，计划竣工时间为 2017 年 12 月 24 日；合同价款：暂定人民币 42626456.00 元，其中安全文明施工费：822183.52 元。

二、事故经过

2018 年 4 月 17 日上午 7 时许，××工程公司××项目稳定土拌合站作业现场，现场管理人员涂××带领作业人员对剩余部分水泥稳定土原材料进行加工，一直作业至下午 18时 30 分左右才停止生产，19 时许，涂××又让作业人员去操作室启动搅拌机和输出皮带，启动电源后，涂××侧身从入料仓口处掉入搅拌仓内。搅拌机停机之后，涂××已无生命迹象。

三、事故原因

（一）直接原因

根据调查组对事故现场的勘验和调查取证分析认为：涂××作为现场管理人员违章站在斜皮带输送机驱动滚筒上清理仓内物料，在未离开危险作业处时违章指挥非控制室操作人员启动搅拌机控制开关，导致其掉入运行中的搅拌机内死亡，是本次事故发生的直接原因。

（二）间接原因

（1）××工程公司未切实落实安全生产主体责任。安全生产责任制不落实，致使管理人员、作业人员安全责任意识不到位。

（2）公司安全教育培训制度不落实，致使作业人员安全意识淡薄，违规作业。

（3）公司安全管理措施不力，安全操作规程和安全技术交底不落实。现场管理人员带头违规操作，同时指挥非控制室操作人员去操作搅拌设备开关。公司现场安全管理措施不力，致使现场管理人员、作业违规操作。

（4）公司未加强现场安全管理，公司相关安全管理人员不在位，致使作业现场得不到有效管理，事故安全隐患未及时被发现和有效制止。

四、整改措施及建议

（一）建筑施工企业要认真吸取"4·17"事故教训，切实落实企业安全生产主体责任，健全完善和落实各项安全生产规章制度和安全生产责任制；要认真开展全员安全教育培训和安全技术交底，切实有效提高作业人员安全意识、操作技能和防范事故的能力等；要切实加强现场安全管理，落实相应的安全管理措施，工程未完全结束前，相关的安全管理人员不能缺位，同时要对作业现场进行有效管理，坚决制止作业人员违规冒险作业；要对所承建的项目开展经常性安全检查和安全隐患排查，防止类似事故再次发生。

（二）××公司要对此次事故情况进行通报和开展警示教育，要通过通报和警示教育，促使其他施工单位也要深刻吸取教训，自觉落实安全生产主体责任；要加强对所属施工项目的监管，督促施工单位严格执行各项安全管理制度和规定，加强现场安全管理，完善安全生产条件；对主体工程完成后的一些收尾性工作要制定相应的安全管理措施，避免出现监管漏项；要进一步加大安全检查、安全隐患排除力度，确保行业安全生产形势稳定好转。

（三）区城乡建设委员会要进一步加强对市政建设工程的安全监管，督促施工单位认真落实企业安全生产主体责任，强化施工现场安全管理和各类人员的安全教育培训；要针对施工建设项目在扫尾期间的安全监管工作，制定和落实有效的管理措施；要加强对下属单位安全生产工作的督导，在施工现场设备未撤出的情况下，不能终止监管，确保安全工作不留死角。

"4·17"机械伤害事故调查组

2018 年 5 月 13 日

附录1 中华人民共和国突发事件应对法

第一章 总 则

第一条 为了预防和减少突发事件的发生，控制、减轻和消除突发事件引起的严重社会危害，规范突发事件应对活动，保护人民生命财产安全，维护国家安全、公共安全、环境安全和社会秩序，制定本法。

第二条 突发事件的预防与应急准备、监测与预警、应急处置与救援、事后恢复与重建等应对活动，适用本法。

第三条 本法所称突发事件，是指突然发生，造成或者可能造成严重社会危害，需要采取应急处置措施予以应对的自然灾害、事故灾难、公共卫生事件和社会安全事件。

按照社会危害程度、影响范围等因素，自然灾害、事故灾难、公共卫生事件分为特别重大、重大、较大和一般四级。法律、行政法规或者国务院另有规定的，从其规定。

突发事件的分级标准由国务院或者国务院确定的部门制定。

第四条 国家建立统一领导、综合协调、分类管理、分级负责、属地管理为主的应急管理体制。

第五条 突发事件应对工作实行预防为主、预防与应急相结合的原则。国家建立重大突发事件风险评估体系，对可能发生的突发事件进行综合性评估，减少重大突发事件的发生，最大限度地减轻重大突发事件的影响。

第六条 国家建立有效的社会动员机制，增强全民的公共安全和防范风险的意识，提高全社会的避险救助能力。

第七条 县级人民政府对本行政区域内突发事件的应对工作负责；涉及两个以上行政区域的，由有关行政区域共同的上一级人民政府负责，或者由各有关行政区域的上一级人民政府共同负责。

突发事件发生后，发生地县级人民政府应当立即采取措施控制事态发展，组织开展应急救援和处置工作，并立即向上一级人民政府报告，必要时可以越级上报。

突发事件发生地县级人民政府不能消除或者不能有效控制突发事件引起的严重社会危害的，应当及时向上级人民政府报告。上级人民政府应当及时采取措施，统一领导应急处置工作。

法律、行政法规规定由国务院有关部门对突发事件的应对工作负责的，从其规定；地方人民政府应当积极配合并提供必要的支持。

第八条 国务院在总理领导下研究、决定和部署特别重大突发事件的应对工作；根据实际需要，设立国家突发事件应急指挥机构，负责突发事件应对工作；必要时，国务院可以派出工作组指导有关工作。

县级以上地方各级人民政府设立由本级人民政府主要负责人、相关部门负责人、驻当地中国人民解放军和中国人民武装警察部队有关负责人组成的突发事件应急指挥机构，统一领导、协调本级人民政府各有关部门和下级人民政府开展突发事件应对工作；根据实际需要，设立相关类别突发事件应急指挥机构，组织、协调、指挥突发事件应对工作。

上级人民政府主管部门应当在各自职责范围内，指导、协助下级人民政府及其相应部门做好有关突发事件的应对工作。

第九条 国务院和县级以上地方各级人民政府是突发事件应对工作的行政领导机关，其办事机构及具体职责由国务院规定。

第十条 有关人民政府及其部门作出的应对突发事件的决定、命令，应当及时公布。

第十一条 有关人民政府及其部门采取的应对突发事件的措施，应当与突发事件可能造成的社会危害的性质、程度和范围相适应；有多种措施可供选择的，应当选择有利于最大程度地保护公民、法人和其他组织权益的措施。

公民、法人和其他组织有义务参与突发事件应对工作。

第十二条 有关人民政府及其部门为应对突发事件，可以征用单位和个人的财产。被征用的财产在使用完毕或者突发事件应急处置工作结束后，应当及时返还。财产被征用或者征用后毁损、灭失的，应当给予补偿。

第十三条 因采取突发事件应对措施，诉讼、行政复议、仲裁活动不能正常进行的，适用有关时效中止和程序中止的规定，但法律另有规定的除外。

第十四条 中国人民解放军、中国人民武装警察部队和民兵组织依照本法和其他有关法律、行政法规、军事法规的规定以及国务院、中央军事委员会的命令，参加突发事件的应急救援和处置工作。

第十五条 中华人民共和国政府在突发事件的预防、监测与预警、应急处置与救援、事后恢复与重建等方面，同外国政府和有关国际组织开展合作与交流。

第十六条 县级以上人民政府作出应对突发事件的决定、命令，应当报本级人民代表大会常务委员会备案；突发事件应急处置工作结束后，应当向本级人民代表大会常务委员会作出专项工作报告。

第二章 预防与应急准备

第十七条 国家建立健全突发事件应急预案体系。

国务院制定国家突发事件总体应急预案，组织制定国家突发事件专项应急预案；国务院有关部门根据各自的职责和国务院相关应急预案，制定国家突发事件部门应急预案。

地方各级人民政府和县级以上地方各级人民政府有关部门根据有关法律、法规、规章、上级人民政府及其有关部门的应急预案以及本地区的实际情况，制定相应的突发事件应急预案。

应急预案制定机关应当根据实际需要和情势变化，适时修订应急预案。应急预案的制定、修订程序由国务院规定。

第十八条 应急预案应当根据本法和其他有关法律、法规的规定，针对突发事件的性质、特点和可能造成的社会危害，具体规定突发事件应急管理工作的组织指挥体系与职责和突发事件的预防与预警机制、处置程序、应急保障措施以及事后恢复与重建措施等内容。

第十九条 城乡规划应当符合预防、处置突发事件的需要，统筹安排应对突发事件所必需的设备和基础设施建设，合理确定应急避难场所。

第二十条 县级人民政府应当对本行政区域内容易引发自然灾害、事故灾难和公共卫生事件的危险源、危险区域进行调查、登记、风险评估，定期进行检查、监控，并责令有关单位采取安全防范措施。

省级和设区的市级人民政府应当对本行政区域内容易引发特别重大、重大突发事件的危险源、危险区域进行调查、登记、风险评估，组织进行检查、监控，并责令有关单位采取安全防范措施。

县级以上地方各级人民政府按照本法规定登记的危险源、危险区域，应当按照国家规定及时向社会公布。

第二十一条 县级人民政府及其有关部门、乡级人民政府、街道办事处、居民委员会、村民委员会应当及时调解处理可能引发社会安全事件的矛盾纠纷。

第二十二条 所有单位应当建立健全安全管理制度，定期检查本单位各项安全防范措施的落实情况，及时消除事故安全隐患；掌握并及时处理本单位存在的可能引发社会安全事件的问题，防止矛盾激化和事态扩大；对本单位可能发生的突发事件和采取安全防范措施的情况，应当按照规定及时向所在地人民政府或者人民政府有关部门报告。

第二十三条 矿山、建筑施工单位和易燃易爆物品、危险化学品、放射性物品等危险物品的生产、经营、储运、使用单位，应当制定具体应急预案，并对生产经营场所、有危险物品的建筑物、构筑物及周边环境开展安全隐患排查，及时采取措施消除安全隐患，防止发生突发事件。

第二十四条 公共交通工具、公共场所和其他人员密集场所的经营单位或者管理单位应当制定具体应急预案，为交通工具和有关场所配备报警装置和必要的应急救援设备、设施，注明其使用方法，并显著标明安全撤离的通道、路线，保证安全通道、出口的畅通。

有关单位应当定期检测、维护其报警装置和应急救援设备、设施，使其处于良好状态，确保正常使用。

第二十五条 县级以上人民政府应当建立健全突发事件应急管理培训制度，对人民政府及其有关部门负有处置突发事件职责的工作人员定期进行培训。

第二十六条 县级以上人民政府应当整合应急资源，建立或者确定综合性应急救援队伍。人民政府有关部门可以根据实际需要设立专业应急救援队伍。

县级以上人民政府及其有关部门可以建立由成年志愿者组成的应急救援队伍。单位应当建立由本单位职工组成的专职或者兼职应急救援队伍。

县级以上人民政府应当加强专业应急救援队伍与非专业应急救援队伍的合作，联合培训、联合演练，提高合成应急、协同应急的能力。

第二十七条 国务院有关部门、县级以上地方各级人民政府及其有关部门、有关单位应当为专业应急救援人员购买人身意外伤害保险，配备必要的防护装备和器材，减少应急救援人员的人身风险。

第二十八条 中国人民解放军、中国人民武装警察部队和民兵组织应当有计划地组织开展应急救援的专门训练。

第二十九条 县级人民政府及其有关部门、乡级人民政府、街道办事处应当组织开展应急知识的宣传普及活动和必要的应急演练。

居民委员会、村民委员会、企业事业单位应当根据所在地人民政府的要求，结合各自的实际情况，开展有关突发事件应急知识的宣传普及活动和必要的应急演练。

新闻媒体应当无偿开展突发事件预防与应急、自救与互救知识的公益宣传。

第三十条 各级各类学校应当把应急知识教育纳入教学内容，对学生进行应急知识教育，培养学生的安全意识和自救与互救能力。

教育主管部门应当对学校开展应急知识教育进行指导和监督。

第三十一条 国务院和县级以上地方各级人民政府应当采取财政措施，保障突发事件应对工作所需经费。

第三十二条 国家建立健全应急物资储备保障制度，完善重要应急物资的监管、生产、储备、调拨和紧急配送体系。

设区的市级以上人民政府和突发事件易发、多发地区的县级人民政府应当建立应急救援物资、生活必需品和应急处置装备的储备制度。

县级以上地方各级人民政府应当根据本地区的实际情况，与有关企业签订协议，保障应急救援物资、生活必需品和应急处置装备的生产、供给。

第三十三条 国家建立健全应急通信保障体系，完善公用通信网，建立有线与无线相结合、基础电信网络与机动通信系统相配套的应急通信系统，确保突发事件应对工作的通信畅通。

第三十四条 国家鼓励公民、法人和其他组织为人民政府应对突发事件工作提供物资、资金、技术支持和捐赠。

第三十五条 国家发展保险事业，建立国家财政支持的巨灾风险保险体系，并鼓励单位和公民参加保险。

第三十六条 国家鼓励、扶持具备相应条件的教学科研机构培养应急管理专门人才，鼓励、扶持教学科研机构和有关企业研究开发用于突发事件预防、监测、预警、应急处置与救援的新技术、新设备和新工具。

第三章 监测与预警

第三十七条 国务院建立全国统一的突发事件信息系统。

县级以上地方各级人民政府应当建立或者确定本地区统一的突发事件信息系统，汇集、储存、分析、传输有关突发事件的信息，并与上级人民政府及其有关部门、下级人民政府及其有关部门、专业机构和监测网点的突发事件信息系统实现互联互通，加强跨部门、跨地区的信息交流与情报合作。

第三十八条 县级以上人民政府及其有关部门、专业机构应当通过多种途径收集突发事件信息。

县级人民政府应当在居民委员会、村民委员会和有关单位建立专职或者兼职信息报告员制度。

获悉突发事件信息的公民、法人或者其他组织，应当立即向所在地人民政府、有关主管部门或者指定的专业机构报告。

第三十九条 地方各级人民政府应当按照国家有关规定向上级人民政府报送突发事件

信息。县级以上人民政府有关主管部门应当向本级人民政府相关部门通报突发事件信息。专业机构、监测网点和信息报告员应当及时向所在地人民政府及其有关主管部门报告突发事件信息。

有关单位和人员报送、报告突发事件信息，应当做到及时、客观、真实，不得迟报、谎报、瞒报、漏报。

第四十条　县级以上地方各级人民政府应当及时汇总分析突发事件安全隐患和预警信息，必要时组织相关部门、专业技术人员、专家学者进行会商，对发生突发事件的可能性及其可能造成的影响进行评估；认为可能发生重大或者特别重大突发事件的，应当立即向上级人民政府报告，并向上级人民政府有关部门、当地驻军和可能受到危害的毗邻或者相关地区的人民政府通报。

第四十一条　国家建立健全突发事件监测制度。

县级以上人民政府及其有关部门应当根据自然灾害、事故灾难和公共卫生事件的种类和特点，建立健全基础信息数据库，完善监测网络，划分监测区域，确定监测点，明确监测项目，提供必要的设备、设施，配备专职或者兼职人员，对可能发生的突发事件进行监测。

第四十二条　国家建立健全突发事件预警制度。

可以预警的自然灾害、事故灾难和公共卫生事件的预警级别，按照突发事件发生的紧急程度、发展势态和可能造成的危害程度分为一级、二级、三级和四级，分别用红色、橙色、黄色和蓝色标示，一级为最高级别。

预警级别的划分标准由国务院或者国务院确定的部门制定。

第四十三条　可以预警的自然灾害、事故灾难或者公共卫生事件即将发生或者发生的可能性增大时，县级以上地方各级人民政府应当根据有关法律、行政法规和国务院规定的权限和程序，发布相应级别的警报，决定并宣布有关地区进入预警期，同时向上一级人民政府报告，必要时可以越级上报，并向当地驻军和可能受到危害的毗邻或者相关地区的人民政府通报。

第四十四条　发布三级、四级警报，宣布进入预警期后，县级以上地方各级人民政府应当根据即将发生的突发事件的特点和可能造成的危害，采取下列措施：

（一）启动应急预案；

（二）责令有关部门、专业机构、监测网点和负有特定职责的人员及时收集、报告有关信息，向社会公布反映突发事件信息的渠道，加强对突发事件发生、发展情况的监测、预报和预警工作；

（三）组织有关部门和机构、专业技术人员、有关专家学者，随时对突发事件信息进行分析评估，预测发生突发事件可能性的大小、影响范围和强度以及可能发生的突发事件的级别；

（四）定时向社会发布与公众有关的突发事件预测信息和分析评估结果，并对相关信息的报道工作进行管理；

（五）及时按照有关规定向社会发布可能受到突发事件危害的警告，宣传避免、减轻危害的常识，公布咨询电话。

第四十五条　发布一级、二级警报，宣布进入预警期后，县级以上地方各级人民政府除采取本法第四十四条规定的措施外，还应当针对即将发生的突发事件的特点和可能造成的危害，采取下列一项或者多项措施：

（一）责令应急救援队伍、负有特定职责的人员进入待命状态，并动员后备人员做好参加应急救援和处置工作的准备；

（二）调集应急救援所需物资、设备、工具，准备应急设施和避难场所，并确保其处于良好状态、随时可以投入正常使用；

（三）加强对重点单位、重要部位和重要基础设施的安全保卫，维护社会治安秩序；

（四）采取必要措施，确保交通、通信、供水、排水、供电、供气、供热等公共设施的安全和正常运行；

（五）及时向社会发布有关采取特定措施避免或者减轻危害的建议、劝告；

（六）转移、疏散或者撤离易受突发事件危害的人员并予以妥善安置，转移重要财产；

（七）关闭或者限制使用易受突发事件危害的场所，控制或者限制容易导致危害扩大的公共场所的活动；

（八）法律、法规、规章规定的其他必要的防范性、保护性措施。

第四十六条　对即将发生或者已经发生的社会安全事件，县级以上地方各级人民政府及其有关主管部门应当按照规定向上一级人民政府及其有关主管部门报告，必要时可以越级上报。

第四十七条　发布突发事件警报的人民政府应当根据事态的发展，按照有关规定适时调整预警级别并重新发布。

有事实证明不可能发生突发事件或者危险已经解除的，发布警报的人民政府应当立即宣布解除警报，终止预警期，并解除已经采取的有关措施。

第四章　应急处置与救援

第四十八条　突发事件发生后，履行统一领导职责或者组织处置突发事件的人民政府应当针对其性质、特点和危害程度，立即组织有关部门，调动应急救援队伍和社会力量，依照本章的规定和有关法律、法规、规章的规定采取应急处置措施。

第四十九条　自然灾害、事故灾难或者公共卫生事件发生后，履行统一领导职责的人民政府可以采取下列一项或者多项应急处置措施：

（一）组织营救和救治受害人员，疏散、撤离并妥善安置受到威胁的人员以及采取其他救助措施；

（二）迅速控制危险源，标明危险区域，封锁危险场所，划定警戒区，实行交通管制以及其他控制措施；

（三）立即抢修被损坏的交通、通信、供水、排水、供电、供气、供热等公共设施，向受到危害的人员提供避难场所和生活必需品，实施医疗救护和卫生防疫以及其他保障措施；

（四）禁止或者限制使用有关设备、设施，关闭或者限制使用有关场所，中止人员密集的活动或者可能导致危害扩大的生产经营活动以及采取其他保护措施；

（五）启用本级人民政府设置的财政预备费和储备的应急救援物资，必要时调用其他急需物资、设备、设施、工具；

（六）组织公民参加应急救援和处置工作，要求具有特定专长的人员提供服务；

（七）保障食品、饮用水、燃料等基本生活必需品的供应；

（八）依法从严惩处囤积居奇、哄抬物价、制假售假等扰乱市场秩序的行为，稳定市场价格，维护市场秩序；

（九）依法从严惩处哄抢财物、干扰破坏应急处置工作等扰乱社会秩序的行为，维护社会治安；

（十）采取防止发生次生、衍生事件的必要措施。

第五十条　社会安全事件发生后，组织处置工作的人民政府应当立即组织有关部门并由公安机关针对事件的性质和特点，依照有关法律、行政法规和国家其他有关规定，采取下列一项或者多项应急处置措施：

（一）强制隔离使用器械相互对抗或者以暴力行为参与冲突的当事人，妥善解决现场纠纷和争端，控制事态发展；

（二）对特定区域内的建筑物、交通工具、设备、设施以及燃料、燃气、电力、水的供应进行控制；

（三）封锁有关场所、道路，查验现场人员的身份证件，限制有关公共场所内的活动；

（四）加强对易受冲击的核心机关和单位的警卫，在国家机关、军事机关、国家通讯社、广播电台、电视台、外国驻华使领馆等单位附近设置临时警戒线；

（五）法律、行政法规和国务院规定的其他必要措施。

严重危害社会治安秩序的事件发生时，公安机关应当立即依法出动警力，根据现场情况依法采取相应的强制性措施，尽快使社会秩序恢复正常。

第五十一条　发生突发事件，严重影响国民经济正常运行时，国务院或者国务院授权的有关主管部门可以采取保障、控制等必要的应急措施，保障人民群众的基本生活需要，最大限度地减轻突发事件的影响。

第五十二条　履行统一领导职责或者组织处置突发事件的人民政府，必要时可以向单位和个人征用应急救援所需设备、设施、场地、交通工具和其他物资，请求其他地方人民政府提供人力、物力、财力或者技术支援，要求生产、供应生活必需品和应急救援物资的企业组织生产、保证供给，要求提供医疗、交通等公共服务的组织提供相应的服务。

履行统一领导职责或者组织处置突发事件的人民政府，应当组织协调运输经营单位，优先运送处置突发事件所需物资、设备、工具、应急救援人员和受到突发事件危害的人员。

第五十三条　履行统一领导职责或者组织处置突发事件的人民政府，应当按照有关规定统一、准确、及时发布有关突发事件事态发展和应急处置工作的信息。

第五十四条　任何单位和个人不得编造、传播有关突发事件事态发展或者应急处置工作的虚假信息。

第五十五条　突发事件发生地的居民委员会、村民委员会和其他组织应当按照当地人民政府的决定、命令，进行宣传动员，组织群众开展自救和互救，协助维护社会秩序。

第五十六条　受到自然灾害危害或者发生事故灾难、公共卫生事件的单位，应当立即组织本单位应急救援队伍和工作人员营救受害人员，疏散、撤离、安置受到威胁的人员，控制危险源，标明危险区域，封锁危险场所，并采取其他防止危害扩大的必要措施，同时向所在地县级人民政府报告；对因本单位的问题引发的或者主体是本单位人员的社会安全事件，有关单位应当按照规定上报情况，并迅速派出负责人赶赴现场开展劝解、疏导工作。

突发事件发生地的其他单位应当服从人民政府发布的决定、命令，配合人民政府采取的应急处置措施，做好本单位的应急救援工作，并积极组织人员参加所在地的应急救援和处置工作。

第五十七条 突发事件发生地的公民应当服从人民政府、居民委员会、村民委员会或者所属单位的指挥和安排，配合人民政府采取的应急处置措施，积极参加应急救援工作，协助维护社会秩序。

第五章 事后恢复与重建

第五十八条 突发事件的威胁和危害得到控制或者消除后，履行统一领导职责或者组织处置突发事件的人民政府应当停止执行依照本法规定采取的应急处置措施，同时采取或者继续实施必要措施，防止发生自然灾害、事故灾难、公共卫生事件的次生、衍生事件或者重新引发社会安全事件。

第五十九条 突发事件应急处置工作结束后，履行统一领导职责的人民政府应当立即组织对突发事件造成的损失进行评估，组织受影响地区尽快恢复生产、生活、工作和社会秩序，制定恢复重建计划，并向上一级人民政府报告。

受突发事件影响地区的人民政府应当及时组织和协调公安、交通、铁路、民航、邮电、建设等有关部门恢复社会治安秩序，尽快修复被损坏的交通、通信、供水、排水、供电、供气、供热等公共设施。

第六十条 受突发事件影响地区的人民政府开展恢复重建工作需要上一级人民政府支持的，可以向上一级人民政府提出请求。上一级人民政府应当根据受影响地区遭受的损失和实际情况，提供资金、物资支持和技术指导，组织其他地区提供资金、物资和人力支援。

第六十一条 国务院根据受突发事件影响地区遭受损失的情况，制定扶持该地区有关行业发展的优惠政策。

受突发事件影响地区的人民政府应当根据本地区遭受损失的情况，制定救助、补偿、抚慰、抚恤、安置等善后工作计划并组织实施，妥善解决因处置突发事件引发的矛盾和纠纷。

公民参加应急救援工作或者协助维护社会秩序期间，其在本单位的工资待遇和福利不变；表现突出、成绩显著的，由县级以上人民政府给予表彰或者奖励。

县级以上人民政府对在应急救援工作中伤亡的人员依法给予抚恤。

第六十二条 履行统一领导职责的人民政府应当及时查明突发事件的发生经过和原因，总结突发事件应急处置工作的经验教训，制定改进措施，并向上一级人民政府提出报告。

第六章 法 律 责 任

第六十三条 地方各级人民政府和县级以上各级人民政府有关部门违反本法规定，不履行法定职责的，由其上级行政机关或者监察机关责令改正；有下列情形之一的，根据情节对直接负责的主管人员和其他直接责任人员依法给予处分：

（一）未按规定采取预防措施，导致发生突发事件，或者未采取必要的防范措施，导致发生次生、衍生事件的；

（二）迟报、谎报、瞒报、漏报有关突发事件的信息，或者通报、报送、公布虚假信息，造成后果的；

（三）未按规定及时发布突发事件警报、采取预警期的措施，导致损害发生的；

（四）未按规定及时采取措施处置突发事件或者处置不当，造成后果的；

（五）不服从上级人民政府对突发事件应急处置工作的统一领导、指挥和协调的；

（六）未及时组织开展生产自救、恢复重建等善后工作的；

（七）截留、挪用、私分或者变相私分应急救援资金、物资的；

（八）不及时归还征用的单位和个人的财产，或者对被征用财产的单位和个人不按规定给予补偿的。

第六十四条　有关单位有下列情形之一的，由所在地履行统一领导职责的人民政府责令停产停业，暂扣或者吊销许可证或者营业执照，并处五万元以上二十万元以下的罚款；构成违反治安管理行为的，由公安机关依法给予处罚：

（一）未按规定采取预防措施，导致发生严重突发事件的；

（二）未及时消除已发现的可能引发突发事件的安全隐患，导致发生严重突发事件的；

（三）未做好应急设备、设施日常维护、检测工作，导致发生严重突发事件或者突发事件危害扩大的；

（四）突发事件发生后，不及时组织开展应急救援工作，造成严重后果的。

前款规定的行为，其他法律、行政法规规定由人民政府有关部门依法决定处罚的，从其规定。

第六十五条　违反本法规定，编造并传播有关突发事件事态发展或者应急处置工作的虚假信息，或者明知是有关突发事件事态发展或者应急处置工作的虚假信息而进行传播的，责令改正，给予警告；造成严重后果的，依法暂停其业务活动或者吊销其执业许可证；负有直接责任的人员是国家工作人员的，还应当对其依法给予处分；构成违反治安管理行为的，由公安机关依法给予处罚。

第六十六条　单位或者个人违反本法规定，不服从所在地人民政府及其有关部门发布的决定、命令或者不配合其依法采取的措施，构成违反治安管理行为的，由公安机关依法给予处罚。

第六十七条　单位或者个人违反本法规定，导致突发事件发生或者危害扩大，给他人人身、财产造成损害的，应当依法承担民事责任。

第六十八条　违反本法规定，构成犯罪的，依法追究刑事责任。

第七章　附　　则

第六十九条　发生特别重大突发事件，对人民生命财产安全、国家安全、公共安全、环境安全或者社会秩序构成重大威胁，采取本法和其他有关法律、法规、规章规定的应急处置措施不能消除或者有效控制、减轻其严重社会危害，需要进入紧急状态的，由全国人民代表大会常务委员会或者国务院依照宪法和其他有关法律规定的权限和程序决定。

紧急状态期间采取的非常措施，依照有关法律规定执行或者由全国人民代表大会常务委员会另行规定。

第七十条　本法自 2007 年 11 月 1 日起施行。

附录 2　生产安全事故报告和调查处理条例

第一章　总　则

第一条　为了规范生产安全事故的报告和调查处理，落实生产安全事故责任追究制度，防止和减少生产安全事故，根据《中华人民共和国安全生产法》和有关法律，制定本条例。

第二条　生产经营活动中发生的造成人身伤亡或者直接经济损失的生产安全事故的报告和调查处理，适用本条例；环境污染事故、核设施事故、国防科研生产事故的报告和调查处理不适用本条例。

第三条　根据生产安全事故（以下简称事故）造成的人员伤亡或者直接经济损失，事故一般分为以下等级：

（一）特别重大事故，是指造成 30 人以上死亡，或者 100 人以上重伤（包括急性工业中毒，下同），或者 1 亿元以上直接经济损失的事故；

（二）重大事故，是指造成 10 人以上 30 人以下死亡，或者 50 人以上 100 人以下重伤，或者 5000 万元以上 1 亿元以下直接经济损失的事故；

（三）较大事故，是指造成 3 人以上 10 人以下死亡，或者 10 人以上 50 人以下重伤，或者 1000 万元以上 5000 万元以下直接经济损失的事故；

（四）一般事故，是指造成 3 人以下死亡，或者 10 人以下重伤，或者 1000 万元以下直接经济损失的事故。

国务院安全生产监督管理部门可以会同国务院有关部门，制定事故等级划分的补充性规定。

本条第一款所称的"以上"包括本数，所称的"以下"不包括本数。

第四条　事故报告应当及时、准确、完整，任何单位和个人对事故不得迟报、漏报、谎报或者瞒报。

事故调查处理应当坚持实事求是、尊重科学的原则，及时、准确地查清事故经过、事故原因和事故损失，查明事故性质，认定事故责任，总结事故教训，提出整改措施，并对事故责任者依法追究责任。

第五条　县级以上人民政府应当依照本条例的规定，严格履行职责，及时、准确地完成事故调查处理工作。

事故发生地有关地方人民政府应当支持、配合上级人民政府或者有关部门的事故调查处理工作，并提供必要的便利条件。

参加事故调查处理的部门和单位应当互相配合，提高事故调查处理工作的效率。

第六条　工会依法参加事故调查处理，有权向有关部门提出处理意见。

第七条　任何单位和个人不得阻挠和干涉对事故的报告和依法调查处理。

第八条　对事故报告和调查处理中的违法行为，任何单位和个人有权向安全生产监督管理部门、监察机关或者其他有关部门举报，接到举报的部门应当依法及时处理。

第二章　事　故　报　告

第九条　事故发生后，事故现场有关人员应当立即向本单位负责人报告；单位负责人接到报告后，应当于 1 小时内向事故发生地县级以上人民政府安全生产监督管理部门和负有安全生产监督管理职责的有关部门报告。

情况紧急时，事故现场有关人员可以直接向事故发生地县级以上人民政府安全生产监督管理部门和负有安全生产监督管理职责的有关部门报告。

第十条　安全生产监督管理部门和负有安全生产监督管理职责的有关部门接到事故报告后，应当依照下列规定上报事故情况，并通知公安机关、劳动保障行政部门、工会和人民检察院：

（一）特别重大事故、重大事故逐级上报至国务院安全生产监督管理部门和负有安全生产监督管理职责的有关部门；

（二）较大事故逐级上报至省、自治区、直辖市人民政府安全生产监督管理部门和负有安全生产监督管理职责的有关部门；

（三）一般事故上报至设区的市级人民政府安全生产监督管理部门和负有安全生产监督管理职责的有关部门。

安全生产监督管理部门和负有安全生产监督管理职责的有关部门依照前款规定上报事故情况，应当同时报告本级人民政府。国务院安全生产监督管理部门和负有安全生产监督管理职责的有关部门以及省级人民政府接到发生特别重大事故、重大事故的报告后，应当立即报告国务院。

必要时，安全生产监督管理部门和负有安全生产监督管理职责的有关部门可以越级上报事故情况。

第十一条　安全生产监督管理部门和负有安全生产监督管理职责的有关部门逐级上报事故情况，每级上报的时间不得超过 2 小时。

第十二条　报告事故应当包括下列内容：

（一）事故发生单位概况；

（二）事故发生的时间、地点以及事故现场情况；

（三）事故的简要经过；

（四）事故已经造成或者可能造成的伤亡人数（包括下落不明的人数）和初步估计的直接经济损失；

（五）已经采取的措施；

（六）其他应当报告的情况。

第十三条　事故报告后出现新情况的，应当及时补报。

自事故发生之日起 30 日内，事故造成的伤亡人数发生变化的，应当及时补报。道路交通事故、火灾事故自发生之日起 7 日内，事故造成的伤亡人数发生变化的，应当及时补报。

第十四条　事故发生单位负责人接到事故报告后，应当立即启动事故相应应急预案，或者采取有效措施，组织抢救，防止事故扩大，减少人员伤亡和财产损失。

第十五条 事故发生地有关地方人民政府、安全生产监督管理部门和负有安全生产监督管理职责的有关部门接到事故报告后,其负责人应当立即赶赴事故现场,组织事故救援。

第十六条 事故发生后,有关单位和人员应当妥善保护事故现场以及相关证据,任何单位和个人不得破坏事故现场、毁灭相关证据。

因抢救人员、防止事故扩大以及疏通交通等原因,需要移动事故现场物件的,应当做出标志,绘制现场简图并做出书面记录,妥善保存现场重要痕迹、物证。

第十七条 事故发生地公安机关根据事故的情况,对涉嫌犯罪的,应当依法立案侦查,采取强制措施和侦查措施。犯罪嫌疑人逃匿的,公安机关应当迅速追捕归案。

第十八条 安全生产监督管理部门和负有安全生产监督管理职责的有关部门应当建立值班制度,并向社会公布值班电话,受理事故报告和举报。

第三章 事 故 调 查

第十九条 特别重大事故由国务院或者国务院授权有关部门组织事故调查组进行调查。

重大事故、较大事故、一般事故分别由事故发生地省级人民政府、设区的市级人民政府、县级人民政府负责调查。省级人民政府、设区的市级人民政府、县级人民政府可以直接组织事故调查组进行调查,也可以授权或者委托有关部门组织事故调查组进行调查。

未造成人员伤亡的一般事故,县级人民政府也可以委托事故发生单位组织事故调查组进行调查。

第二十条 上级人民政府认为必要时,可以调查由下级人民政府负责调查的事故。

自事故发生之日起 30 日内(道路交通事故、火灾事故自发生之日起 7 日内),因事故伤亡人数变化导致事故等级发生变化,依照本条例规定应当由上级人民政府负责调查的,上级人民政府可以另行组织事故调查组进行调查。

第二十一条 特别重大事故以下等级事故,事故发生地与事故发生单位不在同一个县级以上行政区域的,由事故发生地人民政府负责调查,事故发生单位所在地人民政府应当派人参加。

第二十二条 事故调查组的组成应当遵循精简、效能的原则。

根据事故的具体情况,事故调查组由有关人民政府、安全生产监督管理部门、负有安全生产监督管理职责的有关部门、监察机关、公安机关以及工会派人组成,并应当邀请人民检察院派人参加。

事故调查组可以聘请有关专家参与调查。

第二十三条 事故调查组成员应当具有事故调查所需要的知识和专长,并与所调查的事故没有直接利害关系。

第二十四条 事故调查组组长由负责事故调查的人民政府指定。事故调查组组长主持事故调查组的工作。

第二十五条 事故调查组履行下列职责:

(一)查明事故发生的经过、原因、人员伤亡情况及直接经济损失;

(二)认定事故的性质和事故责任;

(三)提出对事故责任者的处理建议;

（四）总结事故教训，提出防范和整改措施；

（五）提交事故调查报告。

第二十六条　事故调查组有权向有关单位和个人了解与事故有关的情况，并要求其提供相关文件、资料，有关单位和个人不得拒绝。

事故发生单位的负责人和有关人员在事故调查期间不得擅离职守，并应当随时接受事故调查组的询问，如实提供有关情况。

事故调查中发现涉嫌犯罪的，事故调查组应当及时将有关材料或者其复印件移交司法机关处理。

第二十七条　事故调查中需要进行技术鉴定的，事故调查组应当委托具有国家规定资质的单位进行技术鉴定。必要时，事故调查组可以直接组织专家进行技术鉴定。技术鉴定所需时间不计入事故调查期限。

第二十八条　事故调查组成员在事故调查工作中应当诚信公正、恪尽职守，遵守事故调查组的纪律，保守事故调查的秘密。

未经事故调查组组长允许，事故调查组成员不得擅自发布有关事故的信息。

第二十九条　事故调查组应当自事故发生之日起 60 日内提交事故调查报告；特殊情况下，经负责事故调查的人民政府批准，提交事故调查报告的期限可以适当延长，但延长的期限最长不超过 60 日。

第三十条　事故调查报告应当包括下列内容：

（一）事故发生单位概况；

（二）事故发生经过和事故救援情况；

（三）事故造成的人员伤亡和直接经济损失；

（四）事故发生的原因和事故性质；

（五）事故责任的认定以及对事故责任者的处理建议；

（六）事故防范和整改措施。

事故调查报告应当附具有关证据材料。事故调查组成员应当在事故调查报告上签名。

第三十一条　事故调查报告报送负责事故调查的人民政府后，事故调查工作即告结束。事故调查的有关资料应当归档保存。

第四章　事　故　处　理

第三十二条　重大事故、较大事故、一般事故，负责事故调查的人民政府应当自收到事故调查报告之日起 15 日内做出批复；特别重大事故，30 日内做出批复，特殊情况下，批复时间可以适当延长，但延长的时间最长不超过 30 日。

有关机关应当按照人民政府的批复，依照法律、行政法规规定的权限和程序，对事故发生单位和有关人员进行行政处罚，对负有事故责任的国家工作人员进行处分。

事故发生单位应当按照负责事故调查的人民政府的批复，对本单位负有事故责任的人员进行处理。

负有事故责任的人员涉嫌犯罪的，依法追究刑事责任。

第三十三条　事故发生单位应当认真吸取事故教训，落实防范和整改措施，防止事故再次发生。防范和整改措施的落实情况应当接受工会和职工的监督。

安全生产监督管理部门和负有安全生产监督管理职责的有关部门应当对事故发生单位落实防范和整改措施的情况进行监督检查。

第三十四条 事故处理的情况由负责事故调查的人民政府或者其授权的有关部门、机构向社会公布，依法应当保密的除外。

第五章 法律责任

第三十五条 事故发生单位主要负责人有下列行为之一的，处上一年年收入40%至80%的罚款；属于国家工作人员的，并依法给予处分；构成犯罪的，依法追究刑事责任：

（一）不立即组织事故抢救的；

（二）迟报或者漏报事故的；

（三）在事故调查处理期间擅离职守的。

第三十六条 事故发生单位及其有关人员有下列行为之一的，对事故发生单位处100万元以上500万元以下的罚款；对主要负责人、直接负责的主管人员和其他直接责任人员处上一年年收入60%至100%的罚款；属于国家工作人员的，并依法给予处分；构成违反治安管理行为的，由公安机关依法给予治安管理处罚；构成犯罪的，依法追究刑事责任：

（一）谎报或者瞒报事故的；

（二）伪造或者故意破坏事故现场的；

（三）转移、隐匿资金、财产，或者销毁有关证据、资料的；

（四）拒绝接受调查或者拒绝提供有关情况和资料的；

（五）在事故调查中作伪证或者指使他人作伪证的；

（六）事故发生后逃匿的。

第三十七条 事故发生单位对事故发生负有责任的，依照下列规定处以罚款：

（一）发生一般事故的，处10万元以上20万元以下的罚款；

（二）发生较大事故的，处20万元以上50万元以下的罚款；

（三）发生重大事故的，处50万元以上200万元以下的罚款；

（四）发生特别重大事故的，处200万元以上500万元以下的罚款。

第三十八条 事故发生单位主要负责人未依法履行安全生产管理职责，导致事故发生的，依照下列规定处以罚款；属于国家工作人员的，并依法给予处分；构成犯罪的，依法追究刑事责任：

（一）发生一般事故的，处上一年年收入30%的罚款；

（二）发生较大事故的，处上一年年收入40%的罚款；

（三）发生重大事故的，处上一年年收入60%的罚款；

（四）发生特别重大事故的，处上一年年收入80%的罚款。

第三十九条 有关地方人民政府、安全生产监督管理部门和负有安全生产监督管理职责的有关部门有下列行为之一的，对直接负责的主管人员和其他直接责任人员依法给予处分；构成犯罪的，依法追究刑事责任：

（一）不立即组织事故抢救的；

（二）迟报、漏报、谎报或者瞒报事故的；

（三）阻碍、干涉事故调查工作的；

（四）在事故调查中作伪证或者指使他人作伪证的。

第四十条　事故发生单位对事故发生负有责任的，由有关部门依法暂扣或者吊销其有关证照；对事故发生单位负有事故责任的有关人员，依法暂停或者撤销其与安全生产有关的执业资格、岗位证书；事故发生单位主要负责人受到刑事处罚或者撤职处分的，自刑罚执行完毕或者受处分之日起，5 年内不得担任任何生产经营单位的主要负责人。

为发生事故的单位提供虚假证明的中介机构，由有关部门依法暂扣或者吊销其有关证照及其相关人员的执业资格；构成犯罪的，依法追究刑事责任。

第四十一条　参与事故调查的人员在事故调查中有下列行为之一的，依法给予处分；构成犯罪的，依法追究刑事责任：

（一）对事故调查工作不负责任，致使事故调查工作有重大疏漏的；

（二）包庇、袒护负有事故责任的人员或者借机打击报复的。

第四十二条　违反本条例规定，有关地方人民政府或者有关部门故意拖延或者拒绝落实经批复的对事故责任人的处理意见的，由监察机关对有关责任人员依法给予处分。

第四十三条　本条例规定的罚款的行政处罚，由安全生产监督管理部门决定。

法律、行政法规对行政处罚的种类、幅度和决定机关另有规定的，依照其规定。

第六章　附　　则

第四十四条　没有造成人员伤亡，但是社会影响恶劣的事故，国务院或者有关地方人民政府认为需要调查处理的，依照本条例的有关规定执行。

国家机关、事业单位、人民团体发生的事故的报告和调查处理，参照本条例的规定执行。

第四十五条　特别重大事故以下等级事故的报告和调查处理，有关法律、行政法规或者国务院另有规定的，依照其规定。

第四十六条　本条例自 2007 年 6 月 1 日起施行。国务院 1989 年 3 月 29 日公布的《特别重大事故调查程序暂行规定》和 1991 年 2 月 22 日公布的《企业职工伤亡事故报告和处理规定》同时废止。

附录 3 国家突发公共事件总体应急预案

1 总 则

1.1 编制目的

提高政府保障公共安全和处置突发公共事件的能力，最大程度地预防和减少突发公共事件及其造成的损害，保障公众的生命财产安全，维护国家安全和社会稳定，促进经济社会全面、协调、可持续发展。

1.2 编制依据

依据宪法及有关法律、行政法规，制定本预案。

1.3 分类分级

本预案所称突发公共事件是指突然发生，造成或者可能造成重大人员伤亡、财产损失、生态环境破坏和严重社会危害，危及公共安全的紧急事件。

根据突发公共事件的发生过程、性质和机理，突发公共事件主要分为以下四类：

（1）自然灾害。主要包括水旱灾害，气象灾害，地震灾害，地质灾害，海洋灾害，生物灾害和森林草原火灾等。

（2）事故灾难。主要包括工矿商贸等企业的各类安全事故，交通运输事故，公共设施和设备事故，环境污染和生态破坏事件等。

（3）公共卫生事件。主要包括传染病疫情，群体性不明原因疾病，食品安全和职业危害，动物疫情，以及其他严重影响公众健康和生命安全的事件。

（4）社会安全事件。主要包括恐怖袭击事件，经济安全事件和涉外突发事件等。

各类突发公共事件按照其性质、严重程度、可控性和影响范围等因素，一般分为四级：Ⅰ级（特别重大）、Ⅱ级（重大）、Ⅲ级（较大）和Ⅳ级（一般）。

1.4 适用范围

本预案适用于涉及跨省级行政区划的，或超出事发地省级人民政府处置能力的特别重大突发公共事件应对工作。

本预案指导全国的突发公共事件应对工作。

1.5 工作原则

（1）以人为本，减少危害。切实履行政府的社会管理和公共服务职能，把保障公众健康和生命财产安全作为首要任务，最大程度地减少突发公共事件及其造成的人员伤亡和危害。

（2）居安思危，预防为主。高度重视公共安全工作，常抓不懈，防患于未然。增强忧患意识，坚持预防与应急相结合，常态与非常态相结合，做好应对突发公共事件的各项准备工作。

（3）统一领导，分级负责。在党中央、国务院的统一领导下，建立健全分类管理、分级负责，条块结合、属地管理为主的应急管理体制，在各级党委领导下，实行行政领导责任制，充分发挥专业应急指挥机构的作用。

（4）依法规范，加强管理。依据有关法律和行政法规，加强应急管理，维护公众的合法权益，使应对突发公共事件的工作规范化、制度化、法制化。

（5）快速反应，协同应对。加强以属地管理为主的应急处置队伍建设，建立联动协调制度，充分动员和发挥乡镇、社区、企事业单位、社会团体和志愿者队伍的作用，依靠公众力量，形成统一指挥、反应灵敏、功能齐全、协调有序、运转高效的应急管理机制。

（6）依靠科技，提高素质。加强公共安全科学研究和技术开发，采用先进的监测、预测、预警、预防和应急处置技术及设施，充分发挥专家队伍和专业人员的作用，提高应对突发公共事件的科技水平和指挥能力，避免发生次生、衍生事件；加强宣传和培训教育工作，提高公众自救、互救和应对各类突发公共事件的综合素质。

1.6 应急预案体系

全国突发公共事件应急预案体系包括：

（1）突发公共事件总体应急预案。总体应急预案是全国应急预案体系的总纲，是国务院应对特别重大突发公共事件的规范性文件。

（2）突发公共事件专项应急预案。专项应急预案主要是国务院及其有关部门为应对某一类型或某几种类型突发公共事件而制定的应急预案。

（3）突发公共事件部门应急预案。部门应急预案是国务院有关部门根据总体应急预案、专项应急预案和部门职责为应对突发公共事件制定的预案。

（4）突发公共事件地方应急预案。具体包括：省级人民政府的突发公共事件总体应急预案、专项应急预案和部门应急预案；各市（地）、县（市）人民政府及其基层政权组织的突发公共事件应急预案。上述预案在省级人民政府的领导下，按照分类管理、分级负责的原则，由地方人民政府及其有关部门分别制定。

（5）企事业单位根据有关法律法规制定的应急预案。

（6）举办大型会展和文化体育等重大活动，主办单位应当制定应急预案。

各类预案将根据实际情况变化不断补充、完善。

2 组 织 体 系

2.1 领导机构

国务院是突发公共事件应急管理工作的最高行政领导机构。在国务院总理领导下，由国务院常务会议和国家相关突发公共事件应急指挥机构（以下简称相关应急指挥机构）负责突发公共事件的应急管理工作；必要时，派出国务院工作组指导有关工作。

2.2 办事机构

国务院办公厅设国务院应急管理办公室，履行值守应急、信息汇总和综合协调职责，发挥运转枢纽作用。

2.3 工作机构

国务院有关部门依据有关法律、行政法规和各自的职责，负责相关类别突发公共事件的应急管理工作。具体负责相关类别的突发公共事件专项和部门应急预案的起草与实施，贯彻落实国务院有关决定事项。

2.4 地方机构

地方各级人民政府是本行政区域突发公共事件应急管理工作的行政领导机构，负责本行政区域各类突发公共事件的应对工作。

2.5 专家组

国务院和各应急管理机构建立各类专业人才库，可以根据实际需要聘请有关专家组成专家组，为应急管理提供决策建议，必要时参加突发公共事件的应急处置工作。

3 运 行 机 制

3.1 预测与预警

各地区、各部门要针对各种可能发生的突发公共事件，完善预测预警机制，建立预测预警系统，开展风险分析，做到早发现、早报告、早处置。

3.1.1 预警级别和发布

根据预测分析结果，对可能发生和可以预警的突发公共事件进行预警。预警级别依据突发公共事件可能造成的危害程度、紧急程度和发展势态，一般划分为四级：Ⅰ级（特别严重）、Ⅱ级（严重）、Ⅲ级（较重）和Ⅳ级（一般），依次用红色、橙色、黄色和蓝色表示。

预警信息包括突发公共事件的类别、预警级别、起始时间、可能影响范围、警示事项、应采取的措施和发布机关等。

预警信息的发布、调整和解除可通过广播、电视、报刊、通信、信息网络、警报器、宣传车或组织人员逐户通知等方式进行，对老、幼、病、残、孕等特殊人群以及学校等特殊场所和警报盲区应当采取有针对性的公告方式。

3.2 应急处置

3.2.1 信息报告

特别重大或者重大突发公共事件发生后，各地区、各部门要立即报告，最迟不得超过4小时，同时通报有关地区和部门。应急处置过程中，要及时续报有关情况。

3.2.2 先期处置

突发公共事件发生后，事发地的省级人民政府或者国务院有关部门在报告特别重大、重大突发公共事件信息的同时，要根据职责和规定的权限启动相关应急预案，及时、有效地进行处置，控制事态。

在境外发生涉及中国公民和机构的突发事件，我驻外使领馆、国务院有关部门和有关地方人民政府要采取措施控制事态发展，组织开展应急救援工作。

3.2.3 应急响应

对于先期处置未能有效控制事态的特别重大突发公共事件，要及时启动相关预案，由国务院相关应急指挥机构或国务院工作组统一指挥或指导有关地区、部门开展处置工作。

现场应急指挥机构负责现场的应急处置工作。

需要多个国务院相关部门共同参与处置的突发公共事件，由该类突发公共事件的业务主管部门牵头，其他部门予以协助。

3.2.4 应急结束

特别重大突发公共事件应急处置工作结束，或者相关危险因素消除后，现场应急指挥机构予以撤销。

3.3　恢复与重建

3.3.1　善后处置

要积极稳妥、深入细致地做好善后处置工作。对突发公共事件中的伤亡人员、应急处置工作人员，以及紧急调集、征用有关单位及个人的物资，要按照规定给予抚恤、补助或补偿，并提供心理及司法援助。有关部门要做好疫病防治和环境污染消除工作。保险监管机构督促有关保险机构及时做好有关单位和个人损失的理赔工作。

3.3.2　调查与评估

要对特别重大突发公共事件的起因、性质、影响、责任、经验教训和恢复重建等问题进行调查评估。

3.3.3　恢复重建

根据受灾地区恢复重建计划组织实施恢复重建工作。

3.4　信息发布

突发公共事件的信息发布应当及时、准确、客观、全面。事件发生的第一时间要向社会发布简要信息，随后发布初步核实情况、政府应对措施和公众防范措施等，并根据事件处置情况做好后续发布工作。

信息发布形式主要包括授权发布、散发新闻稿、组织报道、接受记者采访、举行新闻发布会等。

4　应　急　保　障

各有关部门要按照职责分工和相关预案做好突发公共事件的应对工作，同时根据总体预案切实做好应对突发公共事件的人力、物力、财力、交通运输、医疗卫生及通信保障等工作，保证应急救援工作的需要和灾区群众的基本生活，以及恢复重建工作的顺利进行。

4.1　人力资源

公安（消防）、医疗卫生、地震救援、海上搜救、矿山救护、森林消防、防洪抢险、核与辐射、环境监控、危险化学品事故救援、铁路事故、民航事故、基础信息网络和重要信息系统事故处置，以及水、电、油、气等工程抢险救援队伍是应急救援的专业队伍和骨干力量。地方各级人民政府和有关部门、单位要加强应急救援队伍的业务培训和应急演练，建立联动协调机制，提高装备水平；动员社会团体、企事业单位以及志愿者等各种社会力量参与应急救援工作；增进国际间的交流与合作。要加强以乡镇和社区为单位的公众应急能力建设，发挥其在应对突发公共事件中的重要作用。

中国人民解放军和中国人民武装警察部队是处置突发公共事件的骨干和突击力量，按照有关规定参加应急处置工作。

4.2　财力保障

要保证所需突发公共事件应急准备和救援工作资金。对受突发公共事件影响较大的行业、企事业单位和个人要及时研究提出相应的补偿或救助政策。要对突发公共事件财政应急保障资金的使用和效果进行监管和评估。

鼓励自然人、法人或者其他组织（包括国际组织）按照《中华人民共和国公益事业捐赠法》等有关法律、法规的规定进行捐赠和援助。

4.3 物资保障

要建立健全应急物资监测网络、预警体系和应急物资生产、储备、调拨及紧急配送体系，完善应急工作程序，确保应急所需物资和生活用品的及时供应，并加强对物资储备的监督管理，及时予以补充和更新。

地方各级人民政府应根据有关法律、法规和应急预案的规定，做好物资储备工作。

4.4 基本生活保障

要做好受灾群众的基本生活保障工作，确保灾区群众有饭吃、有水喝、有衣穿、有住处、有病能得到及时医治。

4.5 医疗卫生保障

卫生部门负责组建医疗卫生应急专业技术队伍，根据需要及时赴现场开展医疗救治、疾病预防控制等卫生应急工作。及时为受灾地区提供药品、器械等卫生和医疗设备。必要时，组织动员红十字会等社会卫生力量参与医疗卫生救助工作。

4.6 交通运输保障

要保证紧急情况下应急交通工具的优先安排、优先调度、优先放行，确保运输安全畅通；要依法建立紧急情况社会交通运输工具的征用程序，确保抢险救灾物资和人员能够及时、安全送达。

根据应急处置需要，对现场及相关通道实行交通管制，开设应急救援"绿色通道"，保证应急救援工作的顺利开展。

4.7 治安维护

要加强对重点地区、重点场所、重点人群、重要物资和设备的安全保护，依法严厉打击违法犯罪活动。必要时，依法采取有效管制措施，控制事态，维护社会秩序。

4.8 人员防护

要指定或建立与人口密度、城市规模相适应的应急避险场所，完善紧急疏散管理办法和程序，明确各级责任人，确保在紧急情况下公众安全、有序的转移或疏散。

要采取必要的防护措施，严格按照程序开展应急救援工作，确保人员安全。

4.9 通信保障

建立健全应急通信、应急广播电视保障工作体系，完善公用通信网，建立有线和无线相结合、基础电信网络与机动通信系统相配套的应急通信系统，确保通信畅通。

4.10 公共设施

有关部门要按照职责分工，分别负责煤、电、油、气、水的供给，以及废水、废气、固体废弃物等有害物质的监测和处理。

4.11 科技支撑

要积极开展公共安全领域的科学研究；加大公共安全监测、预测、预警、预防和应急处置技术研发的投入，不断改进技术装备，建立健全公共安全应急技术平台，提高我国公共安全科技水平；注意发挥企业在公共安全领域的研发作用。

5 监督管理

5.1 预案演练

各地区、各部门要结合实际，有计划、有重点地组织有关部门对相关预案进行演练。

5.2　宣传和培训

宣传、教育、文化、广电、新闻出版等有关部门要通过图书、报刊、音像制品和电子出版物、广播、电视、网络等，广泛宣传应急法律法规和预防、避险、自救、互救、减灾等常识，增强公众的忧患意识、社会责任意识和自救、互救能力。各有关方面要有计划地对应急救援和管理人员进行培训，提高其专业技能。

5.3　责任与奖惩

突发公共事件应急处置工作实行责任追究制。

对突发公共事件应急管理工作中做出突出贡献的先进集体和个人要给予表彰和奖励。

对迟报、谎报、瞒报和漏报突发公共事件重要情况或者应急管理工作中有其他失职、渎职行为的，依法对有关责任人给予行政处分；构成犯罪的，依法追究刑事责任。

6　附　　则

6.1　预案管理

根据实际情况的变化，及时修订本预案。

本预案自发布之日起实施。

附录 4　生产安全事故应急预案管理办法

（2016 年 6 月 3 日国家安全生产监督管理总局令第 88 号公布，根据 2019 年 7 月 11 日应急管理部令第 2 号《应急管理部关于修改〈生产安全事故应急预案管理办法〉的决定》修正）

第一章　总则

第一条　为规范生产安全事故应急预案管理工作，迅速有效处置生产安全事故，依据《中华人民共和国突发事件应对法》《中华人民共和国安全生产法》《生产安全事故应急条例》等法律、行政法规和《突发事件应急预案管理办法》（国办发〔2013〕101 号），制定本办法。

第二条　生产安全事故应急预案（以下简称应急预案）的编制、评审、公布、备案、实施及监督管理工作，适用本办法。

第三条　应急预案的管理实行属地为主、分级负责、分类指导、综合协调、动态管理的原则。

第四条　应急管理部负责全国应急预案的综合协调管理工作。国务院其他负有安全生产监督管理职责的部门在各自职责范围内，负责相关行业、领域应急预案的管理工作。

县级以上地方各级人民政府应急管理部门负责本行政区域内应急预案的综合协调管理工作。县级以上地方各级人民政府其他负有安全生产监督管理职责的部门按照各自的职责负责有关行业、领域应急预案的管理工作。

第五条　生产经营单位主要负责人负责组织编制和实施本单位的应急预案，并对应急预案的真实性和实用性负责；各分管负责人应当按照职责分工落实应急预案规定的职责。

第六条　生产经营单位应急预案分为综合应急预案、专项应急预案和现场处置方案。

综合应急预案，是指生产经营单位为应对各种生产安全事故而制定的综合性工作方案，是本单位应对生产安全事故的总体工作程序、措施和应急预案体系的总纲。

专项应急预案，是指生产经营单位为应对某一种或者多种类型生产安全事故，或者针对重要生产设施、重大危险源、重大活动防止生产安全事故而制定的专项性工作方案。

现场处置方案，是指生产经营单位根据不同生产安全事故类型，针对具体场所、装置或者设施所制定的应急处置措施。

第二章　应急预案的编制

第七条　应急预案的编制应当遵循以人为本、依法依规、符合实际、注重实效的原则，以应急处置为核心，明确应急职责、规范应急程序、细化保障措施。

第八条　应急预案的编制应当符合下列基本要求：

（一）有关法律、法规、规章和标准的规定；

（二）本地区、本部门、本单位的安全生产实际情况；

（三）本地区、本部门、本单位的危险性分析情况；

（四）应急组织和人员的职责分工明确，并有具体的落实措施；

（五）有明确、具体的应急程序和处置措施，并与其应急能力相适应；

（六）有明确的应急保障措施，满足本地区、本部门、本单位的应急工作需要；

（七）应急预案基本要素齐全、完整，应急预案附件提供的信息准确；

（八）应急预案内容与相关应急预案相互衔接。

第九条 编制应急预案应当成立编制工作小组，由本单位有关负责人任组长，吸收与应急预案有关的职能部门和单位的人员，以及有现场处置经验的人员参加。

第十条 编制应急预案前，编制单位应当进行事故风险辨识、评估和应急资源调查。

事故风险辨识、评估，是指针对不同事故种类及特点，识别存在的危险危害因素，分析事故可能产生的直接后果以及次生、衍生后果，评估各种后果的危害程度和影响范围，提出防范和控制事故风险措施的过程。

应急资源调查，是指全面调查本地区、本单位第一时间可以调用的应急资源状况和合作区域内可以请求援助的应急资源状况，并结合事故风险辨识评估结论制定应急措施的过程。

第十一条 地方各级人民政府应急管理部门和其他负有安全生产监督管理职责的部门应当根据法律、法规、规章和同级人民政府以及上一级人民政府应急管理部门和其他负有安全生产监督管理职责的部门的应急预案，结合工作实际，组织编制相应的部门应急预案。

部门应急预案应当根据本地区、本部门的实际情况，明确信息报告、响应分级、指挥权移交、警戒疏散等内容。

第十二条 生产经营单位应当根据有关法律、法规、规章和相关标准，结合本单位组织管理体系、生产规模和可能发生的事故特点，与相关预案保持衔接，确立本单位的应急预案体系，编制相应的应急预案，并体现自救互救和先期处置等特点。

第十三条 生产经营单位风险种类多、可能发生多种类型事故的，应当组织编制综合应急预案。

综合应急预案应当规定应急组织机构及其职责、应急预案体系、事故风险描述、预警及信息报告、应急响应、保障措施、应急预案管理等内容。

第十四条 对于某一种或者多种类型的事故风险，生产经营单位可以编制相应的专项应急预案，或将专项应急预案并入综合应急预案。

专项应急预案应当规定应急指挥机构与职责、处置程序和措施等内容。

第十五条 对于危险性较大的场所、装置或者设施，生产经营单位应当编制现场处置方案。

现场处置方案应当规定应急工作职责、应急处置措施和注意事项等内容。

事故风险单一、危险性小的生产经营单位，可以只编制现场处置方案。

第十六条 生产经营单位应急预案应当包括向上级应急管理机构报告的内容、应急组织机构和人员的联系方式、应急物资储备清单等附件信息。附件信息发生变化时，应当及时更新，确保准确有效。

第十七条　生产经营单位组织应急预案编制过程中，应当根据法律、法规、规章的规定或者实际需要，征求相关应急救援队伍、公民、法人或者其他组织的意见。

第十八条　生产经营单位编制的各类应急预案之间应当相互衔接，并与相关人民政府及其部门、应急救援队伍和涉及的其他单位的应急预案相衔接。

第十九条　生产经营单位应当在编制应急预案的基础上，针对工作场所、岗位的特点，编制简明、实用、有效的应急处置卡。

应急处置卡应当规定重点岗位、人员的应急处置程序和措施，以及相关联络人员和联系方式，便于从业人员携带。

第三章　应急预案的评审、公布和备案

第二十条　地方各级人民政府应急管理部门应当组织有关专家对本部门编制的部门应急预案进行审定；必要时，可以召开听证会，听取社会有关方面的意见。

第二十一条　矿山、金属冶炼企业和易燃易爆物品、危险化学品的生产、经营（带储存设施的，下同）、储存、运输企业，以及使用危险化学品达到国家规定数量的化工企业、烟花爆竹生产、批发经营企业和中型规模以上的其他生产经营单位，应当对本单位编制的应急预案进行评审，并形成书面评审纪要。

前款规定以外的其他生产经营单位可以根据自身需要，对本单位编制的应急预案进行论证。

第二十二条　参加应急预案评审的人员应当包括有关安全生产及应急管理方面的专家。

评审人员与所评审应急预案的生产经营单位有利害关系的，应当回避。

第二十三条　应急预案的评审或者论证应当注重基本要素的完整性、组织体系的合理性、应急处置程序和措施的针对性、应急保障措施的可行性、应急预案的衔接性等内容。

第二十四条　生产经营单位的应急预案经评审或者论证后，由本单位主要负责人签署，向本单位从业人员公布，并及时发放到本单位有关部门、岗位和相关应急救援队伍。

事故风险可能影响周边其他单位、人员的，生产经营单位应当将有关事故风险的性质、影响范围和应急防范措施告知周边的其他单位和人员。

第二十五条　地方各级人民政府应急管理部门的应急预案，应当报同级人民政府备案，同时抄送上一级人民政府应急管理部门，并依法向社会公布。

地方各级人民政府其他负有安全生产监督管理职责的部门的应急预案，应当抄送同级人民政府应急管理部门。

第二十六条　易燃易爆物品、危险化学品等危险物品的生产、经营、储存、运输单位、矿山、金属冶炼、城市轨道交通运营、建筑施工单位，以及宾馆、商场、娱乐场所、旅游景区等人员密集场所经营单位，应当在应急预案公布之日起 20 个工作日内，按照分级属地原则，向县级以上人民政府应急管理部门和其他负有安全生产监督管理职责的部门进行备案，并依法向社会公布。

前款所列单位属于中央企业的，其总部（上市公司）的应急预案，报国务院主管的负有安全生产监督管理职责的部门备案，并抄送应急管理部；其所属单位的应急预案报所在地的省、自治区、直辖市或者设区的市级人民政府主管的负有安全生产监督管理职责的部

门备案，并抄送同级人民政府应急管理部门。

本条第一款所列单位不属于中央企业的，其中非煤矿山、金属冶炼和危险化学品生产、经营、储存、运输企业，以及使用危险化学品达到国家规定数量的化工企业、烟花爆竹生产、批发经营企业的应急预案，按照隶属关系报所在地县级以上地方人民政府应急管理部门备案；本款前述单位以外的其他生产经营单位应急预案的备案，由省、自治区、直辖市人民政府负有安全生产监督管理职责的部门确定。

油气输送管道运营单位的应急预案，除按照本条第一款、第二款的规定备案外，还应当抄送所经行政区域的县级人民政府应急管理部门。

海洋石油开采企业的应急预案，除按照本条第一款、第二款的规定备案外，还应当抄送所经行政区域的县级人民政府应急管理部门和海洋石油安全监管机构。

煤矿企业的应急预案除按照本条第一款、第二款的规定备案外，还应当抄送所在地的煤矿安全监察机构。

第二十七条　生产经营单位申报应急预案备案，应当提交下列材料：

（一）应急预案备案申报表；

（二）本办法第二十一条所列单位，应当提供应急预案评审意见；

（三）应急预案电子文档；

（四）风险评估结果和应急资源调查清单。

第二十八条　受理备案登记的负有安全生产监督管理职责的部门应当在 5 个工作日内对应急预案材料进行核对，材料齐全的，应当予以备案并出具应急预案备案登记表；材料不齐全的，不予备案并一次性告知需要补齐的材料。逾期不予备案又不说明理由的，视为已经备案。

对于实行安全生产许可的生产经营单位，已经进行应急预案备案的，在申请安全生产许可证时，可以不提供相应的应急预案，仅提供应急预案备案登记表。

第二十九条　各级人民政府负有安全生产监督管理职责的部门应当建立应急预案备案登记建档制度，指导、督促生产经营单位做好应急预案的备案登记工作。

第四章　应急预案的实施

第三十条　各级人民政府应急管理部门、各类生产经营单位应当采取多种形式开展应急预案的宣传教育，普及生产安全事故避险、自救和互救知识，提高从业人员和社会公众的安全意识与应急处置技能。

第三十一条　各级人民政府应急管理部门应当将本部门应急预案的培训纳入安全生产培训工作计划，并组织实施本行政区域内重点生产经营单位的应急预案培训工作。

生产经营单位应当组织开展本单位的应急预案、应急知识、自救互救和避险逃生技能的培训活动，使有关人员了解应急预案内容，熟悉应急职责、应急处置程序和措施。

应急培训的时间、地点、内容、师资、参加人员和考核结果等情况应当如实记入本单位的安全生产教育和培训档案。

第三十二条　各级人民政府应急管理部门应当至少每两年组织一次应急预案演练，提高本部门、本地区生产安全事故应急处置能力。

第三十三条　生产经营单位应当制定本单位的应急预案演练计划，根据本单位的事故风险特点，每年至少组织一次综合应急预案演练或者专项应急预案演练，每半年至少组织一次现场处置方案演练。

易燃易爆物品、危险化学品等危险物品的生产、经营、储存、运输单位，矿山、金属冶炼、城市轨道交通运营、建筑施工单位，以及宾馆、商场、娱乐场所、旅游景区等人员密集场所经营单位，应当至少每半年组织一次生产安全事故应急预案演练，并将演练情况报送所在地县级以上地方人民政府负有安全生产监督管理职责的部门。

县级以上地方人民政府负有安全生产监督管理职责的部门应当对本行政区域内前款规定的重点生产经营单位的生产安全事故应急救援预案演练进行抽查；发现演练不符合要求的，应当责令限期改正。

第三十四条 应急预案演练结束后，应急预案演练组织单位应当对应急预案演练效果进行评估，撰写应急预案演练评估报告，分析存在的问题，并对应急预案提出修订意见。

第三十五条 应急预案编制单位应当建立应急预案定期评估制度，对预案内容的针对性和实用性进行分析，并对应急预案是否需要修订作出结论。

矿山、金属冶炼、建筑施工企业和易燃易爆物品、危险化学品等危险物品的生产、经营、储存、运输企业、使用危险化学品达到国家规定数量的化工企业、烟花爆竹生产、批发经营企业和中型规模以上的其他生产经营单位，应当每三年进行一次应急预案评估。

应急预案评估可以邀请相关专业机构或者有关专家、有实际应急救援工作经验的人员参加，必要时可以委托安全生产技术服务机构实施。

第三十六条 有下列情形之一的，应急预案应当及时修订并归档：

（一）依据的法律、法规、规章、标准及上位预案中的有关规定发生重大变化的；

（二）应急指挥机构及其职责发生调整的；

（三）安全生产面临的风险发生重大变化的；

（四）重要应急资源发生重大变化的；

（五）在应急演练和事故应急救援中发现需要修订预案的重大问题的；

（六）编制单位认为应当修订的其他情况。

第三十七条 应急预案修订涉及组织指挥体系与职责、应急处置程序、主要处置措施、应急响应分级等内容变更的，修订工作应当参照本办法规定的应急预案编制程序进行，并按照有关应急预案报备程序重新备案。

第三十八条 生产经营单位应当按照应急预案的规定，落实应急指挥体系、应急救援队伍、应急物资及装备，建立应急物资、装备配备及其使用档案，并对应急物资、装备进行定期检测和维护，使其处于适用状态。

第三十九条 生产经营单位发生事故时，应当第一时间启动应急响应，组织有关力量进行救援，并按照规定将事故信息及应急响应启动情况报告事故发生地县级以上人民政府应急管理部门和其他负有安全生产监督管理职责的部门。

第四十条 生产安全事故应急处置和应急救援结束后，事故发生单位应当对应急预案实施情况进行总结评估。

第五章　监督管理

第四十一条 各级人民政府应急管理部门和煤矿安全监察机构应当将生产经营单位应

急预案工作纳入年度监督检查计划，明确检查的重点内容和标准，并严格按照计划开展执法检查。

第四十二条　地方各级人民政府应急管理部门应当每年对应急预案的监督管理工作情况进行总结，并报上一级人民政府应急管理部门。

第四十三条　对于在应急预案管理工作中做出显著成绩的单位和人员，各级人民政府应急管理部门、生产经营单位可以给予表彰和奖励。

第六章　法律责任

第四十四条　生产经营单位有下列情形之一的，由县级以上人民政府应急管理等部门依照《中华人民共和国安全生产法》第九十四条的规定，责令限期改正，可以处 5 万元以下罚款；逾期未改正的，责令停产停业整顿，并处 5 万元以上 10 万元以下的罚款，对直接负责的主管人员和其他直接责任人员处 1 万元以上 2 万元以下的罚款：

（一）未按照规定编制应急预案的；

（二）未按照规定定期组织应急预案演练的。

第四十五条　生产经营单位有下列情形之一的，由县级以上人民政府应急管理部门责令限期改正，可以处 1 万元以上 3 万元以下的罚款：

（一）在应急预案编制前未按照规定开展风险辨识、评估和应急资源调查的；

（二）未按照规定开展应急预案评审的；

（三）事故风险可能影响周边单位、人员的，未将事故风险的性质、影响范围和应急防范措施告知周边单位和人员的；

（四）未按照规定开展应急预案评估的；

（五）未按照规定进行应急预案修订的；

（六）未落实应急预案规定的应急物资及装备的。

生产经营单位未按照规定进行应急预案备案的，由县级以上人民政府应急管理等部门依照职责责令限期改正；逾期未改正的，处 3 万元以上 5 万元以下的罚款，对直接负责的主管人员和其他直接责任人员处 1 万元以上 2 万元以下的罚款。

第七章　附　　则

第四十六条　《生产经营单位生产安全事故应急预案备案申报表》和《生产经营单位生产安全事故应急预案备案登记表》由应急管理部统一制定。

第四十七条　各省、自治区、直辖市应急管理部门可以依据本办法的规定，结合本地区实际制定实施细则。

第四十八条　对储存、使用易燃易爆物品、危险化学品等危险物品的科研机构、学校、医院等单位的安全事故应急预案的管理，参照本办法的有关规定执行。

第四十九条　本办法自 2016 年 7 月 1 日起施行。

附录 5　生产安全事故应急条例

《生产安全事故应急条例》（国务院令第 708 号）已经 2018 年 12 月 5 日国务院第 33 次常务会议通过，现予公布，自 2019 年 4 月 1 日起施行。

第一章　总　则

第一条　为了规范生产安全事故应急工作，保障人民群众生命和财产安全，根据《中华人民共和国安全生产法》和《中华人民共和国突发事件应对法》，制定本条例。

第二条　本条例适用于生产安全事故应急工作；法律、行政法规另有规定的，适用其规定。

第三条　国务院统一领导全国的生产安全事故应急工作，县级以上地方人民政府统一领导本行政区域内的生产安全事故应急工作。生产安全事故应急工作涉及两个以上行政区域的，由有关行政区域共同的上一级人民政府负责，或者由各有关行政区域的上一级人民政府共同负责。

县级以上人民政府应急管理部门和其他对有关行业、领域的安全生产工作实施监督管理的部门（以下统称负有安全生产监督管理职责的部门）在各自职责范围内，做好有关行业、领域的生产安全事故应急工作。

县级以上人民政府应急管理部门指导、协调本级人民政府其他负有安全生产监督管理职责的部门和下级人民政府的生产安全事故应急工作。

乡、镇人民政府以及街道办事处等地方人民政府派出机关应当协助上级人民政府有关部门依法履行生产安全事故应急工作职责。

第四条　生产经营单位应当加强生产安全事故应急工作，建立、健全生产安全事故应急工作责任制，其主要负责人对本单位的生产安全事故应急工作全面负责。

第二章　应　急　准　备

第五条　县级以上人民政府及其负有安全生产监督管理职责的部门和乡、镇人民政府以及街道办事处等地方人民政府派出机关，应当针对可能发生的生产安全事故的特点和危害，进行风险辨识和评估，制定相应的生产安全事故应急救援预案，并依法向社会公布。

生产经营单位应当针对本单位可能发生的生产安全事故的特点和危害，进行风险辨识和评估，制定相应的生产安全事故应急救援预案，并向本单位从业人员公布。

第六条　生产安全事故应急救援预案应当符合有关法律、法规、规章和标准的规定，具有科学性、针对性和可操作性，明确规定应急组织体系、职责分工以及应急救援程序和措施。

有下列情形之一的，生产安全事故应急救援预案制定单位应当及时修订相关预案：

（一）制定预案所依据的法律、法规、规章、标准发生重大变化；

（二）应急指挥机构及其职责发生调整；

（三）安全生产面临的风险发生重大变化；

（四）重要应急资源发生重大变化；

（五）在预案演练或者应急救援中发现需要修订预案的重大问题；

（六）其他应当修订的情形。

第七条　县级以上人民政府负有安全生产监督管理职责的部门应当将其制定的生产安全事故应急救援预案报送本级人民政府备案；易燃易爆物品、危险化学品等危险物品的生产、经营、储存、运输单位，矿山、金属冶炼、城市轨道交通运营、建筑施工单位，以及宾馆、商场、娱乐场所、旅游景区等人员密集场所经营单位，应当将其制定的生产安全事故应急救援预案按照国家有关规定报送县级以上人民政府负有安全生产监督管理职责的部门备案，并依法向社会公布。

第八条　县级以上地方人民政府以及县级以上人民政府负有安全生产监督管理职责的部门，乡、镇人民政府以及街道办事处等地方人民政府派出机关，应当至少每2年组织1次生产安全事故应急救援预案演练。

易燃易爆物品、危险化学品等危险物品的生产、经营、储存、运输单位，矿山、金属冶炼、城市轨道交通运营、建筑施工单位，以及宾馆、商场、娱乐场所、旅游景区等人员密集场所经营单位，应当至少每半年组织1次生产安全事故应急救援预案演练，并将演练情况报送所在地县级以上地方人民政府负有安全生产监督管理职责的部门。

县级以上地方人民政府负有安全生产监督管理职责的部门应当对本行政区域内前款规定的重点生产经营单位的生产安全事故应急救援预案演练进行抽查；发现演练不符合要求的，应当责令限期改正。

第九条　县级以上人民政府应当加强对生产安全事故应急救援队伍建设的统一规划、组织和指导。

县级以上人民政府负有安全生产监督管理职责的部门根据生产安全事故应急工作的实际需要，在重点行业、领域单独建立或者依托有条件的生产经营单位、社会组织共同建立应急救援队伍。

国家鼓励和支持生产经营单位和其他社会力量建立提供社会化应急救援服务的应急救援队伍。

第十条　易燃易爆物品、危险化学品等危险物品的生产、经营、储存、运输单位，矿山、金属冶炼、城市轨道交通运营、建筑施工单位，以及宾馆、商场、娱乐场所、旅游景区等人员密集场所经营单位，应当建立应急救援队伍；其中，小型企业或者微型企业等规模较小的生产经营单位，可以不建立应急救援队伍，但应当指定兼职的应急救援人员，并且可以与邻近的应急救援队伍签订应急救援协议。

工业园区、开发区等产业聚集区域内的生产经营单位，可以联合建立应急救援队伍。

第十一条　应急救援队伍的应急救援人员应当具备必要的专业知识、技能、身体素质和心理素质。

应急救援队伍建立单位或者兼职应急救援人员所在单位应当按照国家有关规定对应急救援人员进行培训；应急救援人员经培训合格后，方可参加应急救援工作。

应急救援队伍应当配备必要的应急救援装备和物资，并定期组织训练。

第十二条 生产经营单位应当及时将本单位应急救援队伍建立情况按照国家有关规定报送县级以上人民政府负有安全生产监督管理职责的部门，并依法向社会公布。

县级以上人民政府负有安全生产监督管理职责的部门应当定期将本行业、本领域的应急救援队伍建立情况报送本级人民政府，并依法向社会公布。

第十三条 县级以上地方人民政府应当根据本行政区域内可能发生的生产安全事故的特点和危害，储备必要的应急救援装备和物资，并及时更新和补充。

易燃易爆物品、危险化学品等危险物品的生产、经营、储存、运输单位，矿山、金属冶炼、城市轨道交通运营、建筑施工单位，以及宾馆、商场、娱乐场所、旅游景区等人员密集场所经营单位，应当根据本单位可能发生的生产安全事故的特点和危害，配备必要的灭火、排水、通风以及危险物品稀释、掩埋、收集等应急救援器材、设备和物资，并进行经常性维护、保养，保证正常运转。

第十四条 下列单位应当建立应急值班制度，配备应急值班人员：

（一）县级以上人民政府及其负有安全生产监督管理职责的部门；

（二）危险物品的生产、经营、储存、运输单位以及矿山、金属冶炼、城市轨道交通运营、建筑施工单位；

（三）应急救援队伍。

规模较大、危险性较高的易燃易爆物品、危险化学品等危险物品的生产、经营、储存、运输单位应当成立应急处置技术组，实行24小时应急值班。

第十五条 生产经营单位应当对从业人员进行应急教育和培训，保证从业人员具备必要的应急知识，掌握风险防范技能和事故应急措施。

第十六条 国务院负有安全生产监督管理职责的部门应当按照国家有关规定建立生产安全事故应急救援信息系统，并采取有效措施，实现数据互联互通、信息共享。

生产经营单位可以通过生产安全事故应急救援信息系统办理生产安全事故应急救援预案备案手续，报送应急救援预案演练情况和应急救援队伍建设情况；但依法需要保密的除外。

第三章 应 急 救 援

第十七条 发生生产安全事故后，生产经营单位应当立即启动生产安全事故应急救援预案，采取下列一项或者多项应急救援措施，并按照国家有关规定报告事故情况：

（一）迅速控制危险源，组织抢救遇险人员；

（二）根据事故危害程度，组织现场人员撤离或者采取可能的应急措施后撤离；

（三）及时通知可能受到事故影响的单位和人员；

（四）采取必要措施，防止事故危害扩大和次生、衍生灾害发生；

（五）根据需要请求邻近的应急救援队伍参加救援，并向参加救援的应急救援队伍提供相关技术资料、信息和处置方法；

（六）维护事故现场秩序，保护事故现场和相关证据；

（七）法律、法规规定的其他应急救援措施。

第十八条 有关地方人民政府及其部门接到生产安全事故报告后，应当按照国家有关规定上报事故情况，启动相应的生产安全事故应急救援预案，并按照应急救援预案的规定采取下列一项或者多项应急救援措施：

（一）组织抢救遇险人员，救治受伤人员，研判事故发展趋势以及可能造成的危害；

（二）通知可能受到事故影响的单位和人员，隔离事故现场，划定警戒区域，疏散受到威胁的人员，实施交通管制；

（三）采取必要措施，防止事故危害扩大和次生、衍生灾害发生，避免或者减少事故对环境造成的危害；

（四）依法发布调用和征用应急资源的决定；

（五）依法向应急救援队伍下达救援命令；

（六）维护事故现场秩序，组织安抚遇险人员和遇险遇难人员亲属；

（七）依法发布有关事故情况和应急救援工作的信息；

（八）法律、法规规定的其他应急救援措施。

有关地方人民政府不能有效控制生产安全事故的，应当及时向上级人民政府报告。上级人民政府应当及时采取措施，统一指挥应急救援。

第十九条　应急救援队伍接到有关人民政府及其部门的救援命令或者签有应急救援协议的生产经营单位的救援请求后，应当立即参加生产安全事故应急救援。

应急救援队伍根据救援命令参加生产安全事故应急救援所耗费用，由事故责任单位承担；事故责任单位无力承担的，由有关人民政府协调解决。

第二十条　发生生产安全事故后，有关人民政府认为有必要的，可以设立由本级人民政府及其有关部门负责人、应急救援专家、应急救援队伍负责人、事故发生单位负责人等人员组成的应急救援现场指挥部，并指定现场指挥部总指挥。

第二十一条　现场指挥部实行总指挥负责制，按照本级人民政府的授权组织制定并实施生产安全事故现场应急救援方案，协调、指挥有关单位和个人参加现场应急救援。

参加生产安全事故现场应急救援的单位和个人应当服从现场指挥部的统一指挥。

第二十二条　在生产安全事故应急救援过程中，发现可能直接危及应急救援人员生命安全的紧急情况时，现场指挥部或者统一指挥应急救援的人民政府应当立即采取相应措施消除隐患，降低或者化解风险，必要时可以暂时撤离应急救援人员。

第二十三条　生产安全事故发生地人民政府应当为应急救援人员提供必需的后勤保障，并组织通信、交通运输、医疗卫生、气象、水文、地质、电力、供水等单位协助应急救援。

第二十四条　现场指挥部或者统一指挥生产安全事故应急救援的人民政府及其有关部门应当完整、准确地记录应急救援的重要事项，妥善保存相关原始资料和证据。

第二十五条　生产安全事故的威胁和危害得到控制或者消除后，有关人民政府应当决定停止执行依照本条例和有关法律、法规采取的全部或者部分应急救援措施。

第二十六条　有关人民政府及其部门根据生产安全事故应急救援需要依法调用和征用的财产，在使用完毕或者应急救援结束后，应当及时归还。财产被调用、征用或者调用、征用后毁损、灭失的，有关人民政府及其部门应当按照国家有关规定给予补偿。

第二十七条　按照国家有关规定成立的生产安全事故调查组应当对应急救援工作进行评估，并在事故调查报告中作出评估结论。

第二十八条　县级以上地方人民政府应当按照国家有关规定，对在生产安全事故应急救援中伤亡的人员及时给予救治和抚恤；符合烈士评定条件的，按照国家有关规定评定为烈士。

第四章　法　律　责　任

第二十九条　地方各级人民政府和街道办事处等地方人民政府派出机关以及县级以上人民政府有关部门违反本条例规定的，由其上级行政机关责令改正；情节严重的，对直接负责的主管人员和其他直接责任人员依法给予处分。

第三十条　生产经营单位未制定生产安全事故应急救援预案、未定期组织应急救援预案演练、未对从业人员进行应急教育和培训，生产经营单位的主要负责人在本单位发生生产安全事故时不立即组织抢救的，由县级以上人民政府负有安全生产监督管理职责的部门依照《中华人民共和国安全生产法》有关规定追究法律责任。

第三十一条　生产经营单位未对应急救援器材、设备和物资进行经常性维护、保养，导致发生严重生产安全事故或者生产安全事故危害扩大，或者在本单位发生生产安全事故后未立即采取相应的应急救援措施，造成严重后果的，由县级以上人民政府负有安全生产监督管理职责的部门依照《中华人民共和国突发事件应对法》有关规定追究法律责任。

第三十二条　生产经营单位未将生产安全事故应急救援预案报送备案、未建立应急值班制度或者配备应急值班人员的，由县级以上人民政府负有安全生产监督管理职责的部门责令限期改正；逾期未改正的，处 3 万元以上 5 万元以下的罚款，对直接负责的主管人员和其他直接责任人员处 1 万元以上 2 万元以下的罚款。

第三十三条　违反本条例规定，构成违反治安管理行为的，由公安机关依法给予处罚；构成犯罪的，依法追究刑事责任。

第五章　附　　则

第三十四条　储存、使用易燃易爆物品、危险化学品等危险物品的科研机构、学校、医院等单位的安全事故应急工作，参照本条例有关规定执行。

第三十五条　本条例自 2019 年 4 月 1 日起施行。

附录6 中共中央国务院关于推进安全生产领域改革发展的意见 (2016年12月9日)

安全生产是关系人民群众生命财产安全的大事，是经济社会协调健康发展的标志，是党和政府对人民利益高度负责的要求。党中央、国务院历来高度重视安全生产工作，党的十八大以来作出一系列重大决策部署，推动全国安全生产工作取得积极进展。同时也要看到，当前我国正处在工业化、城镇化持续推进过程中，生产经营规模不断扩大，传统和新型生产经营方式并存，各类事故隐患和安全风险交织叠加，安全生产基础薄弱、监管体制机制和法律制度不完善、企业主体责任落实不力等问题依然突出，生产安全事故易发多发，尤其是重特大安全事故频发势头尚未得到有效遏制，一些事故发生呈现由高危行业领域向其他行业领域蔓延趋势，直接危及生产安全和公共安全。为进一步加强安全生产工作，现就推进安全生产领域改革发展提出如下意见。

一、总体要求

（一）指导思想。全面贯彻党的十八大和十八届三中、四中、五中、六中全会精神，以邓小平理论、"三个代表"重要思想、科学发展观为指导，深入贯彻习近平总书记系列重要讲话精神和治国理政新理念新思想新战略，进一步增强"四个意识"，紧紧围绕统筹推进"五位一体"总体布局和协调推进"四个全面"战略布局，牢固树立新发展理念，坚持安全发展，坚守发展决不能以牺牲安全为代价这条不可逾越的红线，以防范遏制重特大生产安全事故为重点，坚持安全第一、预防为主、综合治理的方针，加强领导、改革创新、协调联动、齐抓共管，着力强化企业安全生产主体责任，着力堵塞监督管理漏洞，着力解决不遵守法律法规的问题，依靠严密的责任体系、严格的法治措施、有效的体制机制、有力的基础保障和完善的系统治理，切实增强安全防范治理能力，大力提升我国安全生产整体水平，确保人民群众安康幸福、共享改革发展和社会文明进步成果。

（二）基本原则

——坚持安全发展。贯彻以人民为中心的发展思想，始终把人的生命安全放在首位，正确处理安全与发展的关系，大力实施安全发展战略，为经济社会发展提供强有力的安全保障。

——坚持改革创新。不断推进安全生产理论创新、制度创新、体制机制创新、科技创新和文化创新，增强企业内生动力，激发全社会创新活力，破解安全生产难题，推动安全生产与经济社会协调发展。

——坚持依法监管。大力弘扬社会主义法治精神，运用法治思维和法治方式，深化安全生产监管执法体制改革，完善安全生产法律法规和标准体系，严格规范公正文明执法，增强监管执法效能，提高安全生产法治化水平。

——坚持源头防范。严格安全生产市场准入，经济社会发展要以安全为前提，把安全生产贯穿城乡规划布局、设计、建设、管理和企业生产经营活动全过程。构建风险分级管控和隐患排查治理双重预防工作机制，严防风险演变、隐患升级导致生产安全事故发生。

——坚持系统治理。严密层级治理和行业治理、政府治理、社会治理相结合的安全生产治理体系，组织动员各方面力量实施社会共治。综合运用法律、行政、经济、市场等手段，落实人防、技防、物防措施，提升全社会安全生产治理能力。

（三）目标任务。到 2020 年，安全生产监管体制机制基本成熟，法律制度基本完善，全国生产安全事故总量明显减少，职业病危害防治取得积极进展，重特大生产安全事故频发势头得到有效遏制，安全生产整体水平与全面建成小康社会目标相适应。到 2030 年，实现安全生产治理体系和治理能力现代化，全民安全文明素质全面提升，安全生产保障能力显著增强，为实现中华民族伟大复兴的中国梦奠定稳固可靠的安全生产基础。

二、健全落实安全生产责任制

（四）明确地方党委和政府领导责任。坚持党政同责、一岗双责、齐抓共管、失职追责，完善安全生产责任体系。地方各级党委和政府要始终把安全生产摆在重要位置，加强组织领导。党政主要负责人是本地区安全生产第一责任人，班子其他成员对分管范围内的安全生产工作负领导责任。地方各级安全生产委员会主任由政府主要负责人担任，成员由同级党委和政府及相关部门负责人组成。

地方各级党委要认真贯彻执行党的安全生产方针，在统揽本地区经济社会发展全局中同步推进安全生产工作，定期研究决定安全生产重大问题。加强安全生产监管机构领导班子、干部队伍建设。严格安全生产履职绩效考核和失职责任追究。强化安全生产宣传教育和舆论引导。发挥人大对安全生产工作的监督促进作用、政协对安全生产工作的民主监督作用。推动组织、宣传、政法、机构编制等单位支持保障安全生产工作。动员社会各界积极参与、支持、监督安全生产工作。

地方各级政府要把安全生产纳入经济社会发展总体规划，制定实施安全生产专项规划，健全安全投入保障制度。及时研究部署安全生产工作，严格落实属地监管责任。充分发挥安全生产委员会作用，实施安全生产责任目标管理。建立安全生产巡查制度，督促各部门和下级政府履职尽责。加强安全生产监管执法能力建设，推进安全科技创新，提升信息化管理水平。严格安全准入标准，指导管控安全风险，督促整治重大隐患，强化源头治理。加强应急管理，完善安全生产应急救援体系。依法依规开展事故调查处理，督促落实问题整改。

（五）明确部门监管责任。按照管行业必须管安全、管业务必须管安全、管生产经营必须管安全和谁主管谁负责的原则，厘清安全生产综合监管与行业监管的关系，明确各有关部门安全生产和职业健康工作职责，并落实到部门工作职责规定中。安全生产监督管理部门负责安全生产法规标准和政策规划制定修订、执法监督、事故调查处理、应急救援管理、统计分析、宣传教育培训等综合性工作，承担职责范围内行业领域安全生产和职业健康监管执法职责。负有安全生产监督管理职责的有关部门依法依规履行相关行业领域安全生产和职业健康监管职责，强化监管执法，严厉查处违法违规行为。其他行业领域主管部门负有安全生产管理责任，要将安全生产工作作为行业领域管理的重要内容，从行业规划、产业政策、法规标准、行政许可等方面加强行业安全生产工作，指导督促企事业单位加强安全管理。党委和政府其他有关部门要在职责范围内为安全生产工作提供支持保障，共同推进安全发展。

（六）严格落实企业主体责任。企业对本单位安全生产和职业健康工作负全面责任，要严格履行安全生产法定责任，建立健全自我约束、持续改进的内生机制。企业实行全员安全生产责任制度，法定代表人和实际控制人同为安全生产第一责任人，主要技术负责人负有安全生产技术决策和指挥权，强化部门安全生产职责，落实一岗双责。完善落实混合所有制企业以及跨地区、多层级和境外中资企业投资主体的安全生产责任。建立企业全过程安全生产和职业健康管理制度，做到安全责任、管理、投入、培训和应急救援"五到位"。国有企业要发挥安全生产工作示范带头作用，自觉接受属地监管。

（七）健全责任考核机制。建立与全面建成小康社会相适应和体现安全发展水平的考核评价体系。完善考核制度，统筹整合、科学设定安全生产考核指标，加大安全生产在社会治安综合治理、精神文明建设等考核中的权重。各级政府要对同级安全生产委员会成员单位和下级政府实施严格的安全生产工作责任考核，实行过程考核与结果考核相结合。各地区各单位要建立安全生产绩效与履职评定、职务晋升、奖励惩处挂钩制度，严格落实安全生产"一票否决"制度。

（八）严格责任追究制度。实行党政领导干部任期安全生产责任制，日常工作依责尽职、发生事故依责追究。依法依规制定各有关部门安全生产权力和责任清单，尽职照单免责、失职照单问责。建立企业生产经营全过程安全责任追溯制度。严肃查处安全生产领域项目审批、行政许可、监管执法中的失职渎职和权钱交易等腐败行为。严格事故直报制度，对瞒报、谎报、漏报、迟报事故的单位和个人依法依规追责。对被追究刑事责任的生产经营者依法实施相应的职业禁入，对事故发生负有重大责任的社会服务机构和人员依法严肃追究法律责任，并依法实施相应的行业禁入。

三、改革安全监管监察体制

（九）完善监督管理体制。加强各级安全生产委员会组织领导，充分发挥其统筹协调作用，切实解决突出矛盾和问题。各级安全生产监督管理部门承担本级安全生产委员会日常工作，负责指导协调、监督检查、巡查考核本级政府有关部门和下级政府安全生产工作，履行综合监管职责。负有安全生产监督管理职责的部门，依照有关法律法规和部门职责，健全安全生产监管体制，严格落实监管职责。相关部门按照各自职责建立完善安全生产工作机制，形成齐抓共管格局。坚持管安全生产必须管职业健康，建立安全生产和职业健康一体化监管执法体制。

（十）改革重点行业领域安全监管监察体制。依托国家煤矿安全监察体制，加强非煤矿山安全生产监管监察，优化安全监察机构布局，将国家煤矿安全监察机构负责的安全生产行政许可事项移交给地方政府承担。着重加强危险化学品安全监管体制改革和力量建设，明确和落实危险化学品建设项目立项、规划、设计、施工及生产、储存、使用、销售、运输、废弃处置等环节的法定安全监管责任，建立有力的协调联动机制，消除监管空白。完善海洋石油安全生产监督管理体制机制，实行政企分开。理顺民航、铁路、电力等行业跨区域监管体制，明确行业监管、区域监管与地方监管职责。

（十一）进一步完善地方监管执法体制。地方各级党委和政府要将安全生产监督管理部门作为政府工作部门和行政执法机构，加强安全生产执法队伍建设，强化行政执法职能。统筹加强安全监管力量，重点充实市、县两级安全生产监管执法人员，强化乡镇（街道）安全生产监管力量建设。完善各类开发区、工业园区、港区、风景区等功能区安全生产监管体制，明确负责安全生产监督管理的机构，以及港区安全生产地方监管和部门监管责任。

（十二）健全应急救援管理体制。按照政事分开原则，推进安全生产应急救援管理体制改革，强化行政管理职能，提高组织协调能力和现场救援时效。健全省、市、县三级安全生产应急救援管理工作机制，建设联动互通的应急救援指挥平台。依托公安消防、大型企业、工业园区等应急救援力量，加强矿山和危险化学品等应急救援基地和队伍建设，实行区域化应急救援资源共享。

四、大力推进依法治理

（十三）健全法律法规体系。建立健全安全生产法律法规立改废释工作协调机制。加强涉及安全生产相关法规一致性审查，增强安全生产法制建设的系统性、可操作性。制定安全生产中长期立法规划，加快制定修订安全生产法配套法规。加强安全生产和职业健康法律法规衔接融合。研究修改刑法有关条款，将生产经营过程中极易导致重大生产安全事故的违法行为列入刑法调整范围。制定完善高危行业领域安全规程。设区的市根据立法法的立法精神，加强安全生产地方性法规建设，解决区域性安全生产突出问题。

（十四）完善标准体系。加快安全生产标准制定修订和整合，建立以强制性国家标准为主体的安全生产标准体系。鼓励依法成立的社会团体和企业制定更加严格规范的安全生产标准，结合国情积极借鉴实施国际先进标准。国务院安全生产监督管理部门负责生产经营单位职业危害预防治理国家标准制定发布工作；统筹提出安全生产强制性国家标准立项计划，有关部门按照职责分工组织起草、审查、实施和监督执行，国务院标准化行政主管部门负责及时立项、编号、对外通报、批准并发布。

（十五）严格安全准入制度。严格高危行业领域安全准入条件。按照强化监管与便民服务相结合原则，科学设置安全生产行政许可事项和办理程序，优化工作流程，简化办事环节，实施网上公开办理，接受社会监督。对与人民群众生命财产安全直接相关的行政许可事项，依法严格管理。对取消、下放、移交的行政许可事项，要加强事中事后安全监管。

（十六）规范监管执法行为。完善安全生产监管执法制度，明确每个生产经营单位安全生产监督和管理主体，制定实施执法计划，完善执法程序规定，依法严格查处各类违法违规行为。建立行政执法和刑事司法衔接制度，负有安全生产监督管理职责的部门要加强与公安、检察院、法院等协调配合，完善安全生产违法线索通报、案件移送与协查机制。对违法行为当事人拒不执行安全生产行政执法决定的，负有安全生产监督管理职责的部门应依法申请司法机关强制执行。完善司法机关参与事故调查机制，严肃查处违法犯罪行为。研究建立安全生产民事和行政公益诉讼制度。

（十七）完善执法监督机制。各级人大常委会要定期检查安全生产法律法规实施情况，开展专题询问。各级政协要围绕安全生产突出问题开展民主监督和协商调研。建立执法行为审议制度和重大行政执法决策机制，评估执法效果，防止滥用职权。健全领导干部非法干预安全生产监管执法的记录、通报和责任追究制度。完善安全生产执法纠错和执法信息公开制度，加强社会监督和舆论监督，保证执法严明、有错必纠。

（十八）健全监管执法保障体系。制定安全生产监管监察能力建设规划，明确监管执法装备及现场执法和应急救援用车配备标准，加强监管执法技术支撑体系建设，保障监管执法需要。建立完善负有安全生产监督管理职责的部门监管执法经费保障机制，将监管执法经费纳入同级财政全额保障范围。加强监管执法制度化、标准化、信息化建设，确保规范高效监管执法。建立安全生产监管执法人员依法履行法定职责制度，激励保证监管执法人员忠于职守、履职尽责。严格监管执法人员资格管理，制定安全生产监管执法人员录用标准，提高专业监管执法人员比例。建立健全安全生产监管执法人员凡进必考、入职培训、持证上岗和定期轮训制度。统一安全生产执法标志标识和制式服装。

（十九）完善事故调查处理机制。坚持问责与整改并重，充分发挥事故查处对加强和改进安全生产工作的促进作用。完善生产安全事故调查组组长负责制。健全典型事故提级调查、跨地区协同调查和工作督导机制。建立事故调查分析技术支撑体系，所有事故调查报告要设立技术和管理问题专篇，详细分析原因并全文发布，做好解读，回应公众关切。对事故调查发现有漏洞、缺陷的有关法律法规和标准制度，及时启动制定修订工作。建立事故暴露问题整改督办制度，事故结案后一年内，负责事故调查的地方政府和国务院有关部门要组织开展评估，及时向社会公开，对履职不力、整改措施不落实的，依法依规严肃追究有关单位和人员责任。

五、建立安全预防控制体系

（二十）加强安全风险管控。地方各级政府要建立完善安全风险评估与论证机制，科学合理确定企业选址和基础设施建设、居民生活区空间布局。高危项目审批必须把安全生产作为前置条件，城乡规划布局、设计、建设、管理等各项工作必须以安全为前提，实行重大安全风险"一票否决"。加强新材料、新工艺、新业态安全风险评估和管控。紧密结合供给侧结构性改革，推动高危产业转型升级。位置相邻、行业相近、业态相似的地区和行业要建立完善重大安全风险联防联控机制。构建国家、省、市、县四级重大危险源信息管理体系，对重点行业、重点区域、重点企业实行风险预警控制，有效防范重特大生产安全事故。

（二十一）强化企业预防措施。企业要定期开展风险评估和危害辨识。针对高危工艺、设备、物品、场所和岗位，建立分级管控制度，制定落实安全操作规程。树立隐患就是事故的观念，建立健全隐患排查治理制度、重大隐患治理情况向负有安全生产监督管理职责的部门和企业职代会"双报告"制度，实行自查自改自报闭环管理。严格执行安全生产和职业健康"三同时"制度。大力推进企业安全生产标准化建设，实现安全管理、操作行为、设备设施和作业环境的标准化。开展经常性的应急演练和人员避险自救培训，着力提升现场应急处置能力。

（二十二）建立隐患治理监督机制。制定生产安全事故隐患分级和排查治理标准。负有安全生产监督管理职责的部门要建立与企业隐患排查治理系统联网的信息平台，完善线上线下配套监管制度。强化隐患排查治理监督执法，对重大隐患整改不到位的企业依法采取停产停业、停止施工、停止供电和查封扣押等强制措施，按规定给予上限经济处罚，对构成犯罪的要移交司法机关依法追究刑事责任。严格重大隐患挂牌督办制度，对整改和督办不力的纳入政府核查问责范围，实行约谈告诫、公开曝光，情节严重的依法依规追究相关人员责任。

（二十三）强化城市运行安全保障。定期排查区域内安全风险点、危险源，落实管控措施，构建系统性、现代化的城市安全保障体系，推进安全发展示范城市建设。提高基础设施安全配置标准，重点加强对城市高层建筑、大型综合体、隧道桥梁、管线管廊、轨道交通、燃气、电力设施及电梯、游乐设施等的检测维护。完善大型群众性活动安全管理制度，加强人员密集场所安全监管。加强公安、民政、国土资源、住房城乡建设、交通运输、水利、农业、安全监管、气象、地震等相关部门的协调联动，严防自然灾害引发事故。

（二十四）加强重点领域工程治理。深入推进对煤矿瓦斯、水害等重大灾害以及矿山采空区、尾矿库的工程治理。加快实施人口密集区域的危险化学品和化工企业生产、仓储场所安全搬迁工程。深化油气开采、输送、炼化、码头接卸等领域安全整治。实施高速公路、乡村公路和急弯陡坡、临水临崖危险路段公路安全生命防护工程建设。加强高速铁路、跨海大桥、海底隧道、铁路浮桥、航运枢纽、港口等防灾监测、安全检测及防护系统建设。完善长途客运车辆、旅游客车、危险物品运输车辆和船舶生产制造标准，提高安全性能，强制安装智能视频监控报警、防碰撞和整车整船安全运行监管技术装备，对已运行的要加快安全技术装备改造升级。

（二十五）建立完善职业病防治体系。将职业病防治纳入各级政府民生工程及安全生产工作考核体系，制定职业病防治中长期规划，实施职业健康促进计划。加快职业病危害严重企业技术改造、转型升级和淘汰退出，加强高危粉尘、高毒物品等职业病危害源头治理。健全职业健康监管支撑保障体系，加强职业健康技术服务机构、职业病诊断鉴定机构和职业健康体检机构建设，强化职业病危害基础研究、预防控制、诊断鉴定、综合治疗能力。完善相关规定，扩大职业病患者救治范围，将职业病失能人员纳入社会保障范围，对符合条件的职业病患者落实医疗与生活救助措施。加强企业职业健康监管执法，督促落实职业病危害告知、日常监测、定期报告、防护保障和职业健康体检等制度措施，落实职业病防治主体责任。

六、加强安全基础保障能力建设

（二十六）完善安全投入长效机制。加强中央和地方财政安全生产预防及应急相关资金使用管理，加大安全生产与职业健康投入，强化审计监督。加强安全生产经济政策研究，完善安全生产专用设备企业所得税优惠目录。落实企业安全生产费用提取管理使用制度，建立企业增加安全投入的激励约束机制。健全投融资服务体系，引导企业集聚发展灾害防治、预测预警、检测监控、个体防护、应急处置、安全文化等技术、装备和服务产业。

（二十七）建立安全科技支撑体系。优化整合国家科技计划，统筹支持安全生产和职业健康领域科研项目，加强研发基地和博士后科研工作站建设。开展事故预防理论研究和关键技术装备研发，加快成果转化和推广应用。推动工业机器人、智能装备在危险工序和环节广泛应用。提升现代信息技术与安全生产融合度，统一标准规范，加快安全生产信息化建设，构建安全生产与职业健康信息化全国"一张网"。加强安全生产理论和政策研究，运用大数据技术开展安全生产规律性、关联性特征分析，提高安全生产决策科学化水平。

（二十八）健全社会化服务体系。将安全生产专业技术服务纳入现代服务业发展规划，培育多元化服务主体。建立政府购买安全生产服务制度。支持发展安全生产专业化行业组织，强化自治自律。完善注册安全工程师制度。改革完善安全生产和职业健康技术服务机构资质管理办法。支持相关机构开展安全生产和职业健康一体化评价等技术服务，严格实施评价公开制度，进一步激活和规范专业技术服务市场。鼓励中小微企业订单式、协作式购买运用安全生产管理和技术服务。建立安全生产和职业健康技术服务机构公示制度和由第三方实施的信用评定制度，严肃查处租借资质、违法挂靠、弄虚作假、垄断收费等各类违法违规行为。

（二十九）发挥市场机制推动作用。取消安全生产风险抵押金制度，建立健全安全生产责任保险制度，在矿山、危险化学品、烟花爆竹、交通运输、建筑施工、民用爆炸物品、金属冶炼、渔业生产等高危行业领域强制实施，切实发挥保险机构参与风险评估管控和事故预防功能。完善工伤保险制度，加快制定工伤预防费用的提取比例、使用和管理具体办法。积极推进安全生产诚信体系建设，完善企业安全生产不良记录"黑名单"制度，建立失信惩戒和守信激励机制。

（三十）健全安全宣传教育体系。将安全生产监督管理纳入各级党政领导干部培训内容。把安全知识普及纳入国民教育，建立完善中小学安全教育和高危行业职业安全教育体系。把安全生产纳入农民工技能培训内容。严格落实企业安全教育培训制度，切实做到先培训、后上岗。推进安全文化建设，加强警示教育，强化全民安全意识和法治意识。发挥工会、共青团、妇联等群团组织作用，依法维护职工群众的知情权、参与权与监督权。加强安全生产公益宣传和舆论监督。建立安全生产"12350"专线与社会公共管理平台统一接报、分类处置的举报投诉机制。鼓励开展安全生产志愿服务和慈善事业。加强安全生产国际交流合作，学习借鉴国外安全生产与职业健康先进经验。

各地区各部门要加强组织领导，严格实行领导干部安全生产工作责任制，根据本意见提出的任务和要求，结合实际认真研究制定实施办法，抓紧出台推进安全生产领域改革发展的具体政策措施，明确责任分工和时间进度要求，确保各项改革举措和工作要求落实到位。贯彻落实情况要及时向党中央、国务院报告，同时抄送国务院安全生产委员会办公室。中央全面深化改革领导小组办公室将适时牵头组织开展专项监督检查。

参 考 文 献

[1] 邬燕云. 让生产安全事故应急更科学更规范［J］. 中国应急管理，2019（03）：38-41.

[2] 莫于川. 我国生产安全法治深化发展的里程碑［N］. 中国应急管理报，2019-03-12.

[3] 黄银凤. 中国应急管理体系建设历程及完善思路［J］. 河北学刊，2010（05）：159-161.

[4] 尤完，陈立军，郭中华等. 建设工程安全生产法律法规［M］. 北京：中国建筑工业出版社，2019.

[5] 计雷. 突发事件应急管理［M］. 北京：高等教育出版社，2006.

[6] 邢娟娟. 企业重大事故应急管理与预案编制［M］. 北京：航空工业出版社，2005.

[7] 郭中华，尤完. 工程质量与安全生产管理导引［M］. 北京：中国建筑工业出版社，2019.

[8] Guo ZH. Research on Risk and their Association of PPP Projects in China Based on SNA. Proceeding of the 3rd academic conference of civil engineering and infrastructure research，Wuhan，China，2016，12：47-55.

[9] 陈安. 现代应急管理理论与方法［M］. 北京：科学出版社，2009.

[10] 罗云. 建设工程应急预案编制与范例［M］. 北京：中国建筑工业出版社，2006.

[11] 国家安全生产应急救援指挥中心. 建筑施工安全生产应急管理［M］. 北京：煤炭工业出版社，2014.

[12] 郭中华. 基于网络理论的建设工程安全隐患排查研究［D］. 北京建筑大学，2018.

[13] 尹益君. 施工企业综合应急预案常见问题及改进措施［J］. 中国新技术新产品，2011（7）：108-109.

[14] 闪淳昌，周玲，钟开斌. 对我国应急管理机制建设的总体思考［J］. 国家行政学院学报，2011（1）：8-12.

[15] 黄宗贵. 建筑施工过程中突发事故的应急措施探讨［J］. 质量管理，2015（10）：86-28.

[16] 张克良. 加强建筑工程现场施工安全管理的应急措施［J］. 质量管理，2018（2）：128-129.

[17] 黄杨旭. 基于BIM技术的建设工程安全风险分级管理和隐患排查治理管理研究［J］. 工业，2018（11）：78-81.

[18] 姜玉华. 建筑施工成本管理问题及控制措施［J］. 会计研究，2019（2）：80-81.

[19] 尤完，叶二全. 建筑施工安全生产管理资料编写大全（上册）［M］. 北京：中国建筑工业出版社，2016.

[20] 尤完，叶二全. 建筑施工安全生产管理资料编写大全（下册）［M］. 北京：中国建筑工业出版社，2016.

[21] 陈国华，化工园区安全生产应急管理实务［M］. 北京：中国石化出版社，2017.